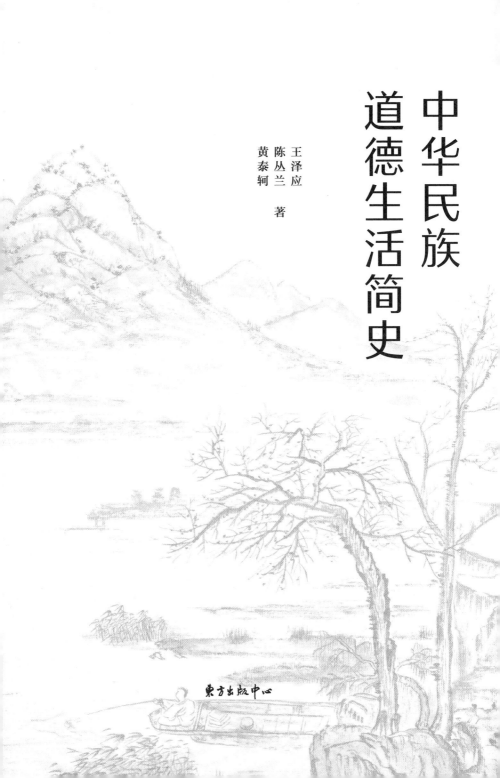

中华民族
道德生活简史

王泽应
陈丛兰
黄泰轲

著

东方出版中心

目录

第一章　概　论

　　中华民族在长期的生产和生活实践中形成并发展了尊道贵德、居仁由义、隆礼尚善的传统，"向往和追求讲道德、尊道德、守道德的生活"[1]，并由此凝结成一种博大精深而又源远流长的伦理文化。这种伦理文化不仅贯穿中华民族道德生活史的全过程，也对中华文明和中国历史的发展起到了至关重要的作用。中华民族道德生活史既是这种伦理文化的贯彻落实和行为践履，也不断促进和丰富着中华伦理文化和文明的发展。"文明古国，礼仪之邦"的美誉以及"太上立德，其次立功，其次立言，虽久不废，此之谓不朽"的价值设定及其伦理精神建构，深刻地彰显出中华民族道德生活的独特神韵，也支撑着中华文明自古及今的传承和发展创新。中华民族道德生活史体现在"大传统""中传统"和"小传统"相互贯通和相互转化的历史过程中，并借助道义论、功利论和圆融论等价值选择和追求呈现出来，交织成一幅多元一体而又历久弥新的伦理生活画面。在中华民族道德生活史的

发展长河中，被儒家肯定的那些道统式的圣贤以及文天祥在《正气歌》中尽情礼赞的那些高度体现了民族正气的优秀代表无疑是道德生活的典范，他们成为中华民族道德生活效法的楷模。此外还有大量修身而成的君子、成人，以及包括绝大多数庶民百姓在内的芸芸众生，也有着立于凡俗而朝向崇高的精神价值追求。在中华民族道德生活史上，不但儒家建构了道德生活的伦理谱系和修身进阶，道家、墨家、法家乃至佛教、道教也都对人们的道德生活提出了许多或辩护、或提升、或点染的理论与观点，历代政治家、士大夫出于对江山社稷、社会治理、天下安顿等方面的考虑，从典章文物制度和意识形态建构方面将伦理价值制度化、法规化，从而不断浇铸着道德生活的风骨和类型，而芸芸众生则在庸常生活中既以自己独特的方式内化着来自思想界、政治界所推崇、所倡导的道德生活范本，也以自己对道德生活真切实际的理解、品味和行为实践不断反作用于制度层面和思想层面的倡导性道德生活图谱，促进着思想、制度和行为的交融互通，从而使得中华民族道德生活史在保持自己应然价值目标和理想性的同时，又有着自己实然生活状况和现实性的同步推进。道德生活史"化理论为德性""变哲思为人伦"的既实然又应然的独特精神建构及其追求熔铸为中华民族"旧邦新命"以及内圣外王的价值特质，新造和拱立着中华民族的伦理精神和道德禀赋，不断促进着中华文明和中国历史的发展前进。

第一节　中华民族道德生活史的发展进程

　　中华民族是现今中国境内由华夏族演化而来的汉族及其他兄

弟民族的总称。《春秋左传正义》云："中国有礼仪之大故称夏，有服章之美谓之华。"又云："华、夏，皆谓中国也。中国而谓之华夏者，夏，大也，言有礼仪之大，有文章之华。""中国"在先秦既是一个地理概念，意谓中国之地，主要指中原，也指京师，如《诗·大雅·民劳》云："惠此中国，以绥四方。"同时，"中国"也是一个人文概念，意谓中国之道，主要指礼仪教化与价值观念。如《战国策·赵二·武灵王平昼闲居》记赵公子成语："中国者，聪明睿智之所居也，万物财用之所聚也，圣贤之所教也，仁义之所施也，诗书礼乐之所用也，异敏技艺之所试也，远方之所观赴也，蛮夷之所义行也。"扬雄《法言·问道》设宾主问答："或曰：孰为中国？曰：五政之所加，七赋之所养，中于天地者为中国。"在这里，"中国"意味着人文政治意义上的天下之中，即相对于野蛮、蒙昧、落后状态而言的文明基准与极则[1]，也就是"中国之道"。[2]《唐律疏议释文》有言："中华者，中国也。亲被王教，自属中国，衣冠威仪，习俗孝悌，居身礼仪，故谓之中华。"[3]中华既是一个地理学和人类学的概念，更是一个文化学和伦理学的概念。"中华之名词，不仅非一地域之国名，亦且非一血统之种名，乃为一文化之族名。故《春秋》之义，无论同姓之鲁、卫，异姓之齐、宋，非种之楚、越，中国

---

[1] 古人所谓"皇极"，《尚书·洪范》云："皇极：皇建其有极。"孔安国传曰："太中之道，大立其有中。"蔡沈注云："极，犹北极之极，至极之名，标准之名，中立而四方之所取正焉者也。"或曰"人极"。

[2] [美]费正清：《中国：传统与变迁》，张沛等译，长春：吉林出版集团2008年。参阅张沛所写的"后记"。

[3] 王元亮：《唐律疏议释文》。参阅张岱年、方克立主编：《中国文化概论》，北京：北京师范大学出版社，1994年版，第9页。

可以退为夷狄，夷狄可以进为中国，专以礼教为标准，而无有亲疏之别。其后经数千年，混杂数千百人种，而其称中华如故。以此推之，华之所以为华，以文化言，可决知也。"[1]中华民族的形成是居住于中华疆域内各部族长期交流、融合的结果，是各民族自觉地以华夏文化为核心，维护多民族统一和团结并使之结成一稳定的社会共同体的结果。中华民族的形成与发展渗透和浸润着浓厚而深刻的伦理道德精神，与其道德生活史有着一种相辅相成、互为表里的发展关系。

道德生活是一种借助日常生活来体现并渗透在物质生活和精神生活中的追求道德和践行道德的生活类型，其本质是通过做好人、结成好关系、建设好社会来追求并实现好生活，故此是一种在实践中追求和以追求来改造实践的既现有又应有的生活。事实与价值的交融互渗，现有与应有的同频共振，理想与现实的激荡交媾以及主体与主体、主体与客体之间的相互影响、相互作用，构成道德生活的基本特征。中华民族道德生活是中华民族物质文化生活的集中体现，凝聚着中华民族对伦理道德的深刻认识和现实感受，积淀着中华民族最深层的价值追求、行为准则和目标指向，反映着中华民族立身处世和律己待人的哲学智慧和精神风范，是中华民族关于做人和怎样做人以及做一个什么样的人才有价值等一系列重大问题的理性思考和行为实践的总和。中华民族道德生活史是五千年中华文明史的集中体现和重要构成，不仅从价值追求和生活意义方面凸显出中华文明史的伦理内涵和道德特质，而且与中国历史的进化发展大体一致，经历了古代、近代、

---

　　[１]　章太炎：《中华民国解》，《民报》第 15 期，1907 年 7 月。

现代和当代诸发展阶段，有一个从萌生孕育到基本成型到革故鼎新到走向近现代和当代的发展路径和历史演化进程。

一、中华民族道德生活的萌生与孕育

中华民族的道德生活萌发于传说中的伏羲时代，炎黄时期曙光初露，唐虞时期进入到有意识的教化和早期成熟或早熟的阶段。而后经历夏商周三代，在其规模和典章文物制度方面初定基调，到春秋战国时期因为社会的转型发生重大的变革，精神的反思和理性的自觉愈发凸显，奠定了被后世称为"轴心时代"的价值基础和伦理规模。

"吾国开化之迹，可征者始于巢、燧、羲、农。"[1]巢即有巢氏，燧即燧人氏，羲即伏羲氏，农即神农氏，他们都是中国远古传说中的圣人或英雄人物。有巢氏的功绩在于教民"构木为巢"，开启居住文化的先河；燧人氏的功绩在于教民钻木取火，开启饮食文化的先河；伏羲氏的功绩在于教民人道礼仪，开启道德文化的先河。中华民族的道德生活，"渊渊乎伏羲，积蓄于炎黄，大备于唐虞，经三代而浩荡于天下"[2]。伏羲、炎黄、唐虞时期代表了中华先民初始道德生活的三个阶段。肇始于伏羲、女娲的中华先民初始道德生活萌芽，在炎黄时萌生孕育，至尧舜时得到一定的积蓄整合，使中华民族的道德生活史形成自己的端绪和源头。黄帝"惟仁是行"的德性、"养性爱民"的德行、"修德抚民"的德治和"修德振兵"的德威，浇铸成中华民族崇尚道

---

[1] 吕思勉：《先秦史》，上海：上海古籍出版社，2005年版，第48页。

[2] 司马云杰：《盛衰论——关于中国历史哲学及其盛衰之理的研究》，西安：陕西人民出版社，2003年版，第29—30页。

德、尊重道德的价值观念，也培育了中华文化的道德精神，影响极为深远。毛泽东《祭黄帝陵》写道："赫赫始祖，吾华肇造；胄衍祀绵，岳峨河浩。聪明睿智，光被遐荒；建此伟业，雄立东方。"[1]尧即帝位后，非常注重处理部落内部之间以及部落与部落之间的关系，比较自觉地坚持用道德来治理天下，形成了被后世称颂的圣人之治和"文明早熟"。《尚书·尧典》载：（尧）"克明俊德，以亲九族。九族既睦，平章百姓。百姓昭明，协和万邦。黎民于变时雍……柔远能迩，淳德允元，而难任人，蛮夷率服。"尧处理政务敬慎节俭，明察四方，善于治理天下，他思虑通达，宽容温和，对人恭敬，唯才是举，他的功德泽被四方，至于上下。舜是继尧之后又一位道德生活的典范人物，以孝敬父母和友爱兄弟闻名天下。《史记·五帝本纪》载："舜耕历山，历山之人皆让畔；渔雷泽，雷泽之人皆让居；陶河滨，河滨器皆不苦窳。一年而所居成聚，二年成邑，三年成都。"《尚书·尧典》载：（舜）"慎徽五典，五典克从。纳于百揆，百揆时叙。宾于四门，四门穆穆。纳于大麓，烈风雷雨弗迷。""五典"指五种伦常，即父义、母慈、兄友、弟恭、子孝。"百揆"指管理百官的官。舜重视和赞美父义、母慈、兄友、弟恭、子孝这五种基本的伦理道德规范，民众都能因他的重视和赞美而自觉地遵从信守这五种伦理道德规范。在舜的时代，出现了天下太平、凤凰来仪的景象。孔子说："舜其大知也与！舜好问，而好察迩言，隐恶而扬善，执其两端，用其中于民，其斯以为舜乎！"[2]舜帝用自己对

---

[1] 赵宝云：《毛泽东撰写的抗日"出师表"——〈祭黄帝陵文〉》，《人民政协报》2011年6月16日。

[2] 《中庸》。

德行的身体力行和拳拳服膺而成为中华民族道德文化的始祖。《史记·五帝本纪》中称"天下明德，皆自虞帝始"，正是虞帝作为中华道德文化鼻祖的历史记载。唐虞之治是一个"以道设教，圣德达于天的时代"，[1]人性自然素朴，天下归于大治，正如王阳明所说："平旦时，神清气朗，雍雍穆穆，就是尧舜世界。"[2]毛泽东"春风杨柳万千条，六亿神州尽舜尧"的诗句，表达了中华儿女对道德始祖尧舜的景仰与崇敬。

如果说原始社会的道德生活是中华民族道德生活的初步奠基，那么夏商西周时期的道德生活则主要反映奴隶社会的道德生活状况，春秋战国时期是中国奴隶社会向封建社会转型或过渡的时期，其道德生活的理性化和人文化色彩在社会大变动中日趋彰显。夏商周三代，是中华伦理文明萌生与孕育的重要时期，不仅形成了"夏礼""殷礼"和"周礼"，而且还提出了敬德保民、仁爱、孝悌等道德观念，产生了"殷代三仁"[3]和"文武周公之德"。

夏商时期是中华民族道德生活进入阶级社会的重要时期，从原始社会的"禅让制"发展到"世袭制"，标志着从"天下为公，选贤与能"的大同社会进入"天下为家""各亲其亲"的"小康"社会。夏商建立了统一的国家政权，将原始社会传下来的礼俗予以改造，形成了"夏礼"和"殷礼"，并在社会道德教育方面作出了一些初步的探索。商代已经有了甲骨文，其中记载了当

---

[1] 司马云杰：《盛衰论——关于中国历史哲学及其盛衰之理的研究》，西安：陕西人民出版社，2003年版，第339页。

[2] 王阳明：《传习录》（下），《王阳明全集》（上），上海：上海古籍出版社，1992年版，第116页。

[3] 《论语·微子》称赞微子、箕子、比干为殷商时代的"三个仁人"。

时道德生活的一些画面和情景。《礼记·表记》引孔子语曰："夏道尊命，事鬼敬神而远之，近人而忠焉。先禄而后威，先赏而后罚，亲而不尊。其民之敝，蠢而愚，乔而野，朴而不文。""殷人尊神，率民以事神，先鬼而后礼，先罚而后赏，尊而不亲。其民之敝，荡而不静，胜而无耻。"殷商时期的道德生活是在虞夏道德生活基础上发展起来的，体现了对夏代道德生活偏弊的矫正和经验教训的深刻总结。夏商周三代道德生活存在着先后相继、其命维新的特点，它集中地表现为殷礼对夏礼的损益和周礼对殷礼的损益上。礼既是中国奴隶社会的典章文物制度的集中体现，又是中国奴隶社会及封建社会的道德生活规范和要求。夏禹为夏王朝建立了一个金字塔式的社会等级，并以规则的形式将这个等级合法化，此即是夏礼。商代之礼是在夏礼的基础上形成发展起来的，它对夏礼既有继承又有发展。周代之礼又是在继承商礼的基础上形成发展起来的，对商礼作了比较大的发展。商代的道德生活是神权观念笼罩下的神道主义及其风俗的体现。商代统治者"尚鬼""尊神"，所奉行的最高伦理原则，就是依据上帝鬼神的意志治理天下。《说苑·修文篇》指出："夏后氏教以忠，而君子忠矣。小人之失野，救野莫如敬。故殷人教以敬，而君子敬矣。小人之失鬼，救鬼莫如文。故周人教以文，而君子文矣。小人之失薄，救薄莫如忠。"夏代道德生活崇尚以忠诚为主要内容的质朴，君子忠诚了，小人却失之粗野。救治粗野的办法莫过于虔诚恭敬，所以商代道德生活以虔诚恭敬为主要的价值追求。为了加强人们恭敬虔诚的心理意识培育，商代统治者十分敬重神灵，并通过对神灵的敬重使人们从内在心理上产生一种敬德，崇拜天地鬼神，崇拜祖先神灵。周人不同于殷人事鬼敬神的道德生活传统，发展起了一种注重族际和家庭关系的道德生活传统，以仁爱孝悌作为兴家旺族的根本。文王即位后，首先致力于周邦内部的建设，通过团结自己的宗亲来达到治理整个邦国的目的。史载周文王"遵后稷、公刘之业，则古公、公季之法，笃仁，敬老，慈少。礼下贤者，日中不暇食以待士，士以此多归之"。[1]岐周在他的治理下，国力日渐强大，天下诸侯多归从，笃仁、敬老、慈少、礼贤下士的社会风气日渐形成，使其领地的社会经济文化得以发展。周武王继承父亲遗志，于公元前 11 世纪推翻殷朝，建立了周朝。在儒家看来，文武上继尧舜禹汤之道，下开周公、孔孟之统，是中华道统中继往开来式的人物。周公是周代道德生活的建纲立极者和将道德制度化法律化的代表人物，他从夏商周三个朝代的交替中，看到了道德，特别是统治者的政治道德在历史发展中所起的重要作用，即有德者必胜，失德者必败，于是为确保周朝江山永续而制礼作乐，开启了中华伦理制度化和制度伦理化的先河。王国维指出："欲观周之所以定天下，必自其制度始矣。周人制度之大异于商者，一曰立子立嫡之制，由是而生宗法及丧服之制，并由是而有封建子弟之制、君天子臣诸侯之制；二曰庙数之制；三曰同姓不婚之制。此数者，皆周之所以纲纪天下。其旨则在纳上下于道德，而合天子、诸侯、卿、大夫、士、庶民以成一道德之团体，周公制作之本意，实在于此。"[2]周公依据周制，参酌殷礼，建立了一套完整的、严格的礼仪制度。作乐是制礼的必要延伸和补充。乐是配合各贵族进行礼仪活动而制

---

[1]《史记·周本纪》。
[2] 王国维：《殷周制度论》，参阅《王国维儒学论集》，成都：四川大学出版社，2010 年版，第 241—242 页。

作的舞乐。舞乐的规模，必须同享受的级别保持一致。西周的礼乐制度体现了当时的伦理文明。

春秋战国时期是中国奴隶社会向封建社会过渡的大变革时期，一方面西周道德礼制遭遇严重挫折，诱发"礼崩乐坏"的社会动荡，另一方面新的道德价值观念和伦理目标在动荡挫折中得以确立，并产生了一大批尊道贵德的仁人志士，从思想和行为两方面奠定了中华民族道德生活的价值基础和精神走向，开掘了中华民族道德生活的源头活水，并将中华民族道德生活史推进到一个新的阶段。这一时期，各派社会力量对人与天、人与人、人与社会的关系重新进行评估，竞相提出自己的观点和主张，并展开激烈的争论，价值观上出现了百家争鸣的局面，中国传统伦理道德在多元论争中得以形成和发展。面临着"礼崩乐坏"和价值转型，此一时期道德生活出现了"颠覆"与"重建"、"堕落"和"担纲"的双重变奏，虽有鸡鸣狗盗之徒，寡廉鲜耻之士，同时也出现了一批锐意改革、挽狂澜于既倒、扶大厦之将倾，为邦国和民族理想担纲的仁人志士，如周厉王、周宣王时期的邵穆公、仲山父，周平王时的郑武公，周定王时的单襄公，鲁庄公时的曹刿、臧文仲，鲁成公时的叔孙穆子，齐桓公时的管仲、鲍叔牙、宁戚，齐景公时的晏子，晋文公时的狐偃、赵衰，晋灵公时的赵宣子、韩献子，晋厉公时的范文子，晋悼公时的魏绛、祁奚，晋平公时的叔向、赵襄子，楚庄王时的申叔时，楚灵王时的伍举，楚怀王时的屈原，郑简公时的子产，吴王阖闾时的伍子胥、孙武，越王勾践时的文仲、范蠡。还有一批上下求索、为国家和民族寻求真理、阐释微言大义的思想家，如孔子、孟子、荀子、老子、庄子、墨子、商鞅、韩非子，并有一大批具有各种特异节操、嘉言懿行之士，如吴季札、樊穆仲、内史兴、单靖公、介子推、石碏、屈完、烛之武、师旷、子罕、申包胥、柳下惠等，他们对道德真理的追求，对人间正道的维护，对共同体价值的拱立及其由此所形成的家国情怀、天下意识，给中华民族道德生活矗起了一座座航标，为后世道德建设和人们的道德生活指明了方向。

二、秦汉道德生活的定型与制度性推扩

秦汉之际，伦理价值观在百家争鸣中趋向综合统一，道德生活呈现出统一化与制度化的特点，主流道德价值系统的确立以及以孝治天下传统的形成，揭开了中华民族道德生活史的崭新一页。

秦王朝以法家思想为治国之策，过于相信严刑峻法，以为单纯依靠暴力和法律就可以维持政权，结果只统治了14年就灭亡了。秦王朝的灭亡，给后世的统治者以深刻的警示。汉初统治者承战乱之后，汲取秦王朝短期覆灭的教训，注重运用道德的力量，并转变治国思想，把与民休息的黄老道家作为治国安邦的指导思想，采取德主刑辅的治国方略。汉初统治者，采纳陆贾等人的建议，实行与民休养生息的政策，坚持治理天下必须顺守而不能逆取的思路和原则，使儒家的仁义与道家的无为而治结合在一起，开创了"文景之治"的治世局面。汉武帝时，西汉封建王朝进入了全盛时期。为了适应政治经济发展和国家建设的需要，汉武帝在思想文化方面放弃了无为而治的黄老道家，接受了董仲舒"罢黜百家，独尊儒术"的建议，将儒家思想作为治国安邦的指导思想。在儒家思想的支配下，武帝"招选天下文学材智之士，待以

不次之位"[1]，并采纳董仲舒、公孙弘的建议，兴太学，立五经博士，置博士弟子员，因而儒学大兴，完成了思想的统一。儒家伦理学说和道德价值观在汉代被确立为主流和占统治地位的伦理道德观念和价值目标，其中最为突出的是"三纲五常"的道德原则和规范。"三纲"是封建道德秩序的纲领性要求（即君为臣纲，父为子纲，夫为妻纲），"五常"（即仁、义、礼、智、信）是封建社会道德生活的五种基本准则。东汉章帝时的白虎观会议系统确认了"三纲五常"和"三纲六纪"的伦理规范。《白虎通》明确提出了"三纲六纪"，而且详细论述了两者之间的关系。"何谓纲纪？纲者，张也。纪者，理也。大者为纲，小者为纪。所以张理上下，整齐人道也。"[2]"六纪"是三纲的延伸和扩大。在儒家经义中，三纲是"纲"，六纪是"目"。具体名目是：诸父、兄弟、族人、诸舅、师长、朋友。"三纲六纪"涉及君臣、家族、家庭等社会生活中的各种人伦关系，涵盖了家庭生活、职业生活和社会公共生活的各个方面。陈寅恪指出："吾中国文化之定义，具于《白虎通》三纲六纪之说，其意义为抽象理想最高之境，犹希腊柏拉图所谓 Idea。"[3]"三纲六纪"等观念的确立，标志着封建时代核心价值体系的形成，对中国伦理文化和中华民族道德生活史的影响可谓至深且远。

两汉道德生活形成了"以孝治天下"的传统并奠定了家国同构、家国一体的基础，形成了德性伦理制度化和以道德品质取人

---

[1] 《资治通鉴》卷十七。

[2] 《白虎通·论纲纪》。

[3] 陈寅恪：《王观堂先生挽词序》，载《陈寅恪集·诗集》，北京：三联书店，2009 年版，第 12 页。

用人的制度伦理建构。汉代从刘邦起就"重孝",武帝在"孝治"上的重大举措有二:一是确立了用人上的"举孝廉",二是解决同姓王分封制弊端的"推恩令"。自武帝以后,汉代统治者基本上承袭了武帝"以孝治天下"的国策。两汉"以孝治天下"对于当时道德生活的规范化和普遍化开展,对于培养和造就一批在家孝父、在朝忠君的道德之士,对于维系统一的多民族国家的团结和凝聚人心发挥了重要作用。但是,也诱发了道德生活重名义而不重实质,甚至为博取孝名的实用主义和形式主义的弊端,亦如东汉民谣"举秀才,不知书,举孝廉,父别居。寒素清白浊如泥,高第良将怯如鸡"所言,教训极其深刻。人们的道德生活品质是很难以一次或一段时期的行为作为评量标准的,特别是内心的真诚更难以用实际的行动来检测,道德动机和道德纯粹性、道德情感、道德意志乃至道德行为、道德效果也并不是那种纯粹客观而又能获得一普遍的可公度性的评量标准的,更别说道德行为之间和道德品质之间因指向的不同而形成的紧张关系或道德冲突。东汉时期王充在《论衡》一书中也对道德评价、道德选择以及道德冲突诸问题作出了自己的理论探讨,王符的《潜夫论》以及汉末刘劭《人物志》对人物品评、人物鉴赏特别是德行判断的困难及其需要注意的问题也多有自己的智慧之思。这些都成为后世道德生活不断引起论争、不断需要正视和需要采取措施去应对的现实的伦理道德问题。

三、魏晋南北朝至隋唐时期道德生活的冲突、融合与统一

魏晋南北朝至隋唐时期道德生活经历了一个从多元道德观念长期斗争、冲突到融合、统一的发展过程。汉代被定于一尊的儒

家伦理道德受到玄学、道教和佛教的挑战，道德生活领域出现了名教与自然、出世与入世、正统与异端之争，在民族冲突与融合过程中，道德生活产生了前所未有的震荡、混乱与重组。隋唐统一时道德生活呈现出开明、活泼及多元一体的趋向，儒佛道三教在长期的斗争磨合中趋于统一，儒家道统观念重新得以恢复。

魏晋南北朝时期，呈现出内乱外患的动荡局面。战乱和割据，不仅打破了一元化的集权统治，同时也出现了精神文化与道德生活的多元走向。三国时期，魏、蜀、吴三国鼎立，一大批英雄豪杰怀着各自的理想，或投奔曹操父子麾下，效力魏国，或投奔孙策、孙权父子阵营，志在兴吴，或投奔刘备的蜀汉政权，冀望干出一番大事业。曹操、曹植、曹丕、周瑜、诸葛亮、张飞、关云长等风云人物在三国时期各以自己的理想情操、道德气度乃至哲学智慧、伦理禀赋演出了各有特点的道德生活的活剧。曹操的"老骥伏枥，志在千里；烈士暮年，壮心不已"的咏叹以及"周公吐哺天下归心"等诗词颇有英雄主义和理想主义的气质，诸葛亮的《隆中对》和《出师表》则凸显出忧国忧民的济世情怀和"鞠躬尽瘁，死而后已"的奉献精神，他如关云长的"刮骨疗伤"等英雄气节，张飞的义道，刘备的仁慈，都对后世道德生活产生了深远的影响。

魏晋时期，玄学崛起，道教风行，佛教东传，与原有的儒家伦理学说既相互冲突，又相互融合，形成了道德生活多元化的局面。玄学作为一种本体论哲学，其主要内容是探讨个体存在的意义和价值，其现实意义乃是对魏晋人士所追求的理想人格作理论上的建构。魏晋玄学主张人性自由解放，反对用僵化虚伪的礼法教条来束缚人性。玄学家们纵情山水，放任个性，对功名漫不经心，力求超脱现实，崇尚玄、远、清、虚的生活情趣，或徜徉于山水，"琴诗自乐"，或"以放任为达"，体现了人性欲摆脱局促狭隘、向往洒脱广大的超越品性。玄学的主题"名教与自然之辨"涉及道德生活的自然性与规范性的关系问题，其争辩有助于人们对真正符合人性的道德生活的认识与觉醒。魏晋时期的士大夫多崇尚"玄士风流"，形成并发展了魏晋风骨，他们大多倾向于率性而为，不事修饰，不带面具，真心真情，主张摒弃外物羁绊，追求率真人生，表现出一种如风之飘、似水之流的大化逍遥的风流气象。魏晋人不仅崇尚天然之自然，更崇尚人性之自然，自觉高扬自然之人性，自然之情，强调真情的可贵。以阮籍、嵇康、山涛、刘伶、阮咸、向秀、王戎为代表的"竹林七贤"为人志气放达，蔑视礼法，"弹琴咏诗，自足于怀"，向往和追求"不逼""不扰"的自然生活。他们突破了儒家的"厚人伦，纯风俗，美教化"和"文以载道"所承载的厚重而单一的政教功能，显示出个体意识的普遍觉醒。这一思想和风习对后来，尤其对明清之际追求个性自由解放的人们，产生了很大的启迪作用。

隋唐时期是中国古代社会的一个重大转型期，也是中国古代史上第二个鼎盛期。与第一个鼎盛期秦汉统一的古朴、单一化和第三个鼎盛期明清统一的程式化、顽固僵化不同，隋唐时代是一个宏博开阔、绚烂多彩的时代，隋唐统一呈现出成熟、全面、多样而不失个性的风格。总体上说，隋朝结束了南北朝分裂割据的局面，完成了社会的统一；唐代社会政治比较开明、经济繁荣、文化开放，体现了一种盛世气象。儒、释、道思想的自由传播，以及中外文化的交流和各民族文化的交融，都显示着开放的文化心态，为道德生活创造了比较宽松的思想文化环境。唐朝出现了

"贞观之治"和"开元盛世"。唐太宗李世民以隋亡为鉴，密切关注民心、民情和民意，先后实行了一系列比较开明的政策，诸如减少苛捐杂税，严惩贪官污吏，奖励功臣良将，重视科举取士，选拔统治人才，革除弊政，励精图治，善于倾听不同意见，不断改进统治方法，等等。在短短数年内，取得了显著的成绩，经济和文化随之得到较好的恢复和发展，道德生活也出现了人心向善、风清气正的状况。史学家们把这一历史时期誉为"贞观之治"。唐太宗虚心纳谏，聆听忠告，择其善者而从之，其不善者而改之。公元 637 年，魏征上了一道有名的《谏太宗十思疏》，其中提出"见可欲则思知足以自戒，将有作则思知止以安人，念高危则思谦冲而自牧，惧满溢则思江海下百川，乐盘游则思三驱以为度，忧懈怠则思慎始而敬终，虑壅蔽则思虚心以纳下，想谗邪则思正身以黜恶，恩所加则思无因喜以谬赏，罚所及则思无因怒而滥刑"[1]的"十思"，并主张在"总此十思"的基础上"弘兹九德"，即发扬忠、信、敬、刚、柔、和、固、贞、顺九种美德，然后才能达到天下大治。诚如明宪宗《〈贞观政要〉序》所言及的，"惟三代而后，治功莫盛于唐。而唐三百年间，又莫若贞观之盛。诚以太宗克己，励精图治于其上。而群臣如魏征辈，感其知遇之隆，相与献可替否以辅治于下。君明臣良，其独盛也宜矣。"[2]开元年间，玄宗李隆基整顿朝纲，任用贤能，开元前期玄宗精心选拔的六位宰相姚崇、卢怀慎、宋璟、苏颋、嘉贞、源乾曜，均是通晓治国方略、尽心操劳国事的名臣，玄宗依靠这些

---

[1] 《贞观政要·论君道》。三驱，亦曰三田，谓一年之中田猎三次。

[2] 明宪宗：《〈贞观政要〉序》，参阅王泽应注译《贞观政要》，北京：团结出版社，1996 年版，第 432 页。

贤臣在稳定政局的同时大力发展经济文化，革新政治，致使唐朝进入全盛时期，史称"开元盛世"。

隋唐时期科举制度和多种入仕途径也为士人提供了更多参与社会的机会。唐代的诗歌不仅是中华民族最重要的文化遗产之一，也对这一时期的道德生活和社会风俗产生了重大的影响。诗歌渗透到了道德生活和社会风俗的方方面面。唐诗并不单纯是书斋中的产物，而是生活的一种需要。唐人喜饮酒，而饮酒则离不开诗。除了饮酒时吟诵唱和之外，在庙宇寺院、邸舍旅馆、风景胜地都备有供人题写诗歌的诗板。不但文人每至一地必先题诗，一般民众每到一地，也总是要先到这些地方浏览、传抄诗板上的佳作。乘兴而题，不胫而走，不数日间就可传遍各地。如果说饮食、行旅都离不开诗的话，唐人的婚礼简直可以称得上是"赛诗会"。唐诗中有不少直接研习道德价值、总结生活智慧和肯定伦理品质的名篇佳作，如白居易的《咏老子》、李商隐的《咏史》、李山甫的《题石头城》、曹松的《己亥岁》、冯道的《偶作》等，其中的"道德几时曾去世，舟车何处不通津？但教方寸无诸恶，狼虎丛中也立身"及"尧将道德终无敌，秦把金汤可自由""历览前贤国与家，成由勤俭破由奢"等，无不是人们道德生活经验的深刻总结，反映着中华民族道德生活的智慧和精神境界。

隋唐时期道德生活的开放性和包容性盛况空前，汉魏旧俗和北朝的胡俗在这一时期得到了进一步的消化和整合，妇女地位空前提高，对外经济文化交流登峰造极，并在此基础上形成了许多新的风俗习惯，大大拓展了人们道德生活的内容，开阔了人们的眼界和心胸。唐代出现了一些很有名的女政治家、女将领、女才子、女艺术家，甚至出现了中国历史上独一无二的女皇帝武则天，应该说都与妇女的这种生活状态不无关系。妇女社会生活的多样化，大大丰富了这一时期社会风俗的内容。有唐一代，佛教和其他宗教大量传入中国。不但如此，唐对南亚、东南亚各国和西域各国的文化艺术也是兼收并蓄，表现出海纳百川的气度。唐朝政府也不断派出使臣访问各国，派宗教界人士出国进行宗教交流。公元627年，唐玄奘到佛教发源地——印度去取经；公元742年开始，唐朝的鉴真和尚六次东渡日本，传播中国文化。唐代的精神文化体现出来的是一种兼容并包的宏大气派和博采众家之长的恢宏胸襟。整体而言，隋唐时代是中华文明的隆盛时代。

当然，隋末和唐末也是道德生活状况堪忧的时期。魏徵在《谏太宗十思疏》中曾对隋末道德生活的乱象予以总结与陈述，其中谈到统治者"驱天下以从欲，罄万物而自奉，采域中之子女，求远方之奇异。宫苑是饰，台榭是崇，徭役无时，干戈不戢"，进而导致了"外示严重，内多险忌，谗邪者必受其福，忠正者莫保其生。上下相蒙，君臣道隔，民不堪命，率土分崩。遂以四海之尊，殒于匹夫之手，子孙歼绝，为天下笑"[1]的悲惨后果，教训深刻。唐末及五代十国既是乱世，也是道德生活乱象丛生、庶民百姓生活极其困难的时期，欧阳修的《五代史》对五代十国政治递嬗、文化式微、道德堕落等现象进行了深刻的揭示和描述，其中有言："五代，干戈贼乱之世也，礼乐崩坏，三纲五常之道绝，而先王之制度文章扫地而尽于是矣！如寒食野祭而焚纸钱，天子而为闾阎鄙俚之事者多矣！"[2]唐末五代十国时期的社

---

[1] 《贞观政要·论君道》。

[2] 《新五代史·晋家人传》。

会动荡、道德沦丧为宋初统治者和士大夫重整道德秩序、重建道德生活格局与框架提供了前车之鉴，也促使宋初统治者和士大夫对如何实现"天下有道"而展开深度思考与伦理探索。

四、宋元明清伦理道德生活的成熟化与早期启蒙

宋元明清时期是中国封建社会由繁荣至衰朽的历史时期，伦理思想出现了理学与反理学的斗争，中华民族的道德生活一方面在理学的精神统治下呈现出某种绝对化和极端化的色彩，另一方面由于对理学伦理思想的批判，出现了为市民和下层人民欲望和生存辩护的功利主义风习，呈现出某种"由圣入凡"和向近代过渡的特色。

宋代是中国道德生活发展史上的一个极其重要的阶段，"华夏民族之文化，历数千年之演进，造极于两宋之世"。[1]经过唐中叶社会生产关系的剧烈变动，以及唐末、五代几十年的大动乱，魏晋以来的门阀士族地主至宋代彻底衰微，庶族地主取得绝对优势的统治地位。一大批中小地主出身的士人得以通过科举入仕参政，并成为官僚集团的核心力量。宋代是一个礼遇士大夫的朝代，宋太祖开国之初即"用天下之士人，以易武臣之任事者"[2]，并立有"不杀士大夫"之誓约[3]。入仕后的地主阶级知识分子以主人翁的角色意识和使命感，积极上书言事，评判历史，参与政治，表现出一种强烈的务实有为和仕以行道的入仕参

---

[1] 陈寅恪：《邓广铭宋史职官志考证序》，参阅《金明馆丛稿二编》，上海：上海古籍出版社，1980年版，第277页。

[2] 《宋史·陈亮传》。

[3] 王夫之：《宋论》卷一，长沙：岳麓书社，2011年版，第23页。

政观念。即使在仕途受挫、落魄失意时，他们也没有放弃以天下为己任的社会责任感，而是以"不耿耿于得失，不汲汲于目前"的阔大胸怀包容个人的穷通荣辱，从而使传统的"达则兼济天下，穷则独善其身"的士人处世原则得到升华。

就伦理文化而言，两宋时期既是理学伦理思想兴起和发展的时期，亦是事功之学得以萌生、传延的时期，形成了道德理想主义与道德现实主义并行发展且互有颉颃辩驳的发展格局。宋代理学的形成和发展不仅是儒家对佛教和魏晋玄学的挑战的一种回应和消化，而且直接面对的是魏晋以降中国文化价值遭到很大破坏的现实，并把重建价值体系和儒家道统视为济世安民的良方。理学家赋予伦理道德以永恒的"天理"意义，将"尊德性"作为人们成圣成贤的根本，十分注重道德精神的培养，强调"存天理，灭人欲"，以理统情，自我节制，以立足个人成圣成贤的道德追求，来促进个体自觉意识的觉醒和实现道德意识上的自我完善，并视此为纯化社会道德风气、提升社会精神动能的关键。

宋代是中国古代市民伦理和功利主义风习得以形成发展的时期。自宋代始，中国文化开始了从农业形态向工商业形态转变的历史进程。这一时期，伴随着商业经济的长足发展，以及商人社会地位的提高，传统的"农本工商末"观念受到很大冲击，使一向以耻谈"利市"财富相标榜的士大夫阶层的本末观念发生了质的变化。宋代市民文化迅速崛起，市民们没有士大夫的忧国忧民的民族气节，更无意追求诗情画意和高雅的情趣，除了生意上崇利务实的追求之外，生活上醉心于能直接而热烈地满足感官享受的方式。适应市民阶层的需要，城市中的曲子、诸宫调、杂剧、杂技、说书等都是市民喜爱的艺术形式。宋词是汉赋、唐诗后重要的文学成果，两宋时期产生了一批著名的词人，如苏轼、柳永、秦观、岳飞、陆游、辛弃疾、李清照等，他们的作品再现了有宋一代道德生活的情景和画面，如岳飞的《满江红》，陆游的《示儿》，李清照的《夏日绝句》等，莫不激励后人在道德上坚守气节，发奋图强。

宋元之际是民族矛盾和政治斗争颇为尖锐的时期，道德生活处于一种急剧的变动和冲突之中，其中充满了征服与被征服的诸多斗争以及从动乱到统制性协调的系列冲突，善与恶、正义与邪恶在斗争中展现出新的内容和特质。辽、夏、金、蒙古游牧民族的兴起与政权的建立，与两宋发生了最为纠结的关系。契丹、党项、羌、女真以及后来的蒙古族势力对宋人世界的长期包围与轮番攻击，既催生了宋代士大夫阶层前所未有的忧患意识与救亡观念，产生了一批民族英雄和勇武之士，如岳飞、文天祥等，也削弱着宋代的军事和经济实力，形成"弱宋"或"积贫积弱"的现实，最后使宋亡于蒙古军队的铁蹄之下。蒙古族以彪悍的草原游牧民族气质入主中原，建立了一个"北逾阴山，西及流沙，东近辽左，南越海表"[1]的空前广大的帝国。为了巩固自己的统治，元世祖忽必烈一改漠北旧俗，极力推行汉化，"行中国事"，使程朱理学成为"式于有司"的官学，获得了在道德生活领域主流意识形态的尊贵地位。

元朝的统一结束了三百多年来国内几个政权并立的局面。当时的疆域比汉唐时代更为广阔，西藏正式成为中国行政区划的一部分，直接归宣政院管辖；云南被建为行省；台湾、澎湖也归入

---

[1]《元史·地理志》。

中国版图，使中国广大地区处于中央政权的直接控制之下。元朝的统治带有浓重的民族歧视色彩，把全国人民按照民族和被征服的先后分为四个等级，即蒙古人是统治民族，色目人次一等，汉人和南人则为被统治民族。

元朝后期，阶级压迫和民族压迫日益加重，统治阶级内部争权夺利严重，政治腐败，经济凋敝，社会危机日趋深重。元末一首《醉太平》小令对此作出了深刻的揭露："堂堂大元，奸佞专权。开河变钞祸根源，惹红巾万千。官法滥，刑法重，黎民怨。人吃人，钞买钞，何曾见？贼做官，官做贼，混愚贤，哀哉可怜！"[1]元代道德生活在前期充满一定的宏大气象，后来归于沉闷与压抑。民族的歧视，等级的森严，再加各种经济、政治的衰朽，最后导致元末农民起义。

1368 年，朱元璋领导的红巾军农民起义推翻了元朝，建立明朝。"明王朝的建立，无论是对中国的政治史还是文化史，都有着意义深远的影响。在蒙古人统治了近一百年之后，明朝的开国皇帝朱元璋开始着手复兴中国的文化传统价值。在这一复兴并重新界定中国文化精髓的过程中，朱元璋制定了一系列旨在指导政府活动与规范社会生活的法律。它的立法不仅强化与稳定了明朝的君主专制体系，而且在中国政治文化上留下了深刻的印痕。"[2]为了强化皇权，朱元璋变更旧制，废除中书省和丞相，由皇帝兼行丞相职权。同时推行特务政治和严刑峻法，在监察机

---

[1] 转引自樊树志：《国史概要》，上海：复旦大学出版社，1998 年版，第361 页。

[2] ［美］范德（Edward L. Farmer）：《朱元璋与中国文化的复兴》，参阅樊树志：《国史概要》，第 365 页。

関督察院以外，设立了检校、锦衣卫，承担着监视官吏的特殊使命。明代前期，朝廷大力提倡程朱理学。但是，随着明代中期各种社会矛盾不断激化，维护传统伦理纲常的理学思想已经不能适应社会需要，逐渐趋于保守和沉寂。

晚明是一个处在时代转折点的社会。晚明社会，一般是指嘉靖末年、隆庆、万历、天启和崇祯王朝，为时不足一百年，其中又以长达48年的万历朝最令人瞩目。清代人评价明史："明之亡，不亡于崇祯，而亡于万历。"晚明数代皇帝不理朝政。世宗中年以后就不见朝臣；穆宗即位三年也不向大臣发一句话；神宗从万历十七年后三十年只因梃击案召见群臣一次，经旬累月的奏疏，任其堆积如山，不审不批，把一切政事置之脑后，深居内宫，寻欢作乐。内阁首辅申时行、王锡爵、朱赓也一度闭门而去，管理国家事务的最高行政机构竟然空无一人。地方官员更是擅离职守，有的衙门长达十多年无人负责。吏部、兵部因无人签证盖印，致使上京候选的数千名文武候补官员不能赴任，有的久困京城旅舍，穷愁潦倒，不得已在途中拦道号哭，攀住首辅的轿子苦苦哀求。万历四十五年（1617）监犯家属百余人跪哭在长安门外，要求断狱，震动京师，成为旷古奇闻。官员不理公务，却奔竞于朋党之争。官场中党同伐异，爱恶交攻。从中央到地方，门户林立，派系深重，各有自己的羽翼，互相攻击和报复。官员贪赃枉法不胜枚举，官僚机构分崩离析。明末较之汉、唐、宋的末世，为患更烈。

明末清初是一个"天崩地解"的社会大动荡时期。一方面，封建社会开始从其巅峰跌落，表现出停滞、衰落的征兆；另一方面，市民社会开始产生，资本主义萌芽因素出现，孕育中的社会变革瓦解着旧的封建秩序，催生着早期启蒙思潮的形成。代表市民阶层利益的思想家们，会同地主阶级改革派，发动了一场反对程朱理学伦理思想的启蒙运动，何心隐、李贽、唐甄、顾炎武、黄宗羲、王夫之、颜元等将矛头指向以程朱理学为代表的伦理思想，抨击"存天理，灭人欲"的反动说教，阐发了"天理寓于人欲之中"，"人欲之各得，即天理之大同"等观点，理直气壮地鼓吹"正其谊以谋其利，明其道以计其功"的社会功利主义思想。他们的哲学基础虽不尽一致，思想内容也各有侧重，但在人性论、理欲观、道德修养论等方面，都与理学伦理思想相对立，把矛头指向封建礼教，展现了中国伦理思想别开生面的一页。明清之际，是中国传统社会面临转型，东西方政治、经济、思想文化等领域多方位的交汇碰撞时期。这一时期，社会经济较之前代有了长足发展，商品流通规模，市场发育程度，以及商人资本的实力，都较以往社会有了很大提高。明末以后，孕育着一种自我批判、自我否定的理性自觉之潮流，滋生着追求个性自由与解放、争取个人幸福与利益的启蒙意识，涌动着摆脱封建礼教束缚，追求真理的精神动力。明清时期，伴随着商品经济的日益发展，拜金主义、重商思潮有所发展，人们对商人的地位及态度开始有所转变，"四民异业而同道"的观念开始为人们所接受，并出现了"新四民论"。传统的重义轻利的"义利观"发生了很大变化，出现了"士好言利"的社会氛围和士人"弃儒从贾"的社会现象，这在明清文集、方志、族谱和文人笔记中多有体现，更有如被视为商人阶层代言人的汪道昆"良贾何负闳儒"之类的感叹。冯梦龙著的"三言"（《喻世明言》《警世通言》《醒世恒言》）和凌濛初著的"二拍"（《初刻拍案惊奇》和《二刻拍案惊奇》）是明代中后期市民生活的百科全书，真实地反映出市民阶层的理想、愿望和要求，包括功利主义的价值取向，享乐主义的思想意识和市民的政治参与意识。

五、近现代道德革命与新道德生活的探索与追求

近代中国是一个变化剧烈的时代，在内忧外患的双重逼迫下，面临着"四千年来未有之变局"。西方列强的侵略使中国从一个主权独立的国家逐步沦为任人宰割的半封建半殖民地国家，将中华民族推向深重的生存危机之中。中国社会的近代化历程，实际上是由传统向现代发生社会转型的过程。

鸦片战争至洋务运动的几十年间，清王朝的统治已经呈现出衰朽、反动、闭关锁国与愚昧落后等特征，上流社会和士大夫阶层大多贪赃枉法、寡廉鲜耻，日益腐化堕落。他们"道德废、功业薄、气节丧、文章衰，礼义廉耻何物乎？不得而知"。[1]当时的社会风气"备有元、成时之阿谀，大中时之轻薄，明昌、贞佑时之苟且"，"实有书契以来所未见"。[2]针对当时吏治败坏、道德堕落现象，以龚自珍、魏源为代表的开明士大夫提出了整顿道德、归复人心，"不拘一格降人才"以及"师夷之长技以制夷"等主张，开启了近代道德生活发展史的端绪。在中国内忧外患不断加深的历史时期，洪秀全发动了太平天国农民起义，提出了"天下一家，人人平等"的伦理道德主张。洪仁玕试图将太平天国引上资本主义发展道路，提出了新的善恶观、义利观和国格观，以转变不良的社会道德风尚。第二次鸦片战争后形成的洋务思潮和

---

[1] 姚莹：《师说上》，《中复堂全集》，同治六年刊本。
[2] 沈垚：《与张渊甫》，参阅张锡勤等：《近代伦理思想的变迁》，北京：中华书局，2000年版，第3页。

洋务运动是中外民族矛盾和中西文化冲突日益深化的产物。面对"数千年未有之大变局"，洋务论者提出"变局论"，认为死守传统伦理道德只能使中国社会和民族走上穷途末路，因此必须对传统伦理道德加以变通，使其适应时代和社会的变化。在洋务运动时期，几乎所有的洋务思想家都把整肃道德和改良政治视作救世良方。郑观应指出："欲攘外，亟须自强；欲自强，必先致富；欲致富，必首在振工商；欲振工商，必先讲求学校，速立宪法，尊重道德，改良政治。"[1]洋务论者批评"贵义贱利""重农抑商"和"黜奢崇俭"等传统伦理道德观念，推崇并宣传西方近代的重商主义和功利主义学说。

戊戌时期至辛亥革命在政治领域注重变法维新和武装暴动的同时在思想文化领域也发动了道德革命。以康有为、梁启超、严复、谭嗣同为代表的维新派试图用自由、平等和博爱的近代资产阶级政治伦理学说反对"三纲五常"的旧道德，提出了妇女解放、男女平等、人人平等的思想命题。谭嗣同猛烈抨击封建纲常名教，主张以朋友之伦改造君臣、父子、夫妇、兄弟四伦，宣扬"仁以通为第一义"的伦理思想。梁启超敏锐地捕捉历史变革的脉搏，喊出了"道德革命"的时代强音，他还表示了"愿为之执鞭以研究此问题"的决心。戊戌时期的思想家们肯定主体道德的选择自由，变传统道德的自觉原则为自愿原则，批判道德宿命论，提倡道德能动论，促使旧道德向新道德转化，并主张"鼓民力、开民智、新民德"，以"做新民"作为拯救中国社会的良方。虽然戊戌变法最后失败了，但是他们的思想和精神却启迪着

---

[1] 郑观应：《盛世危言后编·自序》。

人们在道德革命的道路上继续前进。改良不成，必继之以革命。在 19 世纪末 20 世纪初，以孙中山、章太炎为代表的资产阶级革命派登上历史舞台，他们用西方近代民主学说武装头脑，在开展政治革命的过程中大大深化了维新志士提出的道德革命，提出了改造国民道德、唤起民众和陶铸国民道德等思想，并将其同革命党人的伦理实践、道德精神培育有机地联系起来。他们将民众道德的改造视为政治革命的重要任务，认为国民道德的不良方面是产生各种"国病"的主要根源，严厉批评了国民道德的奴隶主义劣根性，呼吁弘扬自由、平等、尊重人权的新型道德观。章太炎从总结近代革命的历史教训中得出了"是故庚子之变，庚子党人之不道德致之也"，"吾于是知道德衰亡，诚亡国灭种之根极也"[1]的结论，强调道德革命的极端重要性，指出"无道德者不能革命"，革命要想取得成功，必须以革命的道德作为精神的基础和价值的支撑。资产阶级所倡导的道德革命，在一定意义上促进了中国近代道德生活的形成和整个社会道德风习的转化，自由、平等和个性解放的思想观念得到较大范围的传播。但是，由于中国资产阶级先天的缺陷和后天的软弱，他们想革命又怕革命的性格也渗透在其伦理思想和道德品质中，进而导致了他们所提出的道德革命只能是西方资产阶级伦理思想的简单移植和对中国传统伦理思想的简单批判，缺乏对中国革命深入的思考和科学的总结。他们所倡导的道德革命很难成功，历史注定了他们无法完成中国民族民主革命包括在中国进行道德革命的

---

[1] 章太炎：《革命之道德》，《章太炎政论选集》（上册），北京：中华书局，1977 年版，第 321—322 页。

目标和任务。

正当中国的农民阶级、地主阶级和资产阶级领导的革命或改革相继陷入困局的时候，中国的工人阶级开始成长壮大起来，使山重水复的中国独立富强之路出现了新的转机。中国工人阶级是伴随着外国资本主义入侵和民族工业的产生而产生的。五四运动前，中国工人阶级队伍空前壮大，斗争的自觉性不断增强，初步进入了有组织的状态，越来越具有阶级斗争的性质。五四运动后，中国工人阶级正式登上政治舞台，公开声援北京学生运动，举行了声势浩大的罢工。工人运动的深入发展呼唤科学理论的指导。但是，工人阶级不会自发地产生科学的理论。科学理论的创造"是从有产阶级的有教养的人即知识分子创造的哲学理论、历史理论和经济理论中发展起来的"。[1]科学的理论需要灌输。十月革命一声炮响，给中国人民送来了马克思列宁主义。它给正在苦思焦虑地探索救亡图存道路的中国知识分子以深刻影响。诚如李大钊所说："东洋文明既衰颓于静止之中，而西洋文明又疲命于物质之下，为救世之危机，非有第三新文明之崛起，不足以渡此危崖。"[2]李大钊所向往的第三种文明，即是按照马克思列宁主义理论所建构起来的苏俄文明。中国先进的知识分子以马克思主义的唯物史观和辩证法来观察中国伦理文化发展的前途和命运，使得一部分先进的知识分子加速了对马克思主义伦理思想的认同和接纳过程，并开始了在中国传播马克思主义伦理思想的历程。

---

[1] 《列宁选集》（第1卷），北京：人民出版社，1995年版，第317—318页。

[2] 李大钊：《东西文明根本之异点》，《言治》季刊第3册，1918年7月1日。

　　第一次国内革命战争之后，中国面临着两条道路、两种命运和两种道德生活方式的选择，即以共产党人为代表的无产阶级革命道路、社会主义前途、无产阶级道德生活方式和以国民党为代表的资产阶级革命、资本主义前途、资产阶级道德生活方式（主要是买办资产阶级和官僚资本主义）的历史性选择。经过国共两党长达二十多年的斗争，以马克思主义理论武装的无产阶级道德取得了决定性的胜利，国民党所标榜的"道德建设"宣告破产。国共两党对峙时期，出现了两种截然不同的人生追求和道德生活方式，一种是国统区的利己自私和人人自危，一种是共产党领导的革命根据地的奋发向上与团结互助。国统区的道德生活呈现出腐化堕落及尔虞我诈、巧取豪夺等特点，而共产党领导的革命根据地的道德生活则表现出甘于牺牲和以苦为乐、不计名利等特点。井冈山革命斗争时期，红军战士吃红米饭、喝南瓜汤、睡门板、盖稻草，却精神振奋、斗志昂扬。当时流行一首歌谣："红米饭，南瓜汤，秋茄子，味好香，餐餐吃得精打光；干稻草，软又黄，金丝被儿盖身上；不怕北风和大雪，暖暖和和入梦乡。"形象地描绘了红军战士以苦为荣、以苦为乐的革命乐观主义精神和英雄气概。延安时期，由于共产党人和八路军战士大公无私，勇于牺牲，保家卫国，使延安迅速成为一代青年向往、崇拜的革命圣地。艾青曾写诗描绘延安的精神风貌："在这些山沟里有什么秘密，把它们向世界宣布吧——我们的政府不进行财政的偷窃，没有购买外汇的官吏，没有侵吞公款的职员，没有私带金条乘飞机到外国去的人，没有因大家的消瘦而肥胖起来的家伙……一切都为了反对法西斯主义，为了几万万人民的自由与幸福，为了这个古老的国家的独立与解放……所有的人们团结在信仰的周围，一切的技术组织在共同的目的里，人人获得了自由、博爱与平等。"[1]在无产阶级道德的熏染和砥砺下，中国共产党内涌现出一大批杀身成仁、舍生取义的民族英雄：杨靖宇、张思德、刘胡兰、董存瑞，等等。他们用自己的实际行动谱写了一曲又一曲共产主义道德的壮丽史诗。从某种意义上说，中国革命的伟大胜利是无产阶级道德和共产主义道德的伟大胜利，是共产主义人生观、价值观和道德观的伟大胜利。

六、当代新道德生活的开启与现代化建设

中华人民共和国的建立，标志着以毛泽东为代表的中国马克思主义的伦理思想获得了支配性和主导性的地位，共产主义道德获得了在全国普遍推广的地位，成为新中国道德生活的主流，数千年被压迫被奴役的劳苦大众成为国家和道德生活的主人，古老的中华大地到处焕发出一派生机，中华民族的道德生活发展到一个崭新的阶段。

新中国国体是工人阶级领导的、以工农联盟为基础的人民民主专政的社会主义国家，政体是人民代表大会，政府是人民政府，从国家建构与政治建构都使人民群众的经济、政治和文化地位发生了天翻地覆的变化，人民群众建设新社会、创造新生活、成就新道德的热情空前高涨。建国初期在进行土地改革、"三反""五反"、抗美援朝等运动的同时，还开展了大规模的清除旧社会遗留下来的丑恶现象和移风易俗的运动，坚决取缔吸毒、赌博、妓院等一切旧的腐朽和寄生生活方式。1950年颁布的《中华

---

[1] 《艾青诗选》，北京：人民文学出版社，1955年版，第195—197页。

人民共和国婚姻法》废除旧的包办买卖婚姻，禁止重婚纳妾和童养媳，实行男女婚姻自由、一夫一妻、保护妇女子女合法权益的新的婚姻制度。与此同时还开展了对旧知识分子的思想改造运动以及批判封建主义和资本主义的运动。为使全国人民都具有高尚的共产主义品德，开展了全国范围内的劳动竞赛和比学赶帮超活动，涌现了一大批共产主义的先锋战士和劳动模范。1963 年，毛泽东题词"向雷锋同志学习"，树立了具有共产主义道德的一代新人的先进典型，在全国人民中掀起了学习雷锋的热潮。雷锋高尚的人格激励着一代中国人奋发向上，无私奉献，整个社会焕发出空前的道德积极性和革命精神，呈现出一种健康向上和充满活力的局面。

当然，50 年代后期和 60 年代的道德生活也呈现出某种脱离实际和过分理想化的倾向，在总路线、"大跃进"和人民公社三面红旗的指引下，过多地强调了道德的作用，而忽视了道德生活与经济、文化、法制的协调。1957 年的反右派运动使"左"倾思潮得以畸形发展，致使相当一部分爱国爱党的知识分子蒙受不白之冤。1966—1976 年的"文化大革命"是现代道德生活史的梦魇。"文化大革命"以破四旧、立四新（即破除旧思想、旧文化、旧风俗、旧习惯，创立新思想、新文化、新风俗、新习惯）开始，把许多属于人们正常生活的内容甚至优秀的传统文化、合理的外来文化都当作"封资修"的黑货予以清扫。道德生活的日常关系、应有的人伦交往都被纳入政治化的框架，"老子英雄儿好汉，老子反动儿混蛋"的唯成分论大行其道，教育领域出现"少讲马，多讲猪和牛"的否定应有知识和科学技术等倾向，交白卷的成了"英雄"，道德染上了浓重的政治色彩，道德领域里的所有问题如生活作风问题都可以上升定性为政治问题。这种政治泛化的结果，造成了社会道德表面上的"神圣"实际上的扭曲现象，如儿子检举父亲，妻子告发丈夫等种种反人性的现象。当时道德生活的一种激进现象是否定人的正当利益需求，把人性和人道主义都当作资产阶级的东西予以否定，人们谋取个人利益的愿望和动机受到严重的压抑，人的创造能力被扼杀，教训十分深刻。

　　1978 年底召开的中国共产党第十一届三中全会，是 20 世纪中国历史上划时代的伟大事件，实现了党和国家工作重心的转移，拉开了中国改革开放和四个现代化建设的大幕，也使中国人民的道德生活发生了历史性的转折。改革开放 40 年来，中国社会经济体制、利益格局、生活方式、思想观念发生了深刻而巨大的变化，工业化、信息化、城镇化、市场化、国际化进程加速推进，实现了从高度集中的计划经济体制到充满活力的社会主义市场经济体制、从封闭半封闭到全方位开放的伟大历史转折，成功牵引了一场世界现代化发展史上空前规模的经济社会转型。40 年来以肯定人们的正当物质利益和对幸福生活的追求为基调，肯定各尽所能、按劳分配和其他现代的分配方式，极大地调动了人们发展社会生产力的积极性，崇尚劳动和创造、勤劳致富的观念蔚然成风。随着发展民营企业，引进外国资本和先进技术，建设社会主义市场经济进程的加快，中国社会的道德生活呈现出多元化和多样化的发展态势。道德现实主义和世俗主义的风习蔓延，一切向钱看和极端利己主义在一定范围内滋长，并挑战着理想主义的道德观念和价值追求。在道德风气出现某种退化和低俗化的严峻关头，中共中央作出了加强社会主义精神文明建设的决定，强调在整个社会主义初级阶段，都要始终一手抓经济建设，一手抓道德建设，实现两个文明一起抓、两手都要硬的战略目标。1986年和1996年，通过了两个关于社会主义精神文明建设的决议，总结了新中国成立以来社会主义道德建设的经验和教训，分析了社会主义精神文明建设面临的形势和任务，比较清晰地勾画出了社会主义道德体系的整体结构。2001年10月，中共中央颁布实施的《公民道德建设实施纲要》，把公民基本道德规范概括为"爱国守法、明礼诚信、团结友善、勤俭自强、敬业奉献"，丰富和拓展了社会主义道德规范的内容。2006年胡锦涛提出了以"八荣八耻"为主要内容的社会主义荣辱观，对社会主义道德建设作出了新的战略部署。党的十七大强调指出，提高文化软实力，是增强综合国力的重要内容，主张加强社会主义核心价值体系建设，增强社会主义意识形态的吸引力和凝聚力，以增强诚信意识为重点，加强社会公德、职业道德、家庭美德、个人品德建设，发挥道德模范榜样作用，引导人们自觉履行法定义务、社会责任和家庭责任。在党中央的战略部署和全国人民的共同努力下，公民道德建设成为全社会共识，"讲文明、重正气、树新风"取得明显成就，中华民族的传统美德得到弘扬，全国各地的"共铸诚信"整体推进，并形成了著名的"抗洪精神""抗震精神"和"航天精神""奥运精神"，一大批见义勇为、敬业奉献、助人为乐、孝老爱亲的道德模范在神州大地涌现。在2008年的四川汶川抗震救灾和北京奥运会的成功举办中，中华民族焕发出了空前的团结协作和精诚奉献精神。十八大以来，通过贯彻执行中央八项规定和全面从严治党治军，整个社会正能量不断彰显，中国精神、中国品质、中国价值观正在发挥着强大的凝聚人心、砥砺国人奋进的功能和作用。十九大以来，全国上下积极培育践行社会主义核心价值观，全面加强社会公德、职业道德、家庭美德、个人品德建设，弘扬以爱国主义为核心的民族精神和以改革创新为核心的时代精神，实现中华民族伟大复兴的中国梦成为引领人们道德生活的一面旗帜。

第二节　中华民族道德生活史的主要内容

经历了五千年发展变迁的中华民族道德生活史，包含着十分丰富的内容，可谓源远流长，博大精深。按时代区分，涉及古代道德生活、近代道德生活和现当代道德生活；按社会发展阶段区分，可以分为原始社会道德生活、奴隶社会道德生活、封建社会道德生活、资本主义社会道德生活和社会主义社会道德生活。在同一时代，道德生活依历史标准还可以区分为代表时代发展方向和文明趋势的前瞻性理想性道德生活类型，与时代合拍和适应现实的应世性一般性道德生活类型，阻碍时代发展和社会进步的腐朽性寄生性道德生活类型。中华民族道德生活史的内容，依据中国古代哲学"常"与"变"的范畴，也可以视为是常道与变道的辩证统一，常中有变，变而不失其常，在波澜壮阔的发展性中体现出它的统一性，在精彩纷呈的多元性中展现出它的一元性。一多交融，常变互显，促进着中华民族道德生活史的绵延并在历史的跌宕起伏中创造出新的辉煌。

一、不同时代道德生活有不同的内容

中国古代的道德生活主要是同文明起源与初步发展、民族融合、国家统一以及家庭家族维系等联系在一起的，其具体的文明

框架与载体是自然经济、君主专制与农业文明，经历了原始社会、奴隶社会和封建社会三大社会形态，以封建社会的发展最为成熟也最为典型，活跃于古代道德生活舞台的力量和阶层人士除统治阶级外主要是"士农工商"。他们在特定的历史条件下依凭着自己对人生、对价值、对道德的理解从事和展开着自己的道德生活，演绎出了一幕幕道德生活的活剧，丰富并拓展着中华民族道德生活的空间。

古代道德生活的两个支柱是"国"与"家"，因此家庭道德生活和国家道德生活发展得最为充分，也颇能体现出中华民族道德生活的风采和特色。与此相关，忠孝伦理也得到了长足的发展。辛亥革命以前，忠和孝一直是中国封建伦理文化的两大精神支柱。在多民族中央集权的格局下，忠孝既是哲学、伦理准则，又是宗教信仰准则，集规范伦理和德行伦理、责任伦理与信念伦理于一身。在中国古代社会，忠孝伦理的强调与推崇既是国家统一的思想保证，又是天下太平的组织保证。国家政治生活的有序发展和有效运作要求忠的伦理道德，家庭生活的和睦融洽要求孝的伦理道德。中国封建社会的特点是宗族宗法制下的统一信仰：忠是对一国的最高统治者的服从原则，孝是一家一户小农经济下对家长绝对权力的服从原则。忠孝原则和品德，几千年来，对社会成员起着稳定、平衡和激励劝勉的多重作用。佛教、道教以及7世纪传入的伊斯兰教，各有其宗教教义，但这些宗教都接受了儒家的忠孝观念，与儒家忠孝观念密切配合，起着辅助王道政治的作用。佛教传入时，也与儒教敬天法祖的忠孝观念发生矛盾。佛教及时向儒教妥协，敬君主，拜父母，遂得以立足，并得到与儒教同等传播的机会。明代中期以后，西方基督教有几次传入，都是由于没有与儒家伦理配合，拒绝忠孝信仰，多次传入都难以立足。

近现代道德生活是在中华民族遭受西方列强的野蛮侵略和疯狂掠夺、面临着"亡国灭种"的特定情势下展开的，帝国主义与中华民族的矛盾，封建主义与人民大众的矛盾成为社会生活的主要矛盾，"中华道德向何处去"伴随着"中国向何处去"的问题而日趋严峻，古今中西之争成为道德生活的主要问题。帝国主义的入侵使中华民族原有的道德生活格局被打破，中华民族被拖入半殖民地半封建社会的深渊，原有的道德价值体系遭遇前所未有的冲击。近代道德生活的主旋律是"救亡"与"图存"，面临着既要学习西方近代伦理道德的优秀因素，又要抵抗西方列强的侵略和伦理道德文化的野蛮因素，既要冲破传统纲常名教的桎梏，又要挺立民族伦理道德的进步因素等多重任务，伦理文化和道德生活出现了多重变奏。近代道德生活的主体由传统社会的农民而发展成为民族资产阶级和城市无产阶级，民主革命最先是由民族资产阶级领导的旧民主主义革命进而发展成为由无产阶级领导的新民主主义革命。中国民族资本主义是在半殖民地半封建化过程中产生和发展起来的，既有反帝反封建的要求又害怕无产阶级和人民大众的力量，在政治和道德生活上直接表现为革命性和软弱性并存，这也决定了资产阶级政治运动和道德革命运动的缺陷和失败。茅盾的《林家铺子》《子夜》等揭示了中国民族资本家在帝国主义、买办资产阶级、统治阶级重压下的悲剧命运。近代道德生活围绕着如何走出中世纪走向近现代进行了坚苦卓绝的探索和实践，经历了资产阶级共和国方案的破产和"只有社会主义才能救中国"的价值和道路选择。资本主义道路在中国走不通的原因在于封建主义不愿走，帝国主义不让走，资产阶级想走而没有走成。

在资产阶级碰得头破血流无力挽救中国的危局之际，中国的无产阶级登上了历史的舞台。中国无产阶级所具有的特定的阶级属性使它成为中国社会先进生产力和先进文化的代表。在苏联十月革命的感召下，先进的中国无产阶级代表将马克思列宁主义与中国工人运动相结合，创建了中国共产党。中国共产党领导人们开展反帝反封建的民族民主革命，并开启了一条不同于资本主义的发展道路。在中国共产党领导的新民主主义革命过程中，无产阶级道德和中国革命道德得以形成并在实践中获得创造性的发展。中国化马克思主义伦理思想也结出了丰硕果实，形成了毛泽东伦理思想。毛泽东伦理思想的形成和发展，标志着马克思主义伦理思想实现了从西方到东方的创造性发展，开拓了马克思主义伦理思想发展的新境界，同时也标志着中国伦理文化实现了从传统到现代的创造性转化，实现了中国伦理文化的马克思主义发展。在毛泽东伦理思想的感召和激励下，无数革命军人、工人、农民和知识分子成为新道德的创造者和实践者，涌现出了一大批共产主义道德的先锋战士，形成了井冈山精神、长征精神、延安精神、西柏坡精神，为中国革命胜利奠定了坚实的道义基础并提供了行为动力。

现当代道德生活不同于历史上任何其他道德生活，无产阶级和人民大众成为社会主义道德的创造者、建设者和实践者。当代道德生活同社会主义革命、建设和改革开放的时代大潮密切相关，反映着社会主义道德建设的要求和发展大势。中国共产党的几代领导人带领全国人民艰苦地进行着社会主义建设的探索尝试和改革，虽然走过不少弯路，经历过不少挫折，但终于在党的十一届三中全会后走上了一条中国特色社会主义现代化建设道路，形成了中国特色社会主义现代化建设理论。改革开放以来的40

年，是中国人民道德观念发生巨大变迁、道德生活发生历史性变化、道德生活面貌焕然一新的 40 年，公民道德建设取得重大成就，社会主义先进伦理文化建设如火如荼，爱国主义、集体主义、社会主义的时代主旋律凯歌高奏，社会主义荣辱观和社会主义核心价值体系在尊重差异、包容多样中得到确立，整个社会的道德生活呈现出立足本国而又面向世界、扎根传统而又关注时代、注重建设而又致力保护与传承以往优秀道德生活传统的开放性品质，中华民族伦理文化伟大复兴的远景呼之欲出，中国有望在"第二个轴心时代"[1]为人类伦理文明作出新的更大的贡献。

要而言之，与传统文化、革命文化和社会主义先进文化相呼应，在道德生活领域也形成了中国传统道德、中国革命道德和中国社会主义道德三种类型，它们既前后相继，又适应着不同时代的要求而呈现出不同的生存样式和发展情态，体现着"旧邦新命"的伦理特质。诚如习近平所说："在五千多年文明发展中孕育的中华优秀传统文化，在党和人民伟大斗争中孕育的革命文化和社会主义先进文化，积淀着中华民族最深沉的精神追求，代表着中华民族独特的精神标识。"[2]我们要在新的历史时期弘扬中国精神，建设中国道德，就要继承中国传统道德和中国革命道德的精华，培育和践行社会主义核心价值观。"牢固的核心价值观，都有其固有的根本。抛弃传统、丢掉根本，就等于割断了自

---

[1]　[以色列] S. N. 艾森斯塔特：《反思现代性》，旷新年、王爱松译，北京：生活·读书·新知三联书店，2006 年版。该书多处言及新的轴心时代，并认为 21 世纪的新文明将是人类第二个轴心时代的文明。

[2]　习近平：《在庆祝中国共产党成立九十五周年大会上的讲话》，《习近平关于社会主义文化建设论述摘编》，北京：中央文献出版社，2017 年版，第 13 页。

己的精神命脉。对我们来说，博大精深的中华优秀传统文化是我们在世界文化激荡中站稳脚跟的根基"。[1]"国无德不兴，人无德不立"。我们要实现中华民族伟大复兴的中国梦，就必须引导人们向往和追求"讲道德、尊道德、守道德"的生活，激发人们形成善良的道德意愿、道德情感，培育正确的道德判断和道德责任，形成全体人民向上、向善的精神力量。"只要中华民族一代接着一代追求美好崇高的道德境界，我们的民族就永远充满希望"。[2]

二、中华民族道德生活史的几大领域及所彰显的内容

中华民族道德生活史涉及许多具体不同的领域。从宏观整体意义上讲，主要有经济道德生活、政治道德生活和文化道德生活三大方面。从比较具体的意义而论，主要有家庭道德生活、职业道德生活、社会公共道德生活等。而其中个人道德生活又是渗透并贯穿于这几个方面和这几大领域之中的。

经济道德生活是中华民族在处理经济活动和经济实践中所形成并发展起来的道德生活，或者说是在改造自然、创造物质财富和协调生产方式过程中所表现出来的价值追求和行为方式，涉及生产伦理、交换伦理、分配伦理和消费伦理诸环节，以及经济政策、经济制度、经济实践诸层面的内容。中国人的经济道德生活以正德、利用、厚生为根本的价值追求，并借助义利之辨、理欲

---

[1] 习近平：《在十八届中央政治局第十三次集体学习时的讲话》，《习近平关于社会主义文化建设论述摘编》，北京：中央文献出版社，2017年版，第108页。

[2] 习近平：《在山东考察时的讲话》，《习近平关于社会主义文化建设论述摘编》，北京：中央文献出版社，2017年版，第137页。

之辨、俭啬之辨和富国富民之辨表现出来，其总的基调是公私兼顾公为先，义利结合义为重，理欲合一理为尚。

政治道德生活是中华民族在国家治理、政府运行、权力监管等方面的道德价值追求和行为实践的总和，涉及政治秩序的建构、德治与法治的关系协调以及道统与政统的关系处理问题。"为政以德"和"尚仁政"是其主要的政治伦理价值追求。政治伦理化和伦理政治化成为中华民族政治道德生活的显著特点。

文化道德生活是指中华民族在精神文化信念、伦理理想建构以及人生意义等方面的道德价值追求和行为实践的总和，涉及如何在实际中内化伦理思想、培育与弘扬民族精神以及如何更好地开展道德教育等方面的内容。中华民族的道德生活史有着极为注重民族整体利益和国家长远利益的优秀传统，形成了以爱国主义为核心的团结统一、热爱和平、勤劳勇敢、自强不息的民族精神，并借助核心价值观的建构与弘扬，表彰各个层面的道德模范陶铸着中华民族道德生活的风骨和品质。

家庭道德生活是关于家庭和家庭成员之间如何协调家庭关系参与家庭活动以使家庭更好地发展维系的生活类型。中国人自古重视修身，并由修身而言齐家，因此家庭道德无疑是中华传统道德的重要内容和有机组成部分。"中土以农立国，国基于乡，民多聚族而居，不轻离其家而远其族，故道德以家族为本位。所谓五伦，属家者三，君臣亲父子，朋友亲昆弟，推之则四海同胞，天下一家"。[1]家庭道德生活涉及的内容涵盖夫妻关系、父母子女关系、兄弟姐妹关系以及长幼关系等，父慈子孝、夫义妇顺、

---

　[1]　黄建中：《比较伦理学》，济南：山东人民出版社，1998年版，第85页。

兄友弟恭、长幼有序是中国传统家庭道德生活的主要内容。此外，勤俭持家、注重家教、亲善邻里等，也是中华民族家庭道德生活的主要内容。

职业道德生活是人们借助职业活动并通过职业生活所呈现出来的道德生活，涉及职业道德准则的确立、职业操守的培育、职业良心和职业荣誉以及职业道德评价等方面的问题。中华民族自古以来强调和关注职业道德生活，并把职业道德生活看作是人实现社会价值的重要方式或手段，其主要内容有爱岗敬业，忠于职守；勤业精业，精益求精；诚信为本，义重于利；艰苦创业，利用厚生等等。古人有"三百六十行，行行出状元"之说，每一种职业都有自己的可敬可爱之处，不同职业的人都可以对社会作出自己的贡献。人的职业没有什么高低贵贱之分，关键在于志向坚定，敬业爱岗。唐代韩愈在《进学解》一文中提出了"业精于勤荒于嬉，行成于思毁于随"的著名论断，告诫人们应当认真对待自己所从事的工作，千万不能不负责任，马虎对待。中国历史上多精益求精之士，如书法家王羲之，文学家白居易、贾岛，医学家扁鹊、张仲景，药物学家李时珍，科学家张衡等。历代儒家所主张的政德、士德、武德、商德、师德、医德等职业道德，都把讲诚信、重道义视为最主要的内容，强调在职业活动中正心诚意、信誉至上，反对弄虚作假、欺诈伪饰；强调见利思义、先人后己，反对损人利己、损公肥私。艰苦创业，利用厚生，也是职业道德生活的重要内容。

社会公共道德生活是人们在社会公共生活中形成和发展起来的道德生活，涉及除家庭、职业和国家民族生活以外多方面的领域，诸凡行旅交通、乡村里舍、游艺歌舞、城市交际、节庆时俗等莫不与公共道德生活相关。中华民族自古以来强调和关注社会公共道德生活，把尊老爱幼、谦恭礼让、扶危济困、见义勇为、贵和乐群、团结友善等视为公共道德生活的主要内容并在实践中身体力行。这些表达了中华民族待人接物、处事应对的价值观念的道德范畴，自古以来就受到人们的推崇。中国历史上涌现了一大批崇尚公共道德的义士良民，他们在他人需要的时候能够伸出援助之手，行雪中送炭之义举，或解人之难，或接济灾民，或助人欢聚，或救助孤贫，留下了许多感人至深的道德佳话。

总之，中华民族道德生活内容丰富，是一个由多重因素多个领域组合起来的生活系统并在实践中得到充分体现的生活类型。这一生活系统和生活类型既奠基于凡俗生活之中，有着对物质利益和吃穿住用等庸常生活的关注和考虑，同时亦有对人际关系、家庭关系、国家关系等的思考和行为实践，更有如何做一个好人，建构一个好的家庭、单位和国家以及好的社会的追求和行为践履，有如何在内圣的基础上实现外王的上下求索和躬行实践。一代又一代中国人既继承着前人的道德生活传统又结合自身的行为实践推动和创新着这一传统，从而使得中华民族道德生活史充满着"旧邦新命"的内在基质，体现出源远流长而又不断与时更新的发展特质。

第三节　中华民族道德生活史的基本特征

中华民族道德生活史是人类道德生活史的重要组成部分。与其他民族和国别的道德生活史比较，它具有多元一体与和而不同的发展格局，家国同构与忠孝一体的价值追求，修身立德与成人成圣的人生目标，天下为公与仁民爱物的伦理情怀，广大精微与中庸之道的实践智慧，自强不息与厚德载物的精神品质等基本特征。

一、多元一体与和而不同的发展格局

与西方道德文化二元对立的发展格局有别，中华民族的道德生活具有多元一体与和而不同的特征。"吾国民族，虽非纯一，满、蒙、回、藏及苗族，与汉族之言语风俗亦不相同，然发肤状貌大都相类，不至如欧洲民族间歧异之甚，故相习之久，亦复同化。"[1]中华民族既是中国民族的总称，又概括了中国各民族的整体认同。中华民族既是一体的又是多元的，其民族的构成呈现出多元一体的特征。与此相关，其道德生活也彰显出多元一体与和而不同的特征。中华民族的道德生活在形成和发展过程中始终充满着多样性和丰富性，并在多样性和丰富性的基础上崇尚和追求和谐统一的价值目标并因之成为一个有机统一的整体，它以一与多关系的辩证理解和把握创造了整体性的中华道德文化，这一道德文化具有多元一统、万河归海的价值特质，既母性又多重，是多样态、多层次、多变化的伦理道德系统彼此学习、相互认同的产物。

中华民族道德生活多元一体格局的形成，是以中国地域道德文化的多元特征为起点，在多元的地域道德文化的交融和汇集过程中，逐渐形成一些基本的价值共识和伦理准则，再通过教育、宣传

---

[1]　伦父：《静的文明与动的文明》，《东方杂志》第 13 卷第 10 号，1916 年
　　10 月。

和推广的方式，强化先进道德价值的统贯性和普遍性，使其与各地和各族的道德生活情景结合起来，最终形成了既有统一的伦理原则和价值共识，又有各自特色和丰富内涵的道德生活格局。

在中华民族多元一体的道德生活格局中，各民族都有着强烈的自我意识，发展和保持着鲜明的伦理个性，同时又相互学习，取长补短，创造出了一种长期共生共存、荣辱与共的道德生活局面。落实到伦理价值观领域，在先秦是儒墨道法百家争鸣，在秦汉以后是儒佛道三教并存，在近现代古今汇通。就整个中华民族道德生活的结构而言，也形成了一个多元立体和多层次的体系，其中"小德川流，大德敦化"，广大精微和高明中庸集于一身。与此相关，整个社会的道德生活结构也呈现出多层次互补相容的开放共振画面。依传统道德生活架构而言，其上层是以孔子、老子、墨子为代表的，并为历代思想家所承继和发扬的内容形式完备的道德哲学。它设定了中国人的道德理想、道德价值、道德关系、人伦秩序和行为规范，并通过制度和非制度多种形式，渗透和影响着下层的道德文化。中层是制度化、规范化的伦理道德体系，包括各种同典章文物制度相关的礼仪制度、礼仪规范，以及官方所宣传的道德观念、伦理榜样、道德教科书等等。下层则是以潜藏到人们深层心理结构的道德意识、道德信念、道德思维和道德心态为基础而形成的道德伦理实践和具体化的道德生活，包括风土人情、乡规民约、婚丧嫁娶、接物应对等道德行为方式。上层面的道德精神和价值系统可谓中华民族道德生活的大传统，中层面的道德制度和礼仪规范，可谓中华民族道德生活的中传统或者说联系大传统与小传统之间的桥梁，下层面的道德行为实践及普通百姓日常的道德生活可谓中华民族道德生活的小传统，它们三者是一个相互联系、相辅相成的道德价值体系。"大传统"从作为民间道德生活的"小传统"中吸取生活的道德智慧，又把其道德哲学的基本原则经由"中传统"贯彻到民间道德生活的"小传统"中。"大传统"与"中传统""小传统"的圆融互通，是中华民族道德生活与道德文化发展的一个重要特点。

由于多元一体，使得中华民族道德生活在历史和现实的展现上具有"和而不同"的特质。"和"即各种要素的相互依赖与相互补充，它在大方向和基本精神上是一致的，但是在具体风格和表现形式上又是各有千秋的。中华民族道德生活，作为一个统一体来考察，它的形成本质上是多元融合的产物，具有多元性与包容性的鲜明特点，它不是一般意义上的集合与组合，而是一种各民族伦理文化的化合，是一种融"小我"于"大我"之中，"大我"之中有"小我"的伦理文化；中华伦理文化的结构体系呈现出兼容并蓄和开放包容的特点，故其"内聚"和"外兼"并重，体现出了"道并行而不相悖"的价值特质。中华伦理文化的发展在不同区域是不平衡的，这种不平衡性导致了不同区域间的互补关系，是中华伦理文化产生汇聚和向一体发展的动力因素。

中华民族的道德生活在总的结构层面是既讲究协调统一又注重个性自由发展的，把尊重差异与包容多样有机地整合起来，体现了严于律己与宽以待人的气度与胸襟。它既建立于一体多元价值的基础之上，又在生活和实践的层面推动和提升着多元一体与和而不同的精神建构，这种一体多元的伦理文化复合体既使中华伦理文化内部保存了源于多样性的活力和互补性，又有助于中华伦理文化的长期稳定发展和延续，避免了由于文化冲突可能造成的灾难性毁灭和悲剧性衰落。

二、家国同构与忠孝一体的价值追求

与西方以个人为本位的道德取向不同，中国传统道德取向是建立在以家族为本位的"家国同构"的原则基础上的。西方社会进入文明的路径是通过对氏族势力的革命方式而实现的，它斩断了血缘氏族的脐带，用地域性的国家代替了血缘性的氏族，个体观念和私产制度均得到相当的发展，从而为个人本位的确立奠定了基础。中国进入文明的路径走的是一条"维新"或改良的路线，直接由氏族制进化为国家，"国家混合在家族里面"[1]，血缘关系被保留下来，并成为整个社会关系的原型。家国同构实质是这种文明路径的必然产物。

所谓"家国同构"是指家庭、家族和国家在组织机构和精神建构方面具有一致性和共同性。家庭的建构与国家的建构原理相同，意义相近。"家"成为"国"的原型、母体与基础，"国"建立在"家"的基础上并成为"家"的扩充与放大。国家，国家，国就是家，家就是国，国家相连，家国不分，对待国家讲究忠诚，对待家庭讲究孝道，家庭成为社会的基本组织形式和国家的最小单元，而国家则如同一个大家庭。"家国同构"以血缘关系为基础，定位在以家为本，家国一体的整体结构上，强调个人、家庭、国家有机的结合性，倡导公忠为国、爱民爱国、以身许国，强调个人要秉公去私，以公克私，崇德重义，修身为本。反映在国家、社会的层面上，表现出对德政、德治与德教为主的诉求；反映在个体层面上，则强调个体修身为本和对理想道德人格

---

[1]　侯外庐：《中国古代社会史论》，石家庄：河北教育出版社，2003年版，第24页。

的追求。

几千年来，直到辛亥革命以前，忠和孝一直是中国传统文化的两大精神支柱。在家庭或家族中，父亲是核心，在国家中，君王是核心，在道德生活方面则特别强调忠孝一体，适用于家庭伦理的孝同样适用于治理国家，忠于国家、孝敬父母像一组牢不可破的遗传密码一样，成为中国人道德生活的基本旋律。

近代以来，忠孝伦理受到一定程度的批判，但也有相当一些人士主张予以创造性的转化。近代很多民主人士如谭嗣同、严复、梁启超、孙中山均主张恢复忠孝道德的本来含义，或者对之作现代转化，使之成为现代伦理道德的重要内容。在孙中山看来，国是合计几千万的家庭而成，是大众的一个大家庭，家是最小的国，家国的原理是一致的。"中国国民和国家结构的关系，先有家族，再推到宗族，再然后才是国家。这种组织，一级一级地放大，有条不紊，大小结构的关系当中是很实在的。"[1]孙中山主张恢复中华民族忠孝、仁爱、信义、和平的道德，认为要恢复中华民族固有的地位，必先恢复固有的道德。这是个穷本极源之举。他从中国数千年来的盛衰兴亡的历史来证明："因为我们民族的道德高尚，故国家虽亡（指宋、明二代）民族还能够存在；不但是自己的民族能够存在，并且有力量能够同化外来的民族。"[2]以毛泽东为代表的中国共产党人用马克思主义改造中国传统道德，把忠于理想、忠于祖国、忠于共产主义作为革命战士的价值目标，主张改造传统孝道，建立新型的父子和家庭伦理。在新中国 70 年的发展史上，人们立于新的时代，用新的精神和时代内涵诠释了"国是最大家，家是最小国"，"有国才有家"的道理。

三、修身立德与成人成圣的人生目标

如果说西方人的道德生活重心在于教人明理和成己，那么中国人道德生活重心则在于教人成人和成圣。中华民族道德生活在价值目标上确立了"立德、立功、立言"的"三不朽"价值体系，崇尚"内圣外王"，主张把"正德"与"利用、厚生"有机地结合起来，把个人担当的社会责任与个人道德的自我完善统一起来，主张以修身的精神而齐家、治国、平天下，实现内圣与外王的有机统一。学做圣贤是中国人道德生活的一贯主张和基本精神。圣贤是道德的楷模和理想的人格，是人们学习的榜样和师法的目标。强调道德教育和道德修养一直是中华民族道德生活的价值取向和精神关怀。"中国文化在西周时期已形成'德感'的基因，在大传统的形态上，对事物的道德评价格外重视，显示出德感文化的醒目色彩。"[1]《左传·襄公二十四年》记载了春秋时期鲁国大夫叔孙豹与晋国贵族范宣子的谈话。范宣子问："古人有言曰，'死而不朽'，何谓也？"叔孙豹没有回答。宣子又说："昔匄之祖，自虞以上，为陶唐氏，在夏为御龙氏，在商为豕韦氏，在周为唐杜氏，晋主夏盟为范氏，其是之谓乎？"叔孙豹对曰："以豹所闻，此之谓世禄，非不朽也。鲁有先大夫曰臧文仲，既没，其言立，其是之谓乎？豹闻之，太上有立德，其次有立

---

[1] 陈来：《古代宗教与伦理》，北京：生活·读书·新知三联书店，2009 年版，第 9 页。

功，其次有立言。虽久不废，此之谓不朽。若夫保姓受氏，以守宗祊，世不绝祀，无国无之。禄之大者，不可谓不朽。""立德、立功、立言"的价值目标决定了中华民族有首重道德价值的精神取向，对整个中华民族的道德生活产生了十分重大而深刻的影响。

《左传·宣公三年》中王孙满对楚子"问鼎之大小轻重"说了一段很有名的话。在王孙满看来，国家的真正力量"在德不在鼎"。没有崇高的德行，鼎是保不住的，江山必定异姓。因此，治国必须有明德才能确保天下太平。吴起曾对魏武侯以山河之固为"魏国之宝"也说了一段类似于王孙满对楚子说的话，强调国家最可宝贵的财富"在德"而不在"山河之险"。吴起用历史事实加以说明："昔三苗氏，左洞庭，右彭蠡，德义不修，禹灭之。夏桀之居，左河济，右泰华，伊阙在其南，羊肠在其北，修政不仁，汤放之。商纣之国，左孟门，右太行，常山在其北，大河经其南，修政不德，武王杀之。由此观之，在德不在险。若君不修德，舟中之人皆敌国也！"[1]孟子在总结三代兴亡教训时指出："三代之得天下也以仁，失天下也以不仁。国之所以废兴存亡者亦然。"[2]这种认识强化了道德在国家政治生活和历史进化发展中的作用，凸显了修身立德的内在意义和社会价值。

在中国共产党领导人民进行新民主主义革命的过程中，这种尊道贵德的伦理价值观被纳入共产主义道德体系得到了极大的活化和提升。在毛泽东思想和马克思主义的指导下，涌现了一批又

---

[1] 《资治通鉴·周纪一》。
[2] 《孟子·离娄上》。

一批共产主义的先锋战士，他们胸怀共产主义的远大理想，为了民族的独立和人民的解放，抛头颅，洒热血，在所不惜。亦如方志敏烈士所说："敌人只能砍下我们的头颅，决不能动摇我们的信仰！因为我们信仰的主义，乃是宇宙的真理！为着共产主义牺牲，为着苏维埃流血，那是我们十分情愿的啊！"[1]在方志敏烈士身上体现出来的精神是伟大的共产主义精神，同时也是传统的杀身成仁、舍生取义的精神血脉之延续。正是由于中华民族赴汤蹈火、前仆后继的英勇斗争，才使得"帝国主义不能灭亡中国，也永远不能灭亡中国"。不仅如此，中华民族还能够以这种精神在和平的年代创造奇迹，推动中国社会和历史不断前进。

四、天下为公与仁民爱物的伦理情怀

西方伦理文化以个人为本位，所追求的价值目标是个人权益的实现，并且认为趋利避苦是个体的本能，求利求功是生存的目的，故此，功利主义始终在西方社会中占据主流地位，起着主导作用。西方人的道德生活，肯定并强调个体的自由，注重个体的奋斗，尊重个人的权利。私人的权利与私有财产神圣不可侵犯，成为道德生活的主旋律。尽管西方也有国家主义、民族主义和整体主义的伦理思想，但这些理论最后也不得不向个人主义和自由主义靠拢，并以补充和完善个人主义和自由主义为旨归。

中华民族道德生活在处理人我己群关系问题上总的趋向是崇尚人我和谐、己群诸重。在群己合一的基础上，中国思想家更注

---

[1] 方志敏：《死》，《方志敏文集》，北京：人民出版社，1985年版，第144页。

重群体的利益和尊严，要求人们以群体为最高价值取向，提出了
"天下为公""贵和乐群""大公无私"等理论，使群体的价值在
中国社会道德生活中获得了高度的认同。中华民族的道德生活凸
显出一种整体或群体主义的价值导向，中国人的行为注重的是以
大局为重，不因自我的私利而去损害国家、集体的利益，强调集
体至上的原则，在个人利益与国家利益、集体利益发生冲突时，
牺牲个人利益而维护国家、集体的利益。

《礼记·礼运》提出"大道之行也，天下为公"的道德理想
目标，并主张人不能只爱自己的亲人和孩子，而且也要关爱别人
的亲人和孩子。法家管子也十分强调"明于公私之分"，提出
"社稷先于亲戚"的道德价值目标，主张"爱民无私"，要求君
主"不以禄爵私所爱"，"不为亲戚故贵易其法"[1]。墨家倡导
"兴天下之利，除天下之害"，主张"利人乎即为，不利人乎即
止"，把"国家人民之利"当作判断善恶是非的标准。可以说，
注重群体和公共利益是先秦时代基本的道德价值取向。这种道德
价值取向也深深地影响了后来中国道德观的发展和走向。宋代思
想家范仲淹在《岳阳楼记》有言："不以物喜，不以己悲，居庙堂
之高则忧其民，处江湖之远则忧其君。是进亦忧，退亦忧，然则
何时而乐耶？其必曰先天下之忧而忧，后天下之乐而乐"，深刻
揭示了以国家民族利益为重的公忠体国精神。宋代张载提出"民
胞物与"的观点，认为天地是人和万物的父母，人与万物浑然共
处于天地之间。充满于天地之间的气体构成了我的身体，统帅天
地之间的自然之性，构成了我的本性。人民是我的同胞兄弟，万

---

[1]《管子·禁藏》。

物是我的同伴侪辈，因此，作为个体的我应当爱一切的人民和世间的万物，培养起一种仁民爱物的伦理情怀。

在中国历史上，"虽也不乏功利主义，但始终没有占据主导地位"。[1]作为支配几千年中国社会的主流意识形态的儒家思想，其基本主张是"重义轻利""见利思义""以义制利"。当义利发生矛盾时，坚持"先义后利""不以一人疑天下""不以天下私一人"和"公者重，私者轻"的原则，自觉地使个人利益服从于社会公共利益。在中华民族道德生活史上，绝大多数的庶民百姓基本上都能正确处理个人利益与国家利益，以及与社会公共利益的关系，能够顾全大局，"舍小家为大家"。中华民族道德生活史的主脉"就是强调为社会、为民族、为国家、为人民的整体主义思想"[2]。这种整体主义思想陶铸了中国人的道德心灵，形成着中华民族独特的道德人格，不断提升着中华民族的凝聚力和向心力，是造就"连续性道德文化"的动力源泉。

五、广大精微与中庸之道的实践智慧

"致广大而尽精微，极高明而道中庸"，反映了中华民族道德生活的基本特点。中华民族的道德生活强调立乎其大而不忘其小，崇尚高明而落脚在平凡生活的中庸之道。它是一种将伟大的目标与点滴的行为联系起来的从大处着眼从小处努力的伦理智慧。中国人的道德生活与中庸之道有着一种内在的确证关系，中

---

[1] 朱贻庭主编：《中国传统伦理思想史》，上海：华东师范大学出版社，1989年版，第28页。

[2] 罗国杰：《中华民族传统道德与社会主义道德建设》，《罗国杰自选集》，北京：学习出版社，2003年版，第404页。

庸之道是中华民族道德智慧的核心。林语堂在《中国人》一书中直截了当地指出："中国人如此看重中庸之道以至于把自己的国家也叫做'中国'。这不仅是指地理而言，中国人的处世方式亦然。这是执中的，正常的，基本符合人之常情的方式。"[1]中庸之道强调在做人和道德生活方面把握中正适度的原则并力求在行为上一以贯之，避免过激的行为和不及的行为。中国人厌恶做人和道德生活方面的"过与不及"两种极端，欣赏处世中正平和适宜合度。中国人的道德生活是在中庸之道的指导和追求中展现出自己的特色和优势的，中庸之道向人们"打开了一个生存的视域：天下或天地之间——它构成了中国人生存世界的境域总体"[2]。中庸之道所确立的这样一个生活境域，教导人们如何在天地之间堂堂正正、顶天立地地做人。

从历史上看，中正平和与行为适度的思想在孔子之前就有人提倡了，尧在让位于舜时就对其提出治理社会要公正、执中，千万不要走极端。舜时皋陶在谈论统治者应该具有的美德时肯定了九种美德，即"宽而栗，柔而立，愿而恭，乱而敬，扰而毅，直而温，简而廉，刚而塞，强而义"[3]，这九种美德无疑具有中庸之道的蕴涵。西周初年箕子向武王进言，要求统治者以不偏不党为行为的美德。他说："无偏无陂，遵王之义；无有作好，遵王之道；无有作恶，遵王之路。无偏无党，王道荡荡；无党无偏，王道平平；无反无侧，王道正直。"[4]王道是不偏不党，无过无不

[1]　林语堂：《中国人》，上海：学林出版社，2001年版，第100页。
[2]　陈赟：《中庸的思想》，北京：生活·读书·新知三联书店，2007年版，第12页。
[3]　《尚书·皋陶谟》。
[4]　《尚书·洪范》。

及的，它正直、平坦而又恰到好处，所以是统治者必须努力践行的。孔子对中庸作了高度的肯定，并认为中庸是一种"至德"，它要求人们从内外诸方面深刻地把握道德的本质和特性，努力去达到无过无不及的道德生活境界。孔子向往的道德生活是符合中庸之道的，并认为避免了狂狷（狂者进取，狷者有所不为也）两个极端的君子总是能够做到恰到好处，"君子惠而不费，劳而不怨，欲而不贪，泰而不骄，威而不猛"[1]。在孔子看来，中庸不仅是道德生活应当追求的目标和境界，而且也是实行道德生活的最好方法。中庸之道，以"过犹不及"为核心，做人处事追求适量、守度、得当，不偏不倚为宜，越位和缺位都不合适。即便是各种道德品质，也有一个相互调适相互补充的问题。"中庸"之道是儒家道德哲学中的核心理论，"不偏不倚""以和为贵"正是"中庸"之道的"极高明"处。"中庸"之道并非不讲原则的一味做老好人，而是"极高明"的处世哲学，是营造和谐的人际关系，创造和谐的人文环境，避免和克服片面性与极端主义的基本原则。中庸之道的主题思想是教育人们自觉地进行自我修养、自我监督、自我教育、自我完善，把自己培养成为具有理想人格，达到至善、至仁、至诚、至道、至德、至圣、合外内之道的理想人物，共创"致中和天地位焉万物育焉"的"太平和合"境界。

六、自强不息与厚德载物的精神品质

中华民族道德生活的精神实质和价值核心是《周易》所提出

---

[1] 《论语·尧曰》。

的天地之德的人文化彰显和集结，是效法天地之道的有为君子内在精神和品质的凝聚与弘扬。"天行健，君子以自强不息"，"地势坤，君子以厚德载物"。自强不息，就是永远努力向上，永不停止地改造自然、社会和人生，它表现了中华民族蓬勃向上的生命力，不断进取的拼搏精神和不向恶势力屈服的斗争勇气。厚德载物，就是具有宽容精神和开放大度的视野和胆识，能够包容各个方面的人，容纳不同的意见，始终与他人、他国和睦相处，共同发展。

在中华文明初曙的时代，我们民族的先祖就开始了艰苦创业、利用厚生的伟大历程。史载炎帝神农氏教民稼穑，始制医药。"古者，民茹草饮水，采树木之实，食蠃蚌之肉，时多疾病毒伤之害。于是，神农乃始教民播种五谷，相土地宜燥湿、肥硗、高下；尝百草之滋味，水泉之甘苦，令民知所避就。当此之时，一日而遇七十毒。"[1]大禹治水，劳身焦思，在外十三年，三过家门而不入。孔子"乐以忘忧，发愤忘食，不知老之将至"的品格是自强不息精神的深刻诠释。曾子说："士不可以不弘毅，任重而道远。仁以为己任，不亦重乎？死而后已，不亦远乎？"[2]三国时期杰出的政治家曹操作《龟虽寿》，云："老骥伏枥，志在千里；烈士暮年，壮心不已"，凸显出了自强不息和发奋向上的精神气概。北宋张载所立下的宏伟志向"为天地立心，为生民立命，为往圣继绝学，为万世开太平"，凸显出的是一种自强不息的优秀品质。

---

[1]《淮南子·修务训》。
[2]《论语·泰伯》。

厚德载物，体现出中华民族宽容精神和开放大度的视野和胆识。《周易·坤卦》有言："至哉坤元，万物资生，乃顺承天。坤厚载物，德合无疆。含弘光大，品物咸亨。"厚德载物是一个德量涵养的过程，包含着虚怀若谷、豁达大度、谦虚谨慎等多方面的内容。老子认为，"上德若谷"，真正有道德的人"敦兮其若朴，旷兮其若谷"，[1]他为人处事胸襟宽广，豁达大度，就好像幽深的山谷一样，能够包容人世间的一切。宋代文学家欧阳修在《伶官传序》中从总结历史的高度深刻阐发了"谦受益，满招损"的道理。

如果说自强不息表现了中华民族的奋斗或严于律己的精神与品质，那么厚德载物则表现了中华民族的宽容或宽以待人的精神与品质。两者相辅相成，共同架构起中华民族精神和道德生活的大厦。

总体来说，与西方天人相抗、人我二分、公私对立的伦理致思有别，中华民族的道德生活以天人合一、人我和谐、贵和乐群为核心，充满着对家庭和睦、社会和谐、世界和平的向往和肯定，有所谓的"家和万事兴""一家之计在于和""和气生财""协和万邦"之说。中华民族道德生活丰富多彩、博大精深，其核心理念则可以一个"和"字来表示。"和"作为中华民族伦理文化的精华，乃是中国社会的共识，"和实生物"是其理论总结。中国人崇尚"天时不如地利，地利不如人和"，主张"和气生财"，认为"礼之用，和为贵"。中国传统伦理文化始终把谋求人与自然、社会的和谐统一作为人生理想的主旋律。对外来文化，中国伦理

---

　[1]《老子》十五章。

文化抱着一种"亲仁善邻"、宽容兼包的和平主义态度。中华民族即使是在最辉煌的历史时期也没有留下侵犯他国领土、政权和财富的记录。这种以和为贵、热爱和平的伦理品质和精神对世界伦理文明和道德生活的发展也具有极其重要的意义和价值。

第二章 伦理思想、民族精神与道德生活价值的探索与确立

　　道德生活是一种兼具现实与可能的生活，它始终既在生活中展开又在生活中追求，具有一种在现有和本然中追求并向往应有和当然的价值特质。正是这种价值特质不断地促进着道德生活的递嬗和向前发展，不断地在发展的征途中实现着"化应有为现有"，且从现有中不断地生成着新的应有，从而使得道德生活"永远在路上"，"至善"永远是一种"远方的呼唤"的修为性质。中华民族道德生活史，是一个在道德生活的事实中不断追寻道德理想，同时又把道德理想纳入道德生活的事实之中，并以之来改造现实的道德生活的发展过程。就此而论，它与伦理思想、主流价值以及民族精神有着最为密切的联系。在一定程度上可以说，伦理思想、主流价值以及民族精神本质上既是道德生活现实性的产物，又规范、支配和引领着现实的道德生活，它们既是道德生活展开无法忘记的"初心"，亦是道德生活前行的航标，还如影随形地嵌入道德生活的机理之中，以至于我们不得不说它们是道德生活的精髓和灵魂。当然，这只是就自觉的道德生活而言。在相当长的时期，人们自发的道德生活仅仅只是为这种自觉

的道德生活奠定了基础或提供了素材。但是，即使是自发的道德生活也绝不是完全没有心理或精神因素的作用，属于纯粹本能的生活。道德生活的正式形成或展开恰恰是对本能性行为予以改造和引领的结果，如羞耻感的萌生、礼仪的初现、人道的始定，有意识的交往、自我意识以及社会禁忌的产生，这些有着心理性、精神性和社会性的价值行为正是道德生活形成的标志，也成为伦理思想和主流价值得以形成产生的源头或基点。

第一节　中国伦理思想的形成、发展及对道德生活的影响

伦理思想是道德生活的精神依托和价值支撑，从来就没有脱离伦理思想的纯道德生活，尤其是社会的主流道德生活。虽然就道德与伦理思想的关系而言，伦理思想作为对道德的反思和总结无疑出现于道德之后，然而伦理思想一旦出现它就会积极主动地影响或引导社会的道德生活，并成为社会道德生活的重要内容，这就如同道德意识与道德实践的关系一样。伦理思想不仅担纲着解释道德生活、总结道德生活而且也担纲着创造道德生活和促进道德生活不断发展的职责和使命。与一般的社会生活不同，道德生活是人类将道德纳入生活并以道德指导和引领生活的生活。它虽然立足于物质生活基础，但同时又不断超越这种自然的、物质的规定性，展现出主体的自觉自为和寻找存在意义与价值的"属人生活"。因此，在道德生活中，无论是生活的主体，还是由生活而形成的伦理关系本身，都必然会受到不同时代的伦理思想、主流价值的影响，这些伦理思想与主流价值借助国家的、宗教的

和社会的等教化途径，不断改造和提升着人的道德生活，促进道德生活实现从应然向实然的转化并使实然向着应然的目标和方向前进。

中国伦理思想源远流长，历史悠久而内容丰富。早在夏商时期，就已形成注重伦理的传统。春秋以降，对道德空前的重视，"德"被用以说明人的品德、操守，成为沟通天道的外部世界、审视内心和为人处世不可或缺的行为准则，而且是治国安邦的基础，人之为人的根本，在此基础上，形成中国博大精深的伦理思想。两千多年以来，伦理思想渗透在道德生活中，引导和塑造了中国人的生活价值取向和精神气象，同时道德生活本身也不断提供具体生动、真实而丰富的素材，推动着中国伦理思想的发展。

一、中国伦理思想的形成与发展

从殷周至近现代，中国伦理思想大体可分为三个时期，每一历史时期又可分为若干发展阶段，这些伦理思想前后相续，展现出相互对立又相互吸取的辩证发展过程。总体上看，传统伦理思想是以儒家伦理思想为主流，现当代伦理思想则以中国马克思主义伦理思想即毛泽东伦理思想和中国特色社会主义伦理思想为核心。

（一）先秦时期（公元前 21 世纪—前 221），包括殷周和春秋战国两个阶段，为中国伦理思想的形成和奠基时期。

蔡元培《中国伦理学史》指出："我国伦理学说，发轫于周季。"[1]西周以周公为代表的周初统治者鉴于夏商两代相继而亡

---

[1] 蔡元培：《中国伦理学史》，《蔡元培全集》第 2 卷，北京：中华书局，1984 年版，第 7 页。

的教训，既从制度伦理"制礼作乐"，又在精神层面提出了"修德配命""敬德保民"的伦理思想，倡导"孝""友""恭""信""惠"等道德规范，开启了中国伦理思想的端绪。

春秋战国时期，是中国传统伦理思想的正式形成时期，也被视为中国文化的"轴心时期"。"在中国老子和孔子生活的数百年里，所有开化民族都经历了一场奇异的精神运动。"[1]这一时期是人类开始认识自己并进行思想反思的时代，"意识再次意识到自身，思想成为它自己的对象"，人们"通过在意识上认识自己的限度，他为自己树立了最高目标。他在自我的深奥和超然存在的光辉中感受绝对"。[2]老子提出了以"道"为核心的哲学体系，用"道"来说明宇宙万物和人类社会的发展变化，并在此基础上创立了"尊道贵德"的伦理思想，开创了道家学派。孔子提出以"仁"为核心的仁学伦理思想，主张"志于道，据于德，依于仁，游于艺"，开创了儒家学派。墨翟提出了以"兼爱""非攻"为主要内容的伦理思想，开创了墨家学派。管仲和商鞅提出了以富国强兵为主要内容的功利论伦理思想，开创了法家学派。儒、墨、道、法在战国时期得到了较为迅速的发展，并形成百家争鸣的局面。孟子、荀子、杨朱、庄子、吴起、韩非子以及后期墨家面对礼崩乐坏、道德沦丧的社会实情，在继承前人思想的基础上，提出了各自的伦理思想。司马谈在《论六家之要指》一文中指出："天下一致而百虑，同归而殊途。夫阴阳、儒、墨、名、

---

[1] [德]雅斯贝斯：《历史的起源与目标》，魏楚雄等译，北京：华夏出版社，1989年版，第16页。

[2] 同上书，第8—9页。

法、道德，此务为治者也，直所从言之异路，有省不省耳。"[1]
先秦诸子百家伦理思想的主旨是"务为治"，是因为各家大都是
为国君提供政治方略，都渴望寻求一种理想的道德生活秩序，使
万民能够在道德生活方面有所依归。他们在伦理思想上的"争
鸣"和对立，正是当时社会大变革的反映。诸子百家的伦理思
想，在产生和发展过程中形成了特有的研究对象和问题，并围绕
着这些问题的研究形成了一系列的思想观点、道德和伦理范畴，
这些问题包括了义利之辨、道德本原问题、人性问题、道德原则
与规范问题、道德评价中的动机与效果问题、道德教育和修养问
题、道德的社会作用问题、人生观问题等等，这些思想不仅对当
时的理论和实践产生了较大的影响和贡献，而且也极大地影响了
中国社会发展进程，并铸造了中华民族的性格。

（二）秦汉至明清时期（公元前221—1840）。包括秦汉、魏
晋、南北朝、隋唐、宋至明中叶、明末至鸦片战争时期，是中国
传统伦理思想演变、发展并走向衰败的时期。

秦亡汉兴，西汉统治者为维护"大一统"的宗法秩序，实行
"罢黜百家，独尊儒术"的政策。董仲舒推阴阳之变，究"天人
之际"，发"《春秋》之义"，举"三纲"之道，创立了一个以
"三纲五常"为核心，以阴阳五行"天人合类"为宇宙论基础的
神学伦理思想体系。王充、王符等人则对董仲舒的神学伦理思想
展开批判，揭示了道德与物质生活的联系。东汉后期"名教"囿
于虚伪而陷于危机，为挽救名教的危机，"玄学"伦理思想应运而
生。魏晋玄学援道入儒，从"名教本于自然""越名教而任自然"

---

[1]《史记·太史公自序》。

到"名教即自然"，玄学伦理思想对名教与自然之间的关系以及性命之辨、言意之辨等均作出了深入的探讨与阐释。

南北朝隋唐时期，由于外来的佛教和土生土长的道教的兴盛，改变了中国思想史的进程和构成，儒、佛、道之间相互斗争、相互影响而渐趋合流成为这一时期伦理思想的主要内容和基本趋势。

伦理的世俗主义与宗教出世主义之争的结果是宋明理学及其伦理思想的产生。"理学"继承孔孟"道统"，汲取佛、道的思想成分，提出以"天理"为宇宙本体和道德本原，对以往儒家伦理思想进行"推陈出新"，使儒学重新取得了"独尊"的地位。"理学"的产生标志着中国封建地主阶级正统伦理思想的完备和定型。"理学"主要分为三派：以张载、王廷相为代表的"气本派"，以程颢、程颐、朱熹为代表的"理本派"，以陆九渊、王守仁为代表的"心本派"。其中，程朱理学是"理学"的正统，影响最大。元明时期程朱理学成为官方推崇的伦理思想和科学考试的重要标的。明代中期阳明心学兴起。与理学伦理思想并存的还有反理学的"功利之学"。

明末清初，是一个"天崩地解"的时代，产生并形成了传统社会的"自我批判"意识，顾炎武、黄宗羲、王夫之等一批进步思想家从明王朝的危机和覆亡的历史教训中，并在商品经济发展的刺激下，展开了对宋明理学的批判总结。他们从人性论、义利—理欲观、道德修养论等方面，提出新的观点，并集中批判理学伦理思想纲领——"存天理，灭人欲"，把批判矛头直指传统礼教，具有一定程度的启蒙意义。但是，由于清封建统治的怀柔与高压相结合的政策，乾嘉以后，具有启蒙意义的伦理思想转向沉寂，教条僵死的程朱理学再次被提倡，直到鸦片战争爆发，中国被迫融入近现代的发展大潮之中。

（三）近现代（1840年以后）。从1840年鸦片战争到1919年五四运动前夕，是中国近代资产阶级的旧民主主义革命时期。这一时期主要以维护孔孟的保守主义和反孔与批判纲常礼教之间的斗争为主题。后者以康有为、谭嗣同、孙中山等为代表，反对宋明理学"存理灭欲"的禁欲主义思想传统，强调"人权、平等、独立"是每个人生来就有的权利，以此否定专制制度和宗法体系。孙中山提倡"自由、平等、博爱"的道德观，尖锐批判专制主义和宗法道德"堵塞人民之耳目，锢禁人民之聪明"，使人民"无一非被困于黑暗之中"，[1]标志着中国资产阶级伦理思想的成熟。

新民主主义革命时期，马克思主义传入中国，产生并发展了中国化马克思主义伦理思想，集中成果为毛泽东伦理思想，提出并论证了关于无产阶级道德和共产主义道德的一系列科学命题和理论，如全心全意为人民服务、集体主义、革命人道主义等，为中国新民主主义革命特别是根据地道德建设提供了思想和行为指南。除了以马克思主义为指导的伦理思想外，还有文化保守主义和自由主义的伦理思想。胡适依据实用主义的真理观，把道德视为人们应付环境、实现目的的一种工具，主张重新估定一切价值，崇尚自由主义伦理价值观，鼓吹全盘西化。以梁漱溟、张君劢、熊十力为代表的现代新儒家反对自由主义的全盘西化，力倡

---

[1] 黄彦编：《孙文选集》（中），广州：广东人民出版社，2006年版，第30页。

返本开新，弘扬中国传统伦理文化。冯友兰继承旧"道统"，建立"新统"。他把人生分为四种境界：自然境界、功利境界、道德境界和天地境界，为达到神秘的天地境界，冯友兰为世人规定了新"十训"。

总体而言，自由主义西化派伦理思想、现代新儒家伦理思想和马克思主义伦理思想纵贯 20 世纪的全过程，并影响了这一时期中国伦理文化的研究取向与架构运作，三者在相互斗争与渗透融合中造就了中国伦理学的新生与繁荣，共同钩织了 20 世纪中国伦理学这一风云际会的伟大时代。

二、伦理思想引领并影响道德生活的机理与架构

中国伦理思想的产生与发展离不开社会生活的土壤，其目标导向在于指导与规范社会生活，使人能超越自然性而道德地生活。没有不导向道德生活的纯粹的伦理思想，当然也没有脱离伦理思想的纯粹的道德生活。真正的道德生活总是会受到不同的伦理思想、不同阶段的伦理思想的深刻影响，且与主体特有的道德意识和道德观念密切相关。历史地看，伦理思想通过国家的、社会的和个体的自觉等各个层面渗透与导引着人们的道德生活。

首先，在国家层面，统治阶层通过权力与权威强制或非强制地将伦理思想渗透到人们的道德生活中，当然，前提必须是伦理思想为权力所接纳并成为主流的意识形态。在中国文化史上，始终交织着"道统"与"政统"的对峙与斗争。前者以师儒（士）为主体，后者以王侯为主体。所谓"士志于道"，士作为"道"的承担者，正是中国伦理思想的创建者、阐释者和传播者。道统从产生伊始就有一个如何对待政治权威即"政统"的问题，这个

问题涉及两个方面，一方面两者相互对立与冲突，对士而言，他们自认为掌握着比政治领袖更高的权威——道，"道"被士置于"势"之上，以道自认的知识分子通过"内圣"与王侯相抗礼，彰显道对势的影响和价值。另一方面，对统治者而言，他们始终"需要一套渊源于礼乐传统的意识形态来加强权力的合法基础"，[1]使"天下有道"，"道"必须与"势"相互配合，以道辅政。因此，道统与政统又相互依存，其结合建立在"道"的共同基础上，"天下有道，以道殉身；天下无道，以身殉道"[2]。汉代独尊儒术，孔子之道成为正统，以儒家为核心的伦理思想便借助大一统的"政统"，通过法律的、道德教化的和礼俗等途径，逐渐渗入日常的文化心理及行为方式之中。

其次，在社会层面，意识形态的伦理思想通常借助士或社会精英阶层将其灌注于老百姓的日常生活，达到移风易俗、生活道德化的目的。掌握道统的士人，除了以"道"制"势"，借助政统实现自己内圣外王的政治理想，还必须承担"亲民"的社会责任。这些士人或者通过设私学、立教育的方式，如孔子以其仁学和六艺施教门徒三千，推行与传播自己的道德理念。经学大师马融"教养诸生，常有千数"[3]，为东汉社会培养了大批士人，客观上达到了敦风化俗的目的。或者通过制定推行乡约的方式，礼的主张是乡约之根本，祠堂是实施乡约的具体空间。关学大儒吕氏兄弟制定《吕氏乡约》，要求乡民能"德业相劝，过失相规，

---

[1] [美]余英时：《士与中国文化》，上海：上海人民出版社，2003 年版，第89 页。

[2] 《孟子·尽心上》。

[3] 《后汉书·马融传》。

礼俗相交，患难相恤"，乡人"勉为善，而耻为不善"。[1]后有朱熹对此进行增补并普遍传播。明代，乡约受到朝野重视，许多名臣大儒如方孝孺、王阳明等都制定乡约，致力于乡村风俗的改造。这种乡约运动发展延续至民国时期，如梁漱溟等"村治派"的乡村治理运动。这些乡规乡约把礼仪条规高度概括，并把乡民生活的方方面面纳入其中，成为传统中国乡村自治社会的主要伦理规范，对乡村道德生活产生了潜移默化的重要作用。同时，中国的仕宦大儒往往还通过家规、家训的方式，把中国伦理思想尤其是儒家伦理思想变成家庭教育的主要内容。从孔子以诗、礼传家以来，各个时期都有仕宦大儒的家训著作问世，其中《颜氏家训》为家训思想的成熟之作，而晚清曾国藩家训则为中国家训思想之巅峰。孝为先、贵节操、守礼法等道德教育是这些家训思想的核心内容。它们既是仕宦大儒对其子女进行教育的经验积累，又为后世家庭道德教育，形成良好的家教、家风之典范，构成中国文化史、中国教育史乃至世界教育史的一道亮丽的风景。

再次，在民间生活层面，伦理思想主要借助民间信仰的途径，将伦理学说变成民众生活的行为准则和精神追求。在传统中国，影响中国人精神世界的儒释道，其中，儒家是"俗世内部的一种俗人道德"，"所要求的是对俗世及其秩序与习俗（礼）的适应"。[2]实际上，儒家还起到民众宗教的作用，它所祭拜的那些天地大神、被神化的文化英雄，也同样成为民间信仰的诸多神灵。南朝的陶弘景开始用纲常礼教改造道教，逐渐向儒教靠拢。

[1]《蓝田吕氏遗著辑校》，北京：中华书局，1993年版，第563—566页。
[2][德]马克斯·韦伯：《儒教与道教》，洪天富译，南京：江苏人民出版社，1995年版，第178页。

而东汉时期传入中国的佛教在人性观、善恶观和宗教教义最终也都烙上了儒家伦理思想的印记。儒释道三家以其伦理教义对中国民众的精神生活产生了深刻的影响。

任何一种文明，总会存在着两个传统：大传统和小传统。"大传统是在学堂或庙堂之内培育出来的，小传统则是自发地萌发出来的，然后它就在它诞生的那些乡村社区的无知的群众的生活里摸爬滚打挣扎着持续下去。"[1]以此观之，中国伦理思想之所以能够从理论现实化为人们的生活规范，正是因为有来自国家权力的"大传统"，与来自民间信仰的"小传统"，亦有中国的士人阶层自觉形成的"中传统"，三者或者相互分立，作用于不同的生活领域，或者相互渗透融合，共同制约与引导中国人的道德生活。

第二节　道统观念、主流价值的
确立与社会性倡扬

"主流价值"即社会的核心价值、主导价值，是在社会生活中占据统治地位、并为大多数社会成员所接受并践行的普遍性价值。主流价值是每个时代道德生活的灵魂，它为道德生活确立目标、规范等基本活动范式，对中国传统社会的道德生活具有"建宪立章""垂范众生"的意义，由此也滋养了中华民族统一的价值信仰、道德心理和规范意识等。

---

[1]　[美]罗伯特·芮德菲尔德：《农民社会与文化》，王莹译，北京：中国社会科学出版社，2013年版，第95页。

一、儒家和理学伦理被奉为主流价值形态

先秦与秦汉是主流价值的探索与建立时期。夏商周所确立的"礼"的主流价值观在春秋战国之际，"道术为天下裂"，形成百家争鸣的价值态势。其中，秦国对法家价值体系的尊崇，使其成为整个社会的核心价值并以之引导当时的多样的道德生活。秦帝国建立，虽然继续奉行"以吏为师"的法家价值体系，在实践上也对儒家及其他诸家价值体系有所吸纳，使整个帝国道德生活整齐化和主流化。在汉初统治者则推崇黄老价值体系，直到汉武帝与董仲舒时代，才使儒家倡导的以仁为内容、以礼为形式的儒家核心价值体系成为整个社会的核心价值。所谓"道之大原出于天，天不变，道亦不变"[1]，"道"成为中国社会据以存在的根本原理，其核心价值为"三纲五常"，这一价值突出忠、孝两种道德，既有利于宗族社会的和谐，也有利于皇权政治的稳定。这样，儒家价值体系正式被确立为社会的核心价值和道德生活的主导价值。

宋明理学在中华民族道德生活发展史上，提出了一系列非常有逻辑层次的道德范畴和伦理命题，主流价值观的建构是其核心内容。理学的伦理价值追求或旨趣是理学伦理思想中最具道德义理和精神境界的价值原点和枢组，在中华民族道德生活发展史上占有着独特的地位，并发挥着重要影响。

宋代理学之所以成为中华伦理文化发展史上"造极"之思想，除了理学家们那种建构新伦理道德精神、价值理想和意义世界的历史使命感让人感怀，出入佛老并吸收佛老以弘扬儒家伦理

---

[1]《汉书·董仲舒传》。

道德精神的学术沉潜和价值探求精神使其有能力完成此使命外，更重要的在于他们的努力恰与宋元统治者力图一统天下、整顿人心和重建纲常的治政需要相互契合，因而十分符合当时伦理道德建设的需要。

二、道统意识的强化与对道德生活的价值范导

道统是指儒家关于道的传承发展统系和精神义理的总称。从孟子的"五百年必有王者兴"，到韩愈提出"尧、舜、禹、汤、文、武、周公、孔、孟"传道系统，再到朱子《中庸章句序》明确提出"道统"一词，儒家的道统观确是与具体的传道谱系紧密联系在一起的。孟子认为孔子的学说是上接尧、舜、汤、周文王，并自命是继承孔子的正统。唐朝的韩愈在《原道》一文中明确提出，儒家有一个始终一贯的有异于佛老的"道"。他说："斯吾所谓道也，非向所谓老与佛之道也。"他所说的儒者之道，即是"博爱之谓仁，行而宜之之谓义，由是而之焉之谓道，足乎己无待于外之谓德。仁与义为定名，道与德为虚位。""道"即作为儒家思想核心的"仁义道德"。千百年来，传承儒学之道者有一个历史的发展过程。"尧以是传之舜，舜以是传之禹，禹以是传之汤，汤以是传之文、武、周公，文武周公传之孔子，孔子传之孟轲。轲之死，不得其传焉。"[1]韩愈之后，关于重建儒家道统的思想在与释老的争斗中一直成为儒家学者的价值关怀和理论话语。

"道统"一词是由朱熹首先提出来的，他说："子贡虽未得承

---

[1]《原道》，《韩昌黎全集》卷十一。

道统，然其所知，似亦不在今人之后。"[1]"若谓只言忠信，行笃敬便可，则自汉唐以来，岂是无此等人，因其道统之传却不曾得？亦可见矣。"[2]"《中庸》何为而作也？子思子忧道学之失其传而作也。盖自上古圣神继天立极，而道统之传有自来矣。"[3]朱熹的大弟子黄幹在《徽州朱文公祠堂记》一文中指出："道原于天，具于人心，著于事物，载于方策，明而行之，存乎其人。……尧、舜、禹、汤、文、武、周公生而道始行；孔子、孟子生而道始明。孔孟之道，周、程、张子继之；周、程、张子之道，文公朱先生又继之。此道统之传，历万世而可考也。"[4]

理学伦理思想的发展其首要目的是为现实社会道德秩序进行重建和论证，因此在他们的理论中都有一个共同的理想的社会秩序模式，这种模式在他们的伦理论证中是一个逻辑前提，这种理想的社会秩序就是指汤、文、武王三代之治。他们认为这三代政治秩序真正实现了以道配天、以德配位，是治道与道统的合二为一，是最为理想的治理秩序，因此，在理学伦理思想中的良序社会是以此为标准和理想追求的。宋代理学家之所以重提三代之治，最根本的目的是要追述道统传承体系，为宋代社会秩序寻求伦理道德上的论证。因而，在他们的理论体系中，关于道统的传承体系梳理与义理阐发就成为不可或缺的关键一环。

[1]《与陆子静·六》，《朱文公文集》卷三十六。

[2]《朱子语类》卷十九，北京：中华书局，1986年版，第435页。

[3] 朱熹：《四书章句集注·中庸章句序》，北京：中华书局，1983年版，第14页。

[4] 黄幹：《勉斋集》卷一九，《四库全书》本。

周敦颐之所以被视为理学的开山祖师，就在于承继儒家道统，阐发心性义理道德性命之学，开启理学主旨。朱熹是程朱理学的集大成者，他继承了程颐关于道统的思想，以二程为道统传人，认为二程之所以能继道统，是由于惟此二人能在千百年后而得儒家之真精神。朱熹道统论中的"道"，是指程朱道学一派所谓的圣贤一脉相传的"十六字心传"，朱子说："盖自上古圣神，继天立极，而道统之传有自来矣。其见于经，则'允执厥中'者，尧之所以授舜也；'人心惟危，道心惟微，惟精惟一，允执厥中'者，舜之所以授禹也。尧之一言，至矣尽矣！而舜复益之以三言者，则所以明乎尧之一言，必如是而后可庶几也。"[1]朱熹的道统之"道"，是从《尚书·大禹谟》中摘出的十六字心法。

元朝时期，道统承续仍然是一个重要的价值追求和理论论证问题。元朝的道统直接承接于南宋，而不是辽、金一系，进一步捍卫了儒家道统的正统地位。

三、马克思主义中国化与社会主义核心价值观

毛泽东在《唯心史观的破产》和《论人民民主专政》等文章中，深刻总结了中国革命胜利与马克思主义以及中国人学会马克思主义的关系，认为掌握了马克思列宁主义普遍真理以后的中国人精神就由被动变为主动。马克思主义虽然诞生在欧洲，但它是无产阶级获得解放的科学武器，科学真理对于世界范围内任何一

---

[1] 朱熹：《中庸章句序》，《四书章句集注》，北京：中华书局，1978年版，第14页。

个国家无产阶级求解放都会有实际的指导意义。

新中国成立后，确立了以马克思主义理论为主导性的意识形态，建立了适应社会主义的主流价值观和道德观。改革开放以来，在建设和发展中国特色社会主义的历史进程中，中国共产党人坚持解放思想、实事求是，及时总结实践经验，把对社会主义的认识提高到新的科学水平。中国共产党第十八次全国代表大会上提出"富强、民主、文明、和谐，自由、平等、公正、法治，爱国、敬业、诚信、友善"的社会主义核心价值观，其中，"富强、民主、文明、和谐"是国家层面的价值目标，"自由、平等、公正、法治"是社会层面的价值取向，"爱国、敬业、诚信、友善"为公民个人层面的价值准则。当代中国的社会主义核心价值观本着"立足本来，吸收外来和面向未来"之原则，融会贯通了古今中外文化中的优秀价值思想，为当代中国陶铸的是兴国之魂、立民之本。

第三节　以爱国主义为核心的民族
精神的建构与传延

在五千多年的发展中，中华民族形成了以爱国主义为核心的团结统一、爱好和平、勤劳勇敢、自强不息的伟大民族精神。爱国主义在中华民族精神中居于核心地位，是动员和凝聚全民族为振兴中华而奋斗的强大精神力量。这既是中华民族精神发展历史之必然，也是爱国主义自身特点的价值彰显，更是当代中国发展的现实诉求。在当今时代条件下，挺立与弘扬以爱国主义为核心的中华民族精神，有助于实现中华民族的伟大复兴。

一、中华民族爱国主义的主要精神内涵

作为反映个人对国家依存关系的情感诉求、道德规范、法律义务和政治原则，爱国主义是一个动态的历史范畴，在不同的历史时期具有不同的主题。尽管如此，中华民族的爱国主义仍然具有如下四个普遍意义的精神内涵：

1. 情系故土、故国是中华民族爱国主义的源头活水

祖国从来就不是一个抽象、空洞的概念，她首先是我们脚下这块世代生息、繁衍的辽阔大地，是我们生于斯、长于斯的故土。祖国的原始含义就是列祖列宗们的共同生活区域，也就是我们现代意义上的父母之邦。爱国主义这种对祖国的最深厚的感情，首先表现在人们对于祖国的一草一木、一山一水的热爱之中。爱故乡故土是爱国主义的精神始基。人们对生我养我的父母有着深深的感恩和眷恋，对生我养我的故土家园也有着深深的感激和依恋，故土家园无处不有自己生命的印记，因此，人们对于养育自己成长而又美不胜收的青山绿水、肥田沃土自然会产生热烈的赞美和依恋之情。唐代诗人贺知章作《回乡偶书》一诗："少小离家老大回，乡音无改鬓毛衰。儿童相见不相识，笑问客从何处来。"抒发了对故土家人的无尽思念以及告老还乡的无限感慨。"树高千尺，叶落归根"，"魂归故里"是中国人的基本心理和行为风范。

故乡故土构成民族家园意识的源头。思乡、怀乡、魂归故乡是中华民族爱国主义的重要内容和生动体现。唐代诗人李白作《静夜思》："床前明月光，疑是地上霜。举头望明月，低头思故乡"，表达了对故乡故土的思念和爱戴。一般来说，爱故乡的人自会爱故国。在中华民族的发展史上，无数仁人志士，民族英雄

对故国、故土都具有一种源自生命深处的爱。西汉的苏武（西汉大臣）奉命出使匈奴，被扣，匈奴贵族千方百计威逼利诱，他始终毫不变节，后将他迁到北海（即今贝加尔湖）边牧羊，扬言要公羊生子才释放他。苏武历尽艰辛，被扣留在匈奴长达十九年而持节不屈。后匈奴与汉和亲，他才获释回朝。杜甫"英雄馀事业，衰迈久风尘。取醉他乡客，相逢故国人"等诗句，表达了对故国故人的无比眷恋、热爱和思念。特别是那些长期远离故国故土的远方游子或海外赤子，回归故土更是他们魂系梦牵的希冀和精神归宿。中国老百姓"叶落归根"的归宿意识，海外华侨寻根问祖的"本根意识"，都是中华民族这种深厚的乡土情结的生动体现。虽然这种乡土情结具有自发性、朴素性、地域性，有待于上升到爱民族爱国家的理性高度，但它却构成了中华爱国主义的生命根源。正因为它具有广泛的社会心理基础和深厚的历史文化积淀，所以，从古到今一直是中华民族保家卫国、建设家园的爱国主义历史实践的动力源泉。

2. "以天下为己任"的忧患意识是中华民族爱国主义的集中表现

忧患意识，是中华民族深谋远虑的生存智慧，是促进国家进步、民族振兴的催化剂和动力源。忧患意识表征并承载着深厚的民族精神和对国家民族未来发展的无限忧思及其所形成的钩深致远的伦理智慧。中华民族是一个饱经忧患的民族，因此在千百年生存发展进程中，不断生成并强化着"生于忧患而死于安乐"的意识，并能认识到"祸兮福之所倚，福兮祸之所伏"，强调未雨绸缪，防患未然；倡导忧国忧民，"先天下之忧而忧，后天下之乐而乐"，以天下为己任，任劳任怨；它将忧患与勤俭和勤政相联系，"居安思危，戒奢以俭"，总结出"忧劳可以兴国，逸豫可以亡身"的宝贵经验教训。

屈原可谓忧国忧民的典范。他所表达出来的忠诚不仅指对国君的忠诚或曰私忠，更集中地眷注于对国家前途民族命运的忠诚即公忠。而且这种对国家民族的绝对忠诚在他即使个人命运遭遇种种苦难与打压的情况下也充满着"痴心不改"的精神特质。此即如屈原所言的"惜诵以致愍兮，发愤以抒情。所非忠而言之兮，指苍天以为证"[1]，他那种"吾不能变心以从俗兮，固将愁苦而终穷"[2]的精神是士大夫忠于国家社稷的集中体现。屈原一生忠心为国，把报效国家作为自己的人生理想，为了振兴楚国，他胼手胝足，从事实现"美政"的革新活动。屈原"忠而见谤"，两次被放逐湖南沅湘一带，故忧愁忧思而作《离骚》。《离骚》虽然不时吐露出屈原心里的种种怨艾，然而这种怨艾不是对个体生存发展状况和个人利益没有得到实现的愤愤不平，而是对"竭忠尽智以事其君"而"谗人间之"的忧伤和忧思，是对国家前途命运的深深忧患。

中国历史上的忧国忧民，既有像屈原那样在国运衰微时"哀民生之多艰""恐皇舆之败绩"，也有像贾谊那样在天下安定时居安思危；既有像曹刿、申包胥那样面对着国家的危难挺身而出，马援那样的请缨赴战，也有像卜式那样的急国家之所急的慷慨解囊；既有祖逖式的中流击楫，也有宗泽、陆游式的临终"呼过河"与盼统一。他们忧国忧民的襟怀和气节构成中华民族的"脊

---

[1] 《惜诵》。

[2] 《涉江》。

梁"和"国魂",是维系中华民族团结统一的内在精神动能。

3. 担当天下兴亡是中华民族爱国主义的核心和灵魂

正是在担当天下兴亡精神的激励下,出现了《吕氏春秋》所描写的"士之为人,当理不避其难,临患忘利,遗生行义,视死如归"的现象。

东汉末年党锢之祸时,李膺"欲以天下风教是非为己任"[1],陈蕃、范滂也"有澄清天下之志",后都慷慨赴难。东晋时祖逖为北伐中原,"闻鸡起舞",中流击楫。唐代韩愈也是雄心勃勃,"欲为圣明除弊事,肯将衰朽惜残年"。

岳飞的一生,是保家卫国、抵抗外敌的一生。岳飞从军临行前,母亲姚氏用钢针、墨汁在其背上刺字[2],表达了其保家卫国的决心。在抗金的各支队伍中,岳飞的部队是战斗力最强的,每临战阵,将士无不奋勇当先、不顾生死,以致金兵发出了"撼山易,撼岳家军难"的哀叹。南宋名臣文天祥也是精忠报国的典范。德祐二年(1276),元军大举南侵,逼近临安,形势岌岌可危。南宋朝廷大臣们眼见元军气盛,大都主张投降。元军统帅伯颜气焰嚣张,指定非要南宋宰相亲自过去谈判不可。宰相陈宜中害怕被扣留,不敢到元营谈判,私自跑到南方去了。在这紧要关头,文天祥挺身而出,他以右丞相兼枢密使的身份,赴元营去见伯颜,斥责元方无理侵犯南宋,要求元军先后退一段路,再进行谈判。伯颜原以为文天祥是来谈投降条件的,现在反倒指责起自己来了,不禁勃然大怒,立刻下令卫士将文天祥拿下。文天祥冷

---

[1]《后汉书·李膺传》。
[2] 参阅《宋史·何铸传》。

冷一笑，大义凛然地说："宋状元宰相，所欠一死报国耳！ 宋存与存，宋亡与亡，刀锯在前，鼎镬在后，非所惧也。"[1]表达了自己奋不顾身、视死如归的担当精神。后来，文天祥潮州被俘，被押解到元大都，至死不屈，用生命谱写了一曲"人生自古谁无死，留取丹心照汗青"的忠义之歌。

近代以来，中华民族面临亡国灭种的深刻危机，一批又一批爱国志士敢于担当，奋起自强，上演了一幕幕担当天下兴亡的历史活剧。林则徐以"苟利国家生死以，岂因祸福避趋之"的精神受命广州禁烟，他那"若鸦片一日不绝，本大人一日不回，誓与此事相始终，断无中止之理"[2]的誓言，掷地有声，体现了一种将个人荣辱视若浮尘，把国家利益当作泰山的敢于担当精神。左宗棠抬棺出征收复新疆的义举，粉碎了英、俄勾结阿古柏侵占新疆的企图，维护了中国的领土主权，打击了侵略者的嚣张气焰，也是中国近代史上敢于担当精神的生动写照。

在新民主主义革命时期，中国共产党人始终坚持民族独立和人民解放的时代主题，致力于推翻帝国主义、封建主义和官僚资本主义反动统治的斗争，把黑暗的旧中国改造成为光明的新中国。李大钊"铁肩担道义，妙手著文章"，主张为"青春中华"而努力奋斗，强调"在艰难的国运中建造国家，亦是人生最有趣味的事"，并坚定相信"试看未来的环球，必是赤旗的世界"，凛然面对反动派的屠刀英勇就义。方志敏在狱中写出《可爱的中国》，表达了痛恨日本帝国主义侵略和拯救中国的坚强决心，并

---

[1]《文天祥全集》，北京：中国书店，1985 年版，第 489 页。
[2]《谕各国商人呈缴烟土稿》。

且畅想未来的祖国母亲到处都是"日新月异的进步"与"活跃跃的创造","可以毫无愧色地立在人类面前"。抗日战争时期，中华民族被推到亡国灭种的边缘，在极其困难的条件下，全国各族人民同仇敌忾，"妻子送郎上战场，母亲送儿打东洋"，东北抗日联军、八女投江、刘胡兰、左权等以自己的实际行动给侵略者以沉重打击，日本帝国主义先进的飞机大炮始终摧不垮中国人民用自己血肉筑成的新的长城。

4. 抵御外侮、保家卫国是中华民族爱国主义的基本旋律

《礼记·檀弓》载，鲁、齐两国在郎邑作战，鲁昭公之子公叔禺人和他同邻里的少年汪踦一起拿起武器奔赴战场，并在与齐军作战中光荣牺牲。鲁国人不想把少年汪踦当作未成年的人来举行丧礼，并询问孔子。孔子说："能执干戈以卫社稷，虽欲勿殇也，不亦可乎。"[1]亦即能拿起兵器来保卫国家，即便不把他当作未成年的人来治丧，不也可以吗？表明孔子对执干戈卫社稷的高度肯定。

《秦风·无衣》是中国历史上最早一首歌颂抵御外侮、保家卫国的诗歌。《左传》中提出"将死不忘卫社稷，可不谓忠乎"的名言。战国时期著名军事家吴起要求军人要具有"师出之日，有死之荣，无生之辱"的为国视死如归的荣辱观。

中法战争爆发时，冯子材受命于危难之际，以 68 岁之躯，精心策划，亲身指挥，冯子材父子身先士卒，挥刀迎敌，纵横冲杀，打得法军鬼哭狼嚎，丢盔弃甲，创造了震惊时世的镇南关—谅山大捷。这一仗是近代中国人民反抗帝国主义列强的光辉典

---

[1]《礼记·檀弓下》。

范，打出了军威，张扬了国威，法国茹费理内阁因之土崩瓦解。

抗日战争是中华民族全民抵御外侮侵略的抗战。以爱国主义凝聚起来的抗日民族统一战线，推动着中华民族的抗日救亡运动持续不断地展开，使得中华民族誓死保卫国家，万众一心地共御外辱，最终赢得了抗战的胜利。从1931年到1945年，在十四年反抗日本军国主义侵略特别是八年全面抗战的艰苦岁月中，全体中华儿女万众一心、众志成城，凝聚起抵御外侮、救亡图存的共同意志，涌现出杨靖宇、赵尚志、左权、彭雪枫、佟麟阁、赵登禹、张自忠、戴安澜等一批抗日英烈和八路军"狼牙山五壮士"、新四军"刘老庄连"、东北抗联八位女战士等众多英雄群体。平型关大捷和台儿庄大捷中的抗日将士，以及在全国各地抗日前线和敌后根据地奋勇杀敌的爱国将士、游击队员和各界人民群众，海外爱国侨胞，他们都是在国家民族危难之际，不顾个人安危，挺身而出，威武不屈的中华民族好儿女。在中国共产党倡导建立的抗日民族统一战线旗帜下，海内外中华儿女以强烈的家国情怀，空前团结起来，争先投入保家卫国的伟大斗争之中，形成了人民战争的汪洋大海，谱写了惊天地、泣鬼神的爱国主义篇章。

二、团结统一、爱好和平、勤劳勇敢、自强不息的民族精神

中华民族的民族精神以爱国主义为核心，同时还包含着团结统一、爱好和平、勤劳勇敢、自强不息等精神品质。在漫长的中国历史发展过程中，中华民族依凭这些精神品质，在改造自然和改造社会的斗争中建立了不朽的功勋，抒写着中国历史的辉煌史诗。

1. 团结统一是中华民族精神的优秀传统

从遥远的古代起，中国各族人民共同开发祖国的河山，建立了紧密的政治、经济、文化联系，两千多年前就形成了幅员广阔的统一国家。悠久的中华文化，成为维系民族团结和国家统一的牢固纽带。民族团结和国家统一始终是中华民族历史发展的主流。国家统一，反映了人民对于和平和安定的渴望与追求，有利于经济社会的发展和进步，有利于各民族之间的亲密合作和交流。而分裂则常常伴随着连绵不断的战争和破坏，伴随着外部势力的入侵和压迫，给人民造成了极大的痛苦。在中国历史上，那些出卖国家和民族利益、制造分裂的人，始终被人民所唾弃。

中华民族是世界上开化较早和具有悠久文明史的民族。早在原始社会末期，以黄帝部族为主，逐步融合了炎帝部族、九黎部族等其他一些部落，成为华夏族的基本构成。周王朝之际，就已有"普天之下，莫非王土；率土之滨，莫非王臣"的观念。《春秋公羊传》记载："何言乎王正月？大一统也。"标志着儒家"大一统"思想的最终形成。公元前 221 年，秦始皇统一中国，建立了中央集权的封建制国家，中国开始成为统一的多民族国家。统一是中国历史发展的主线和大势，是各族人民的共同心愿。不仅汉族和中原地区的人们向往统一，周边地区和少数民族也不希望分裂。各民族人民在长期的社会实践中深感国家统一乃是民族生存和发展的重要条件，谱写了一曲又一曲维护统一、反对分裂的颂歌。汉代周亚夫面对吴楚七国之乱毅然挺身而出平定内乱，唐代郭子仪平定安史之乱，清代康熙皇帝戡定三藩之乱，维护了国家的统一。南朝时南越首领冼夫人面临当时的"岭表大乱"及欧阳纥谋反，采取断然措施，怀集百越，平定内乱，留下了"我为忠贞，经今两代，不能惜汝负国"[1]的名言。历史上的祖逖、岳飞、陆游、辛弃疾等人之所以成为后人敬仰的爱国英雄，就因为他们努力维护国家"一统"局面，"死去元知万事空，但悲不见九州同。王师北定中原日，家祭无忘告乃翁"的诗句充分表达了爱国者面对国家不能"一统"的悲痛心情。民族和睦是中华民族处理民族关系和国家关系的基本准则，也是中华民族最优秀的传统道德。在中华民族的历史上，兄弟民族的关系一直是以和睦相处为主流，"彼无我侵，我无彼虞，各安其纪而不相渎。"[2]数千年来逐渐成为各民族的共识。中华民族之所以能够一次次地衰而复振、转危为安，巍然屹立于世界的东方，完全是同各民族和睦相处、患难与共的精神联系在一起的。

2. 爱好和平是中华民族的优秀品质

中华民族历来爱好和平，崇尚和平。对和平、和睦、和谐的追求，深深植根于中华民族的精神世界中。千百年来，中国人民追求的就是稳定和平，盼望的就是天下太平。

儒家从仁爱精神出发，主张"和为贵"，提出了"亲仁善邻，国之宝也"[3]的思想，强调社会和谐，讲求和睦友善，倡导团结互助，追求和平共处。老子认为，"兵者，不祥之器，非君子之器，不得已而用之，恬淡为上。"[4]墨家主张"兼爱""非攻""尚同"，反对侵略性的攻战，主张"大不攻小也，强不侮弱也，

---

[1] 《隋书·列传第四十五》。

[2] 王夫之：《宋论》卷六，《船山全书》第11册，长沙：岳麓书社，2011年版，第174页。

[3] 《左传·隐公六年》。

[4] 《老子》第三十一章。

众不贼寡也"。[1]公元前 440 年前后，楚国请工匠鲁班制造攻城的云梯等器械准备攻打宋国。墨子听到这一消息后亲自出马劝阻楚王，日夜兼行，鞋破脚烂，毫不在意，十天后到达楚的国都郢。到郢都后，墨子先找到鲁班，说服他停止制造攻宋的武器，鲁班引墨子去见楚王。墨子向楚王陈述了不能攻打宋国的理由，彻底打消了楚王攻宋的念头，楚王知道取胜无望，被迫放弃了攻打宋国的计划。这就是墨翟陈辞，止楚攻宋的典故。

13 世纪末叶，客居中国的意大利人马可·波罗就曾为中华民族的和平主义精神发出由衷的慨叹。16 世纪西方传教士利玛窦在自己的著作中无限感慨却又不无敬佩地指出："在这样一个几乎具有无数人员和无限幅员的国家，而各种物产又极为丰富，虽然他们有装备精良的陆军和海军，很容易征服邻近的国家，但他们的皇上和人民却从未想过要发动侵略战争。他们很满足于自己已有的东西，没有征服的野心。在这方面，他们和欧洲人不同，欧洲人常常不满足自己的政府，并贪求别人所享有的东西。"[2]这些评价，比较真实地反映了中国历史的发展状况，揭示了中华民族崇尚和平的传统道德。

3. 勤劳勇敢是中华民族的精神血脉

在中国传统道德中，勤劳勇敢是形成最早、普及最广、传播最久、最受欢迎的美德之一，有着永恒的意义。翻开中华民族的文化史，走进中华民族的日常生活，勤劳勇敢都蕴含其中，数千年的历史已把勤劳勇敢沉淀为一种强大的民族精神。墨家反对不

---

[1]《墨子·天志下》。

[2]［意］利玛窦、［比］金尼阁：《利玛窦中国札记》，何高济等译，北京：中华书局，2010 年版，第 58—59 页。

劳而获，主张自食其力。相传在远古时代，神农氏"教民农作"，教给人民耕作方法。《史记》中有"舜耕历山"的记载，颂扬了古圣贤以身作则、勤于劳作的高尚品德。大禹治水在外十三年，三过家门而不入，体现了勤勉奉公、刻苦耐劳的精神。

中国人凭借自己的勤劳勇敢创造了光辉灿烂的历史，推动了科学技术和人类文明的发展。中国古代四大发明——指南针、造纸术、火药、印刷术在欧洲近代文明产生之前陆续传入西方，对西方近代科技革命和工业文明产生了重大影响。

中华民族是一个勤劳勇敢的伟大民族。凭借勤劳勇敢的精神，中华民族创造了丰富多彩的物质文明与光辉灿烂的精神文明。

4. 自强不息是中华民族的精神禀赋

"天行健，君子以自强不息"的刚毅品格和积极进取的人生态度，既是爱国主义的内涵，也是中华民族精神的重要内容。自强不息的精神与"富贵不能淫，贫贱不能移，威武不能屈"的精神一起，自古以来激励中国人以"旧邦新命"的变革创新精神推动中华文明的绵延发展。据英国著名历史学家汤因比统计，人类的历史漫长进化过程中，先后曾出现过 26 种较有影响的文明。然而由于外敌征服、内部消耗或自然灾害等原因，大多数文明先后消亡了，只有少数几种文明得以完整地保存下来，并得到发展。其中最令人瞩目的就是中华民族所创造和传承的文明，而根本原因就在于中国人的自强不息、积极进取的民族精神。从古代的"天行健，君子以自强不息"到近代的救亡图存运动和当代"振兴中华"、奋斗不息的精神绵延不断、一脉相承。中国近代史既是一部中华民族饱受帝国主义欺凌侵略、灾难空前深重的历史，同时也是一部中华民族的爱国主义精神得以集中展示的历史。从林则徐到李大钊，有着先进思想的中国人高扬爱国主义的旗帜，从事着救亡图存的事业，掀起了一次次保家卫国的运动，使得帝国主义无法灭亡中国，也永远不能灭亡中国，抒写了中华民族承亡继绝、奋起自强的伟大史诗。

三、爱国主义对民族精神和道德生活的深刻影响

民族精神以延续传统精神与融合时代精神为特征，呈现为动态的历史发展过程。在中华民族精神传承发展过程中，始终激扬着中华民族的爱国主义这一主旋律。

第一，爱国主义贯穿中华民族精神的始终。在几千年的历史长河中，中华民族经历了一个从华族、夏族最后到中华民族的发展演变过程，在这个过程中，原来许多孤立分散的民族单位形成相互融合而又各具特色的多元统一体，创造出唯一从未中断过的中华民族文化文明。"为什么中华民族能够在几千年的历史长河中顽强生存和不断发展呢？很重要的一个原因，是我们民族有一脉相承的精神追求、精神特质、精神脉络。"[1]在统一的多民族国家形成之前，爱国主义表现为一种朴素的形态，包括人们对家乡、土地的眷恋、对氏族部落共同体的归属感、对其他氏族部落成员的依赖感，以及爱护和守卫本氏族、本部落并愿意为其奉献一切的意识和观念。自秦以降，统一的多民族国家形成，爱国主义成为承接千年传统、贯穿历朝历代的价值追求和思想主题。每个时期都会涌现出为了国家利益牺牲个体利益甚至是个人生命的

---

[1] 习近平：《习近平谈治国理政》，北京：外文出版社，2014年版，第181页。

英雄，"以天下为己任"更是诸多士大夫的群体意识或共同价值目标。近现代以来，"一部中国近代、现代史，就是一部中国人民爱国主义的斗争史、创业史"[1]。而中国共产党带领中国人民进行革命、建设和改革过程中的艰苦奋斗精神、自我牺牲精神和大公无私精神等，无不体现出中国共产党自成立以来对国家民族的历史使命和责任担当。

第二，爱国主义是中华民族精神形成的内在机理。中华民族是由诸多民族经过不断的接触、混杂、联结和融合而形成的，这使中国文化也吸纳了大量异质性文化元素，这些风格各异、价值多元的文化元素之所以能够构成一个有机的整体，并积淀为具有强大生命力的中华民族精神，离不开爱国主义在其形成过程中的特殊作用。本质上看，中华民族精神不是一个或几个民族精神的简单相加，而是建立在共性认识基础之上的崭新精神体系。爱国主义使各个民族认识和理解到中华民族是一个多元统一体，中国是一个不可分割的主权国家，将人们对较小民族单位的情感和认同提升到对中华民族的整体性情感和认同，将各民族对区域土地的自发责任扩展为对国家领土的自觉意识，培养全体中华民族成员高度一致的使命感以及忠于民族国家利益的根本价值取向。在不同文化元素的交流与碰撞过程中，爱国主义以民族国家的整体发展为价值标准，吸收有益于中华民族和中国整体性发展的优秀文化，淘汰阻碍中华民族和中国整体性发展的文化观念，并逐步形成一套完整而持久的选择和生成机制，使中华民族精神从产生

---

[1]《十三大以来重要文献选编》（中），北京：中央文献出版社，2011年版，第443页。

开始就具有极大包容性，与异质文化精神求同存异、优势互补，不断丰富和完善自身，保持中华民族精神绵延不绝。正是由于爱国主义的精神凝聚和价值整合，使得中华民族在历史进程中虽然经历无数动荡和分裂，中华民族文化多次遭受打击和破坏，但最终都能在以爱国主义为核心的民族精神指引下重整旗鼓继续向前发展。

第三，爱国主义是推动中华民族精神发展的强大动力。在古代社会，爱国主义主要是同改革弊政、治国安邦、反对分裂、反抗民族压迫相联系的，中华民族精神表现为旧邦新命的革新精神，胸怀天下的仁爱精神，维护统一的团结精神，抗击外敌的牺牲精神。近代以来，爱国主义集中展现为反抗帝国主义的蹂躏，保卫中国的主权和领土完整，推翻封建主义和资本主义的剥削压迫。中华民族精神则相应地升华出救亡图存、抵御外侮的斗争精神，百折不挠、艰苦奋斗的革命精神。发展到当代，爱国主义主要表现为坚持中国共产党的领导，立足传统而又面向未来、立足中国而又面向世界的开放精神，为实现中华民族伟大复兴而吃苦耐劳、敬业奉献的精神。

在中华民族道德生活发展史上，爱国主义所内蕴的以民族大义为先、以家国天下为重、无私奉献和自强不息等精神境界和价值准则，对于中华民族、中华文化、中华文明的形成和发展起着强大的凝聚作用，引领和鼓舞着中华民族和中华文明在历史的发展进程中一次次地化险为夷、转危为安、变乱为治，向着光明、向着进步、向着辉煌、向着永续发展的方向不断前进。

第三章 礼制、礼文化的形成、
递嬗与更新

中国素以礼仪之邦闻名于世。中华民族道德生活是与礼仪、礼制、礼俗的礼文化密切联系在一起的。"礼"由"礼仪""礼制""礼义"和"礼俗"构成，其中，见之于行为活动或仪容态度的为"礼仪"，见之于名物制度或典章条文的为"礼制"，见之于理性活动或思想观念的为"礼义"，[1]见之于日常交往接物应对方面的为"礼俗"。隆礼贵义、克己复礼、礼尚往来培养了炎黄子孙高尚文雅、彬彬有礼的精神风貌，奠定了"礼义之邦"的道德生活基础，也成为中华文明区别于其他异质文明的价值基质。

第一节 礼的本质与中华礼文化的
早期发展

礼是中华民族道德生活的主要规范和表现形式，原出于对神

---

[1] 王启发：《礼学思想体系探源》，郑州：中州古籍出版社，2005 年版，第 4 页。

的祭祀，后逐渐向人与神、人与天地和人与人的关系扩展，发展成一整套典章文物制度、礼仪规范和道德生活的秩序要求。礼渗透在传统中国道德生活的各个方面，涵盖了祭祀神灵、天地和祖先，婚丧嫁娶以及生老病死等仪式及其要求，国家层面重大活动的庆典和行为规范，等等。在一定程度上说，礼的形成和发展过程贯穿着华夏民族和华夏文明的形成和发展过程，礼仪之邦是对中国和中华文明最好的称誉和礼赞。

一、"礼"的内涵与本质

按照《说文解字》记载："礼，履也，所以事神致福也。"段玉裁解释，"履"乃足所依者，而礼是人所依者。可见"礼"实为人与人之间所必须遵循的行为原则。由于人之所依，其原则的广泛性和人存在境遇的不同，使"礼"具有内涵上的丰富性、本质上的秩序性等特征。

1. "礼"的内涵

大凡政教刑法、典章制度、礼节仪式以及各种行为准则都可称为"礼"。礼的种类纷繁复杂，但都包含几个基本要素：一是"礼物"，行礼所用的宫室、服饰、器皿以及其他东西。二是"礼仪"，行礼的仪式和章法，包括行礼的时间、场所、人选、服饰、站立的位置、使用的辞令、行进的路线等。《周礼》《仪礼》和《礼记》都详细、系统地记载了古代的各种礼仪。三是"礼意"，通过礼物和礼仪所表达的实实在在、明明白白的内容、旨趣和目的，亦即"礼义"。不同的质和量的礼物、礼仪表现不同的礼意，这就要求礼物和礼仪必须适当。

根据礼的内容，礼可分为礼制和礼俗，"礼，大言之，是一朝一代的典章制度；小言之，是一族一姓的良风美俗"。[1]其中，"礼制"为礼的制度化概称，即国家规定的用以规范人们生活、行为、人际关系的典章制度，诸如分封、宗法、井田等，以及各种礼节仪式，包括冠、昏、丧、葬、祭等礼仪程式，它是统治阶级整体习俗典章化、制度化、阶级化的产物，体系完备，宗旨明确，要求严格，为贵族统治者赖以安身立命、须臾不可离开的东西。在中国传统社会中，没有比礼制更流行、更经久不衰的生活方式了，"故无礼则手足无所措，耳目无所加，进退揖让无所制"[2]。同时，礼制还奠定了宗法国家的典章制度。

"礼俗"是在民间风俗习惯基础上形成的礼仪习俗，属于社会风俗的范畴。礼俗源于"礼"，所谓"礼俗，邦国都鄙，民之所行，先王旧礼也"[3]，具有自发性、自在性和随习性，它不像礼制那样因带有明显的政治目的而要求国家的全体人民统一遵守和执行，只是为本民族和本地区的生活有序而建立的行为规则，是约定俗成的，缺乏强制性。礼俗比礼制更有人情味，可以弥补礼制的不足，所以《周礼·天官·大宰》把礼俗作为治理国家的"八则"之一，与"祭祀、法则、废置、禄位、赋贡、刑赏、田役"同列，将礼俗作为道德规范来教化人民。

实际上，礼制与礼俗不仅相互区别，更相互联系、相互吸收，并行不悖。礼制产生于礼俗，同时又指导礼俗。民间礼仪整理规范后，将其精神内涵提炼，并扩充其意义，进而形成国家的

---

[1]　郭沫若：《郭沫若全集·历史编》第二卷，北京：人民出版社，1982年版，第96页。

[2]　《孔子家语·论礼》。

[3]　郑玄：《周礼注疏》卷十六。

礼制。反之，国家礼制的规范性也进一步指导民间礼仪内容的更新与形式的完美，从而推动整个社会的不断发展。礼制与礼俗共同构成礼的动态与完整的系统。

2. "礼"的本质

作为一种伦理道德规范，礼有别于一般的伦理规范，主要被用以区别贵贱等级、维护传统社会的稳定，礼的本质集中表现在：

第一，"礼"是区别人与其他动物的标准。"凡人之所以为人者，礼义也"[1]，人之所以为人，区别于禽兽，就在于人知礼义。荀子通过"有辨"界定"人之所以为人者"。禽兽"由于不知辨"，所以虽有父子，但无父子之亲，虽有牝牡，而无男女之别。人之所以有辨的关键是礼。孔子指出："不学礼，无以立。"[2]"不知礼，无以立。"[3]在他看来，礼是立人之本，是人之所以为人的根据。礼不仅是人区别于禽兽的标准，也是区别文明与野蛮、华夏与夷狄的重要标志，华夏族"郁郁乎文哉"[4]，不遵礼义的"夷狄"则"若禽兽然"[5]。在中国历史的长河中，曾经出现过的"以夏变夷"，或"以夷变夏"的政策，主要就在于是否以礼义为出发点和着眼点。可见，礼不仅是华夏族的行为准则和精神支柱，也是整个中华民族文明与进步的象征。

第二，"礼"是别贵贱、序尊卑的法度规范。礼与天地通，是

---

[1]《礼记·冠义》。
[2]《论语·季氏》。
[3]《论语·尧曰》。
[4]《论语·八佾》。
[5]《国语·周语中》。

天之经、地之义的社会化与人伦化。由于礼明确的是"别""异""差等",所以,"名位不同,礼亦异数"[1],自天子、诸侯、大夫、士以至庶人各有与其等级身份相对应的礼,严格遵守,不许僭越。

第三,礼是经国家、定社稷的根本原则。礼可安上治民、体国立政,是调整社会关系和国家生活的思想基础。自周公制礼后,礼便被推上"国之干也"[2]"国之常也"[3]"王之大经也"[4]的至高至尊地位。

第四,礼是规范行为的指南,评判是非的准绳。礼不仅设定了父子有亲、君臣有义、贵贱有等、长幼有序的最高行为和道德的标准,也为社会各阶级、阶层规制了一般的行为规范和是非观念。

总之,礼是从原始宗教禁忌转化而来的一种别贵贱、序尊卑的社会规范,是建立在宗法血缘关系基础上、以区别尊卑贵贱亲疏为内涵的所有行为法则和伦理规范。礼的目的在于通过正名、有别等方式,达到社会和谐稳定,人际关系和睦融洽的目的。

二、"礼"的萌生与起源

礼的产生大致与人类文明的演进同步。早在原始社会,初民的生活中就萌生了礼,史载伏羲"制以俪皮嫁娶之礼","因夫妇,正五行,始定人道"。[5]从此,人们明白了父子关系和男女

---

[1]《左传·庄公十八年》。

[2]《左传·僖公十一年》。

[3]《国语·晋语》。

[4]《左传·昭公十五年》。

[5]《白虎通义》"号"。

有别，不再随意婚配。之后，礼慢慢向其他领域渗透与推扩，产生出多种形式和类别的礼，这些礼以自然崇拜和事神致福为主要内容。如尧时的"五典"，舜即位后"修五礼"，命伯夷典"三礼"，都包含诸礼的因素，虽仍属于前礼乐的神守时代，却已形成了以父系血缘为基础、以社会礼仪为中心的礼仪系统。

从渊源上看，礼源自远古先民的饮食与祭祀活动。原始人的生活中存在着两个世界，一个是世俗世界，一个是在世俗生活之外却在冥冥中主宰着人们精神的世界，先民借助于祭祀仪礼来沟通这两个世界，希望以此讨好神灵，乞求它们能多赐福、少降灾。因此，先民的几乎所有活动，"在他们所关注的范围内，没有一个活动领域能比仪式更重要的了"[1]。这种祭祀活动直接以某种自然物和自然力为崇拜对象，为一种自然宗教、自然礼仪。另外还有报答，即感谢天地先祖之恩；以及避祸，即避免战争与灾难、远离犯罪与疾病。后来，随着原始部落的火并和部落联盟的出现，事神致福的礼逐渐发展成一种社会制度。祭祀的对象、规范、形式按人们的社会地位高低有了严格的区分。古人很重视祭祀，把它视为国家的头等大事，"祀，国之大事也。"[2]父权制时代，夫妇关系、父子关系被进一步明朗化，于是以"别男女""谨夫妇"为起点，继而推延出父子、兄弟等伦理关系，等级森严的礼制就初步形成了。

父系氏族晚期，以谨夫妇、男女之礼为起点，形成基于父系血缘关系的新的礼仪系统，其中之一为社会交往礼仪，用以处理

---

[1] [美]露丝·本尼迪克特：《文化模式》，何道宽译，上海：三联书店，1988年版，第62页。

[2] 《左传·文公二年》。

国与国、君与臣、人与人之间的交往关系。这些交往礼仪源于五帝时代的部落之间，以及一夫一妻制确立后的氏族部落成员之间的相互关系。当父系血缘一旦确立下来，个体家庭以及家庭和宗族之间、个体间交往礼仪就此产生，在颛顼时代完成过渡，随后交往礼仪就成了全社会的现象，变成了人们日用不息的礼仪活动。

三、夏礼和商礼——礼制的初始形态

夏商周三代，礼是王朝的政教刑法和朝章国典，为王朝统治者治理国家、维系家天下的等级制社会政治秩序的准则、制度或规程，涵摄着政治、法律、宗教、伦理和社会制度等多重内容，体现在一系列具体的朝觐、盟会、祭祀、丧葬、军旅、婚冠等方面的典礼上。

夏代之礼内容上离不开"以祖先崇拜、权力神化、泛灵禁忌为构架的祭祀、丧葬、朝觐、聘问、婚姻、盟会、燕享、军礼等一套礼制"。[1]其中，相比其他的礼，祭礼最为丰富完备，凶礼也多有发展，"以丧礼哀死亡，以荒礼哀凶礼"。从禹到桀，由于发生过多次战争，所以也出现了军礼。夏朝已有了宗法制度的雏形，不仅承袭了虞舜之前部落尊长的终身制，还发展了世袭制，而世袭制正是宗法制的直接根源。夏代的嘉礼已经有了冠昏（婚）之礼，等等，不一而足。由于当时的物质生活较为纯朴，决定了夏礼的仪式相对比较简单。

---

[1] 李瑞兰：《中国社会通史·先秦卷》，太原：山西教育出版社，1996年版，第320页。

夏礼标志着社会的进步，它反映了社会由母系氏族进入到父系氏族部落联盟，进而发展到中国历史上第一个国家出现时期礼制的内容及其功能作用。在母系氏族社会中，礼是平等的。随着生产力的发展，剩余劳动和剩余产品的出现，出现了贫富的差别、阶级的对立，礼的实行也就产生了差别。夏代礼制包括了当时以血缘部落（族）为基本单位的地域性国家对内对外所涉及的各项政治、人伦准则，对维系当时的社会秩序起到了一定的积极作用。

殷礼是在夏礼基础上经损益而发展起来的。殷墟甲骨文已出现"礼"字。商代贵族非常崇拜鬼神，他们祭祀的对象极为广泛，为了取悦鬼神，殷人祭祀的供品极其丰盛，其中最主要的是牲和醴酒。《礼记·表记》云："殷人尊神，率民以事神，先鬼而后礼，先罚而后赏，尊而不亲。"对天地鬼神的绝对崇拜主宰着殷人的政治生活和精神世界。殷人神学观念的核心是"上帝""天"，殷商的神界形成以"上帝"或"天"为最高的等级秩序，商王自称为"下帝"，是受上帝的指定并秉承上帝的旨意来统治民众的。因此，商王重视对天地神祇和先祖、人鬼的祭祀，等级尊卑的神界反映的是殷商的社会理念与伦理原则，对天地神祇以及祖先神灵的态度的虔诚与否，成为衡量社会成员道德水平高下的标准。殷商占卜成风，上至国家大事，下至王公贵族的私人生活，几乎是无事不卜。除祭礼以外，"殷礼"的其他门类也较为齐备，军礼也完备起来。处理国家内部及国与国之间的关系的朝聘贡巡之礼也较为丰富。

相比之前的礼仪，殷礼已渐趋烦琐。殷商的最高统治者亲自主持各种礼典，而其他贵族亦自有其诸礼系统。为了适应礼制和神权的需要，殷商时期已有专门司礼的神职官员，有巫、卜、史、占、祝、宗，分掌占卜、记事和祭祀等，并在政治上享有很高的地位。殷人崇尚鬼神，殷礼通过礼器与牲酒来表达对鬼神的敬意，作为中华礼仪核心的人文精神在此时尚未形成。

第二节　周代礼制的特点与主要内容

中国古代的礼乐文明是在周代形成和完备起来的。周时不仅形成了系统的礼乐制度，而且逐渐脱却殷礼的"巫觋"色彩，赋予礼乐以丰富的人文内涵。

一、周公制礼及周代礼制的特点

殷亡周兴，这是中国古代史上"旧制度废而新制度兴，旧文化废而新文化兴"[1]的一次重大社会政治变革。周初，鉴于殷人丧失政权的教训，周人充分意识到礼对维持社会秩序的重大意义，因而努力完善封建礼制。周公基于夏殷之礼，以宗法人伦为核心，建构了一整套作为统治法规与行为准则的宗法礼制。礼，是"周人为政之精髓"，"文武周公所以治天下之精义大法"[2]。在"以礼治国"思想的指导下，西周王朝对夏殷礼制加以损益，形成比较完善的制度，被孔子赞为"郁郁乎文哉"，是中国奴隶社会礼制史上的高峰。

周公制礼作乐的内容广泛，包括西周时期的一系列典章制

---

[1]　王国维：《殷周制度论》，《王国维儒学论集》，成都：四川大学出版社，2010年版，第 248 页。

[2]　同上。

度、礼节仪式（礼仪）和道德规范（礼俗）等。这些制度和规范以政治制度为主，同时还包括人们的生活方式、宗教礼仪以及文化教育等方面的规范。而所作之乐，包括乐曲、诗歌和舞蹈等内容。具体地看，周公制礼作乐主要有"畿服"制、"爵谥"制、"法"制、"嫡长子继承"制和"乐"制等。其中最重要的是嫡长子继承制和贵贱等级制。取代"兄终弟及"制，周公确立的嫡长子继承制，把其他庶子分封为诸侯卿大夫，与天子形成地方与中央、小宗与大宗的关系。周公且还制定了一系列严格的君臣、父子、兄弟、亲疏、尊卑、贵贱的礼仪制度，以调整中央和地方、王侯与臣民的关系，加强中央政权的统治。这就是"礼乐制度"。周礼使整个礼制由过去的宗教仪式变成了现实生活中的典礼仪式和行为规范，堪称当时人类文明的重要标志。

与商人"尊神""敬鬼"不同，周人把"尊礼"落实在重人事上，在祭祀上天鬼神的同时，提出敬德保民的思想，认为王权虽为神授，但统治者应当"修德配命"，敬德施于天命就是"敬天"，施于人事就是"保民"，保民是天命的体现。天的意志是靠人民的意志来体现的，所以治国者应当谨慎行事，严肃认真地对待民众，做到惠民、德教、明德慎罚，勿使民怨。周人这一思想是对殷商天命观的重大修正，它赋予上天以伦理的品格，并否定了天命的绝对性，肯定了道德的政治作用，由此取得人事对天命的主动权。周礼的形成与发展，可以说是中国传统人文精神轻天命重人事的先声，德与礼自此在社会生活中逐渐占据了主导地位，肇始中国历史上的重德传统。

周礼的目的在于"经国家，定社稷，序民人，利后嗣"，即首要是去规定社会等级秩序，达到"守其国""定社稷"。每个官职都有级别，这就是确定名分。各有其名，各有其职，各有其责，层次分明清晰不乱，每人安分守己而不僭越，国家纲纪行政井然有序。《周礼》还极尽详细地记载了大到建国定都、小到餐饮器具，关于国家政事、生活秩序的主要内容，向人们展现了一幅井然有序的政治生活秩序。

同时，周礼还要对日常生活中成人、结婚、丧葬、祭祀、交往等事务作出礼仪上的规定，指导所有社会实践，即"序民人，利后嗣"。在《仪礼》中，对成人、结婚、丧葬、祭祀、交往、宴饮、选贤等生活中的大事件作了礼仪上的规定，指导着各种各样的社会活动。此外，还有一些对未成人的礼规，以及对生活琐事等的规矩。仪礼是指各种礼的仪式，简称礼仪。礼仪几乎涉及了生活的方方面面，成为那时候的重要社会活动。

二、吉、凶、宾、军、嘉"五礼"

《礼记·中庸》有言："礼仪三百，威仪三千，待其人然后行，故曰苟不至德，至道不凝焉。"说明了周代礼仪和威仪的丰富繁盛。根据所涉及之事的性质，周代仪礼大致分为吉、凶、宾、军、嘉五种，简称"五礼"。据《周官》大宗伯职责称"五礼"共有 36 种礼仪，包括 12 种吉礼，5 种凶礼，8 种宾礼，5 种军礼，6 种嘉礼。

1. 吉礼

"吉礼"居五礼之冠，主要是对天神、地祇和祖先的祭祀典礼。所谓"礼有五经，莫重于祭"[1]，"吉礼"是非常重要的

---

[1] 《礼记·祭统》。

礼，它通过向天地神灵祈福，用以消灾保国安邦。吉礼有特牲馈食礼、少牢馈食礼和有司彻。

吉礼包括三个方面的内容：第一，祭天神，即祭祀昊天上帝；日月星辰；祀司中、司命、风师、雨师等；第二，祭地祇，即祭祀社稷、五帝、五岳；祭山林川泽；祭四方百物；第三，祭祖先，包括春祠、夏礿、秋尝、冬蒸四时祭祀的形式。由于身份地位不同，祭祀的规格和方式也不相同。地位越高的人，祭祀的范围就越大，祭祀的等次也越高。所用的祭物，也各不相同。

祭祀天地是天子的特权，天子把祭天之礼作为国家的重要祭典。祭天包括圜丘正祭、祈谷礼、大雩、明堂礼、祭五帝、祭日月、祭星辰等。祭地之礼源于对土地的崇拜，同时也是报答大地生长五谷、养育万物的恩惠。

祖先崇拜和祭祀权体现权力传承的威严和秩序。因此，在宗法社会，上至帝王公侯，下至庶民百姓，都十分看重对祖先的祭祀。对于周人来说，人死为鬼，没有宗庙供奉享祀，鬼便没有归宿，宗庙正是祖先的亡灵寄居之所。《礼记·王制》规定：天子七庙，诸侯五庙，大夫三庙，士一庙。庶人不准设庙。宗庙的位置，天子、诸侯设于门中左侧，大夫则庙左而右寝。庶士、庶人不得立庙，只能在寝室中灶膛旁设祖宗神位。可见，庙祭的规模、立庙的多少都是宗法制度严格规定的。

此外，吉礼中还包括祀先圣先师、籍田享先农之礼、亲桑享先蚕礼、高禖、蜡腊、傩礼等等。傩礼是驱鬼逐疫之礼。周代设有负责傩仪的职官，即方相氏，率百隶而于季春、仲秋、季冬三时为傩礼，索室驱疫。岁末之傩为大傩，场面最为壮观，目的是扫除邪疫，布旧迎新。

2. 凶礼

"凶礼"是哀悯、吊唁、忧患之礼。根据《周礼·春官·大宗伯》所云："以凶礼哀邦国之忧。"死亡、疾疫、灾害、失败、寇乱等凶险被视为邦国之忧，需要哀悼救恤，所以特别定为五种礼仪。凶礼有士丧礼、既夕礼、士虞礼和丧服礼。

"丧礼"是丧葬和服丧之礼，为古代最为重视的礼，因而记载得最为详细。丧礼规定了不同身份的人棺椁的规格、殡葬时间的长短、唁和受吊的方式，同时以亲疏为差等，规定了斩衰、齐衰、大功、小功、缌麻五等由重到轻的服丧方式，以及服丧的时限，其中愈重之丧，丧期愈长。这种严密的制度也称为"五服制"。五服制是遵循亲亲、尊尊、长长、男女有别等礼制原则而制定的。

"荒礼"是对自然灾害引起歉收、损失和饥馑后，国家为救荒而采取的政治礼仪措施。凶荒之年常常有疾疫流行，故又有"札礼"，"札"即流行性传染病。荒礼规定在饥荒之年上下都要减损礼仪，节制饮食，并提出详细的救荒对策。

"吊礼"是指当有日月薄蚀的天灾、山川崩竭的地灾、水火疾疫的人灾时，须以吊慰抚恤之。吊灾之礼除了要素服、杀礼、去乐以外，最重祈禳之礼，即祷祠上下神祇，以通神禳灾。

"祫礼"一般是指古人为消灾除病而举行的祭祀。《周礼·天官·女祝》记载，女祝的职责即是掌管王后主持的宫中祭祀，以及一切求福、还愿的祭祀，负责按照季节举行祈求吉祥、预却灾祸的祭祀，以及遭灾后的祫、禳，以消除疾病和灾祸。

3. 宾礼

宾礼是指接待宾客之礼，所谓"以宾礼亲邦国"[1]。《周礼》记载的宾礼主要指天子与诸侯国以及诸侯国之间的往来交际之礼。《仪礼》中还有相见礼、聘礼、觐礼都属于宾礼。宾礼分为朝、聘、盟、会、遇、觐、问、视、誓、同、锡命、二王三恪等一系列礼仪制度。

春天诸侯朝见帝王，主要是商议一年施政大事；夏天诸侯宗见帝王主要是各自陈述治理天下的谋略；秋天诸侯觐见帝王是陈述并比较各自为国的功绩；冬天诸侯遇见帝王是协商各自对治政的谋虑。会，是天子有征讨大事时，一方诸侯临时朝见天子，协助天子商讨征讨大事，向四方发布政令；同，是天下四方诸侯赴王畿朝见王者，王者发布治政纲领；问，是远近诸侯应不定期派遣下大夫级使臣来向王者问安；视，是指远近诸侯每隔三年派遣一级使臣向王者问安。凡遇仅有侯服来朝之年，因来朝者少，故诸侯使卿聘问天子，谓之殷覜，亦称"视"。锡命，是指天子有所赐予的诏命。二王三恪，是指天子封前二代后裔为二王后，封前三代为三恪，给予王侯名号，赠与封邑，祭祀宗庙，标明正统地位。

诸侯国中也有聘礼，即在诸侯国之间遣使交聘，即每隔一段时间，诸侯各国派遣使者互致问候，以卿为使者称"大聘"，以大夫为使者称"小聘"。

相见礼是官职大小、长幼尊卑不同，相见时行不同的礼节。先秦很看重相见礼，《仪礼·士相见礼》详细记载了士初次

[1]《周礼·春官·大宗伯》。

相见的六项仪式：介绍、奉贽、辞让、拜揖、复见、还贽。相见礼的具体仪式，进门出门三揖三让，自周至清代，大致不变。

4. 嘉礼

"嘉礼"是和合人际关系、沟通与联络感情的礼仪。《仪礼》中的士冠礼、士婚礼、乡饮酒礼、乡射礼、燕礼、大射和公食大夫礼都可以归入嘉礼之列。

"飨燕之礼"。上古时，飨、燕是有区别的。"飨礼"规模宏大，在太庙举行，烹太牢以饮宾客，但并不真吃真喝，牛牲"半解其体"，并不分割成小块；献酒爵数有一定的礼规。"燕礼"则在寝宫举行，烹狗而食，重在吃喝，主宾献酒行礼后即可开怀畅饮，饮无算爵，一醉方休。

"饮食之礼"。"饮食"也是宴饮，通常专指宗族之内的"宴饫"，而不是日常家居的饮食。族宴逢祭而宴或以时而宴，除了讲究序齿、昭穆亲疏和歌乐外，还有座次、上菜顺序等烦琐规定。

统治阶级非常重视射箭，除军队训练外，还把射箭比赛纳入祭祀、接见诸侯或使臣、宴会等各种活动中，统称为"射礼"。射礼被称为"立德正己之礼"，通过射箭比赛，可以观察一个人的道德品质，而且把射箭比赛视为培养道德品行的最好教育。"射礼"有四种，一是大射，为天子、诸侯祭祀前选择参加祭祀人而举行的射礼；二是宾射，为诸侯朝见天子或诸侯相会时举行的射礼；三是燕射，为平时燕息之日举行的射礼；四是乡射，为地方官荐贤举士而举行的射礼。射礼前后，常有燕饮，乡射礼也常与乡饮酒礼同时举行。

"乡饮酒礼"是敬贤尊老之礼。乡饮酒礼的目的在于选拔贤能、敬老尊长、乡射和卿大夫款待国中贤者，《仪礼》和《礼记》有专篇记载乡饮酒礼。乡饮酒礼是基层行政管理工作的一项重要内容，反映了中国古代尊贤敬老的伦理传统。

5. 军礼

"军礼"是部队操演、征伐方面的礼仪，包括大师之礼、大均之礼、大田之礼、大役之礼和大封之礼。

其中，"大师之礼"指军队的征伐之礼，包括祭天、祭地、告庙、祭军神的出师祭祀；战争动员与教育的誓师典礼；"赏不逾时""罚不迁列"的军中刑赏、献捷献俘的凯旋典礼；以丧礼相迎、吊死问伤的战败之礼等内容。"大均之礼"是王者和诸侯在均土地、征赋税时的军事检阅之礼。检阅的目的在于检查备战状况，天子亲临时，称为"亲讲武"。先秦特别重视军队的平时训练，认为平时严加警备，强化操练，敌人就不敢轻举妄动，所以要定时校阅演习。"大田之礼"是天子的定期狩猎、战阵、检阅车马之礼。"大役之礼"是国家营造、修建等土木工程时的队伍检阅之礼。"大封之礼"是勘定封疆、树立界标时的一种礼典。

总之，"五礼"的内容相当广泛，从反映人与天、地、鬼神关系的祭祀之礼，到体现人际关系的家族、亲友、君臣上下之间的交际之礼；从表现人生历程的冠、婚、丧、葬诸礼，到人与人之间在喜庆、灾祸、丧葬时表示的庆祝、凭吊、慰问、抚恤之礼，可以说是无所不包，无处不礼，充分反映了先秦中华民族的尚礼精神。

三、周人对礼仪的尊崇和践行

《史记·周本纪》载，古公亶父在豳（今陕西旬邑县西）"积德行义，国人皆戴之。薰育戎狄攻之，欲得财物，予之"。尝到甜头的薰育又来进攻，"欲得地与民。民皆怒，欲战。古公曰：'有民立君，将以利之。今戎狄所为攻战，以吾地与民。民之在我，与其在彼，何异？民欲以我故战，杀人父子而君之，予不忍为。'乃与私属遂去豳，度漆、沮，逾梁山，止于岐下"。此举实际上是一次非常成功的"礼让教育"，其结果是"豳人举国扶老携弱，尽复归古公于岐下。及他旁国闻古公仁，亦多归之"。于是，古公亶父"贬戎狄之俗，而营筑城郭室屋，而邑别居之"，还"作五官有司"，以处理政务，教化百姓。"民皆歌乐之，颂其德。"

武王即位，"祭于毕"，"观兵至于盟津"，又先后举行了泰誓与牧誓，这些既是盟誓礼典，同时也是对民众的礼仪教育。而灭商之后的大规模献俘礼和分封诸侯，更是声势浩大的礼仪演示会。当时，周人按照名位、官阶品级制定了一整套礼仪等级制度，相应配套有一系列的礼节规范和仪礼容态，统称为礼数。正如《左传·庄公十八年》所说："王命诸侯，名位不同，礼亦异数。"

礼容，即行礼者的体态、容貌等，为行礼时所不可或缺。礼义所重，在于诚敬。既是出于诚敬，则无论冠婚、丧祭、射飨、觐聘，行礼者的体态、容色、声音、气息，都必须与之相应，所以，《礼记·杂记下》云"颜色称其情，戚容称其服"。《礼记》的《少仪》《玉藻》中还有"祭祀之容""宾客之容""朝廷之容""丧纪之容"和"军旅之容"等的记载。

第三节 春秋战国时期的礼崩乐坏与礼文化的弘扬

春秋战国时期是中国古代社会由奴隶制向封建制转变的大变革时代，也是中国古代文化向中古文化的转型期。整体上看，周礼发展到春秋战国时期，其宗法、祭祀、丧葬、朝聘盟会军礼都逐渐衰落直至崩溃，而其他诸如冠婚、祭祀、聘礼等礼制的内容也有所变化。如果说礼崩乐坏标志着上古殷周文化的解体，那么，礼的重构便成为中古封建文化建设的肇端。

一、西周时期礼制的式微

春秋战国时期，中华文明由周公开创的西周模式开始向战国秦汉模式转变。奴隶制度日趋瓦解，诸侯争霸的兼并战争在破坏周王朝礼治秩序、政治制度的同时，也猛烈地冲击着周礼亲疏观念，出现各种"失礼""非礼"的僭越行为。周天子衰落，诸侯也受到卿大夫的挑战，贵族宗族内的小宗也向宗子权力进行挑战，家臣制度及家臣与家主的关系也有明显变化。旧的礼制不再能够约束人们的行为，社会呈现出激剧动荡的失序局面。

西周末年，周统治者的实力大为削弱，平王迁都开始了东周的统治，但其统治势力仅局限于洛阳周围几百里的范围内，过去以封建从属关系而形成的统一纽带废弛，中原各诸侯国不再定期向天子述职和纳贡。周王室由于贫弱而不得不向诸侯"求赙""求金""求车"，在政治上、经济上都必须依附于强大的诸侯，失去其天下共主的地位。各个强国为了"挟天子以令诸侯"而争做霸主，礼乐征伐不再自天子出。嫡长子继承制和血缘等级分封制也遭到破坏，诸侯国君废嫡立庶、废长立幼的事件不断发生，以嫡长子继承为基础的宗庙制度和等级秩序开始动摇，建立在尊尊、亲亲基础上和以孝友之礼来维持的血缘宗法统治不断瓦解。分封制度是血缘宗法政治的一大基石，也是西周礼制建立和存在的重要依据。面对春秋时代日益激烈频繁的宗族、公族斗争，各诸侯国统治者认识到，基于血缘宗法关系的分封和世卿世禄制度并不能有效维护政治统治，相反还成为政治动荡的根源。于是，从秦、楚、晋等国开始，诸侯国家相继开始设立郡、县，官员由国君直接任命，任人以功不以亲，"克敌者，上大夫受县，下大夫受郡"[1]，进一步削弱了血缘宗法关系的政治作用，分封制度走向瓦解。

春秋战国时代，社会生活发生了深刻的变化，随着宗族政治的日趋瓦解，诚如《汉书·货殖传》描绘的："诸侯刻桷丹楹，大夫山节藻棁，八佾舞于庭，《雍》彻于堂。其流至乎士庶人，莫不离制而弃本，稼穑之民少，商旅之民多，谷不足而货有余。"传统的礼乐制度难以维持，在上层的贵族那里，孔子所云的"八佾舞于庭"[2]现象频发，鲁国的孟孙、叔孙、季孙三家大夫还模仿天子的做法，祭祀时奏专属天子的《雍》乐；明器制度规定，天子用九鼎，诸侯用七鼎，大夫用五鼎，士用三鼎，当"天子微，诸侯僭；大夫强，诸侯胁"，用鼎制度一再被打破。甚至一些平民也仿效贵族的礼制，用鼎随葬，建构了只有贵族才能拥有的精

---

[1]《左传·哀公二年》。

[2]《论语·八佾》。

美屋宅等，从而冲破了士与庶人之间的界线。可见当时"礼崩乐坏"的程度，已经彻底打乱了整个社会生活的秩序。

二、以礼为中心的人文世纪

春秋战国时代，虽然"礼崩乐坏"，但礼制并未消亡，也没有否定氏族统治的国家形式。只不过由政在姬氏一家变成了政在多家而已，史称"晋政多门"[1]。春秋战国就是要完成氏族统治的国家形式由自然血亲向抽象形式的转化，周礼相应也必须脱却其旧的制度伦理，而代之以新的制度和观念建构。

春秋以前，礼表现为以习俗为基础的行动规范，难分形式和内容。春秋时期，人们开始把礼区分为"礼之仪"和"礼之质"。其中，"仪"指外在的行动规范，即形式；"质"则指内容和精神。前者是可以通过迎来送往中的应对之礼节，是"守其国，行其政令，无失其民者也"[2]。如郑国正卿游吉就将礼上升到治国安邦、治生理政以及协调诸种伦理关系的高度，强调礼是处理上下关系的纲纪，是经天纬地的法则，是百姓赖以生存的基础和保障。因此，礼在本质上集天经地义和百姓的行为规范于一身，属于大本大原之物。更重要的是，春秋战国时期的礼特别注重以礼治国和维护百姓的合法权益，体现出鲜明的以人为本精神和人文关怀。所以，春秋时代，西周礼制虽有所废弃并遭到破坏，但社会生活依然受到礼制的影响和浸润，而礼制也开始从烦琐的外在规范向以人为本的精神价值转换，呈现出一种人文主义

---

[1]《左传·成公十六年》。
[2]《左传·昭公五年》。

的取向，使得礼不仅是维护等级制度的规范，还是以人为核心的社会价值体系。此外，春秋时代的"礼"还内蕴着一种德性主义的价值取向，这体现在这一时期人们在论礼时，十分看重德性的价值，并以此来判断礼与非礼。

三、礼精神的发掘与礼文化的弘扬

春秋战国时期，虽然出现"礼崩乐坏"的乱象，但由于礼赖以生长的社会土壤还在，儒家看到了礼必将复兴的趋势，并做出了复兴周礼的努力。实际上，除了儒家，大多数思想家都给礼留下了大小不同的席位。因此，这一时期，与礼崩乐坏相对应的是复兴礼的呼声四起，思想家面对礼制危机进行了深刻反思，对礼进行重新改造，更加重视礼制中的人道精神，不再注重于仪章度数，而要求把礼作为守国、行政、得民的根本原则，为礼的复兴提供了理性的依据。

在这些思想家中，最重要的就是以孔子为代表的儒家对礼文化的推广与张扬。孔子呼吁"礼失求诸野"，提出"克己复礼"，以仁、义、礼、智、信五德为手段，重新建构新的社会秩序。孔子的创造性贡献在于他对当时的礼乐实践作出哲学上的重新阐释，其结果是纳仁入礼，将"仁"视作"礼"的精神基础和核心要义。"仁"指的是由个人培育起来的道德意识和情感，只有"仁"，才可以证明人之真正为人。孔子认为，正是这种真实的内在德性，赋予"礼"以生命和意义。孔子还将"正名"作为恢复"礼制"、实施"礼治"的重要措施。在他看来，"名不正，则言不顺，言不顺，则事不成"[1]，所以要"拨乱世而反正"，最

---

　　[1]　《论语·子路》。

有效的办法，就是"正名"。"正名"就是匡正名分，名分就是"君君、臣臣、父父、子子"，即君臣父子要按礼制的规定各安其分，各守其道。"正名"就是强调"名"与"实"相符。有君子之"名"，就要有君子之"实"。不同身份地位的人，都要做符合其身份地位的言行。这样，就把原来只是规范天生的名分的礼，扩充成为一般人都可自行努力修养而得的品格行为。周代前强调"礼不下庶人"，孔子之后，礼成为普遍的社会行为规范，要求人们在社会活动中，以谦恭辞让的态度维护尊卑贵贱亲疏的社会等级秩序。孔子对礼的改造虽然无法挽救渐趋消亡的西周礼制，但在新形势下创立了礼制思想体系，"使上古时代的礼治政治向中古时代的封建政治过渡，为中国礼文化的形成奠定了基础"。[1]

荀子提出一个以"礼"为核心的仁、义、礼三者统一的道德规范体系，他主张"隆礼"，但这一礼既指宗法等级制度，也指人们所当为的最高行为准则和道德规范，所谓"礼者，人道之极也"[2]，同时主张"礼以制情"和"礼以定伦"，认为礼是"法之大分，类之纲纪"，提出"人之命在天，国之命在礼"。在他看来，仁义都必须以"礼"为最高准则，只有以礼治天下，才能达到王道盛世。荀子礼学在很大程度上建构了一个中国传统文化模式的雏形。

孔子、荀子等人对上古礼制的反思与重构，是当时思想界讨论的主题之一。这些思想家历经几百年的思索，在礼崩乐坏中完成了对礼乐精神的总结与提炼，并在礼乐精神的指导下重构"礼

---

[1] 商国君：《先秦礼学的历史轨迹》，《天津师大学报》1994 年第 4 期。

[2] 《荀子·礼论》。

制"，使礼乐文明的奥旨得以充分阐扬。礼从礼仪到礼制、礼义、礼政的转化，为道德生活注入了更多的实质性内容和精神性因素，不仅是带有普遍性和原则性的行为准则和价值观念，同时也是具体的生活方式和待人接物风范。因此，认识和了解中国人的道德生活，必须透过对礼的文化和制度的理解和阐释来进行。

第四节　秦汉至近现代礼仪、礼俗和礼制的递嬗与革新

秦汉至明清，大一统皇权政治的建立，礼仪一方面强化了对皇帝至高尊严的维护，另一方面，经济的发展和社会分工的细密，导致社会分层的扩大，周代繁密的礼仪逐渐变得不合时宜，因此，历代统治者都会根据政治统治和现实生活的需要，对传统礼制进行改革，使之保持其维护统治、维护社会安定、保证日常生活和谐的工具功能。这虽然使礼在内容、形式等方面都与古礼存在着很大的不同，然而礼对人们道德生活的影响却是一以贯之的。

一、秦汉对礼文化的推进与礼制的确立

秦汉礼文化既意味着一个旧时代的结束，又肇始了一个新时代，对后世的礼制、礼学和礼俗等都产生了深刻的影响。

秦始皇毕六国、一四海，建立了中国历史上的第一个统一的中央集权制王朝，礼也随着春秋战国纷争的结束而进入一个特殊的发展阶段。秦自商鞅开始，历代当政者都重法轻礼，形成"缘法而治"的政治传统。但正如太史公所云："秦有天下，悉内六国

礼仪，采择其善，虽不合圣制，其尊君抑臣，朝廷济济，依古以来。"[1]秦朝的大一统皇权和统一的社会秩序仍然是由明确的尊卑等级加以维持、维护的，秦始皇死后，"二世下诏，增始皇寝庙牺牲及山川百祀之礼，令群臣议尊始皇庙"[2]，体现出"秦礼"对古礼在一定程度上的创新。

在"礼"的发展史上，取代秦的汉开启了中国礼文化的一个崭新时期。经过两汉四百多年的时间，多源的礼制逐渐被整合为一个相对完整的系统，这一过程大致经历了三个阶段：第一阶段为汉初至宣帝时期。在此阶段，叔孙通兼采秦礼和古礼制定汉礼，但此时之礼与儒家理想相距甚远。汉文帝并不重视礼乐；至武帝，虽尊儒术，但当时的礼制并不符合儒家的思想和传统；西汉中期，影响统治者思想的是神仙方术，以至淡化了礼乐的影响；宣帝甚至郑重申言："汉家自有制度，本以霸王道杂之，奈何纯任德教，用周政乎？"[3]因此，这一时期，人们在日常生活的各个方面，无论是住宅、服饰、出行还是社会风尚、人际交往等都更多保留了先秦时期的礼俗。第二阶段为自元帝至西汉末年。从元帝开始，掀起恢复"古礼"的浪潮。虽然儒臣恢复"古礼"的运动几经挫折，或兴或废，但议礼引经、托用古制以增强儒家的影响，成为这一时期礼制发展的主导力量，这一浪潮也开始渗透并影响人们的道德生活，形成与大一统政治形态和经济结构相适应的道德生活方式、观念和习俗。第三阶段为东汉时期。刘秀建立东汉政权后，推行"柔道"，倡扬"德政"，在让人民恢复生

---

[1]《史记·礼书第一》。

[2]《史记·秦始皇本纪》。

[3] 班固：《汉书·元帝纪》。

机的同时，重建政治秩序，推崇儒学，儒家思想的统治地位得到进一步巩固，表现在"礼"的方面，一是儒家经典的内容被作为衡量人们行为是否符合"礼"的标准；二是"三纲五常"成为中国封建礼制、礼教的核心，成为伦理规范的最高准则；三是通过对儒家经典《三礼》的整理、诠释，进一步将礼学系统化、规范化。东汉郑玄破除经学的门户之见，博综兼采，遍注群经，其"三礼注"可谓集"周礼"之大成，并将周代礼制理想化。《三礼》的整理、诠释和刊布，既起到了敦教化、醇风俗、规范秩序、稳定社会的作用，也确立和支撑起了中国礼制和礼学的骨架。具体到人们的日常生活，统一性与世俗性成为这一时期道德生活的主要特征。

汉代初步实现了礼制的儒家化，进而促使礼制的下传与普及。这样，经过改造的"周礼"变成社会普遍的行为规范，又通过教化的方式，礼的思想、观念和行为方式向民间和大众传播，逐渐为社会认同。因此，在秦的"车同轨，书同文"的基础上，汉代在礼的层面实现了"大一统"，开创了中国人道德生活的新局面。

二、魏晋南北朝、隋唐时期对礼制的强化与实践性推广

魏晋南北朝至隋唐，是中国由长期的分裂再次走向统一的重要历史时期，"礼"也相应进入一个新的发展阶段，其最典型的特征就是"五礼"制度从草创走向完备。汉以前，吉、凶、军、宾、嘉等"五礼"尚停留在学说层面，并未进入使礼制系统条理清晰、分类明确的操作环节，在这一时期，通过长期的制"五礼"运动，促使礼进一步系统化的同时，也加快了礼的规范化和制度化进程。

西晋时开始以"五礼"形式撰述礼仪，荀顗按照"五礼"编排、撰作了"新礼"，即《晋礼》，晋礼既适应了西晋政治统一的需要，又开启了编纂"五礼"之先声。南北朝时期，礼学特别发达，最能体现宗法社会尊卑亲疏关系的丧服制度和《仪礼·丧服》备受时人青睐。礼学研究与仪制撰作相互推进。各代的统治者也大多重视编订"五礼"，如梁武帝时期就开展了一次大规模的制礼活动，这种活动实际成为南北朝每一朝代必行之惯例。基于南北朝多方的积累，隋朝通过连续几次的制礼活动，对西晋以来撰作的"五礼"作了系统的总结，制作出《隋朝仪礼》和《江都集礼》。唐朝时，以"五礼"形式编定礼仪的制礼活动达到高潮，展示"盛唐气象"的《开元礼》标志着"五礼"的进一步成熟和完善。

在经历三国两晋南北朝的长期战乱，以及隋王朝的迅速覆亡之后，人们将南北分裂、天下纷争的原因归结为儒学地位的衰微。因此，李唐王朝一经建立，整个社会便弥漫着浓厚的儒学复古思潮，对礼制的重新整理与补充便是这股思潮的一种重要表现。唐初，"参订礼仪"仍袭用隋礼。新礼的制作，始于贞观年间，由房玄龄、魏征倡导，组织礼官、学士等在隋礼的基础上增补了天子上陵、朝庙、养老、大射、讲武、读时令、纳皇后、皇太子入学、太常行陵、合朔、陈兵太社等，定为吉礼六十一篇，宾礼四篇，军礼二十篇，嘉礼四十二篇，凶礼十一篇，号为《五礼》，又称"贞观礼"。至高宗显庆三年，又由长孙无忌、李义府、许敬宗等增补至一百三十卷，合二百五十九篇，号为《新礼》，又称"显庆礼"。唐礼中，除嘉礼的婚礼及凶礼的五服表现了某种程度的世俗化走向外，就其总趋向看，则明显反映专制秩序进一步被强化的取向。这从"五礼"各自的内容涵盖面上即可看出来，如吉礼：唐礼的吉礼也是祭祀礼仪，这在性质上和古礼没有什么区别，但内容却较古礼的三门十二项更庞杂。

《开元礼》是中国现存最早的一部官修礼典，是中国礼仪制度史上的一座里程碑，奠定了以后历代王朝礼典的基本结构，而且向外传播至高丽、日本等异域之邦，深刻地影响了这些异域民族的文化与道德生活。

三、两宋时期礼制的维新与兴盛

礼的历史嬗变大致经历了两次比较显著的变化，第一次是由西周、春秋战国经秦到汉、唐，第二次是由宋经元、明到清，两次变化展现的都是礼从盛—衰—复兴的发展轨迹。其中，有宋一代是中国宗法社会承上启下的转型时期，正如严复所说："中国所以成为今日现象者，什之八九为宋人所造就。"[1]

制礼活动是宋代文化发展的一个重要方面，极其普遍与兴盛，既有来自官方的频繁制礼活动，也有民间的私人制礼行为。官方编修的礼典主要有《太常因革礼》和《政和五礼新仪》。《太常因革礼》共一百卷，分为吉礼、嘉礼、军礼、凶礼、废礼、新礼和庙议。《政和五礼新仪》由仪礼局官、知枢密院郑居中、白时中、慕容彦逢和强渊明等奉敕撰，将礼分为吉礼、宾礼、军礼、嘉礼和凶礼五种，后因其远离百姓的现实生活，难以推行而停止执行。宋代有大量的私家撰作，重要的有陈祥道的《礼书》、李

---

[1] 严复：《严几道与熊纯如书札节钞》，载《学衡》第 13 期（民国十二年一月），江苏古籍出版社影印合订本，第 3 册。

如圭的《仪礼集释》、郑樵的《礼略》和朱熹的《仪礼经传通解》等。而且，宋代儒家开始致力于民间礼俗的规范化，且成就显著。北宋司马光在《仪礼》的基础上，结合当时礼俗的实际撰写了《书仪》；南宋朱熹则在《书仪》的基础上撰写了《家礼》。

宋代礼制发展的一大特点在于，由于宋代门阀贵族退出历史舞台，庶人的数量占社会人口的绝大多数，且担负着社会绝大部分的生产劳动，成为重要的文化创造者，促使庶人的政治地位得以提升，形成一个从皇室和宗室、品官到庶人的三元等级结构。庶人社会地位的提高必然要求有适合于他们生活方式的礼仪规范，宋礼就此开始了"礼下庶人""士庶通礼"的转换，其标志是《政和五礼新仪》增订庶人礼，有"庶人婚仪""庶人丧仪"等专门针对庶人的礼文，而《宋史·礼志》也第一次在正史的礼志中记载了士庶人婚丧嫁娶的情况，《宋史·舆服志》还有"士庶人车服之制"的首次记录。明清两朝沿袭和发展了宋代肇始的这个礼制传统。

四、元明清礼制的衰落与革新

元、明、清三代为中国礼仪的"衰变期"，礼文化发展至此，"不得不呈现'沉暮品格'，传统礼仪则越来越暴露出它专制、残暴、繁缛、僵化的致命伤，开始走向它的反面"。[1]

北南两宋在与辽、金等北方游牧民族的斗争中，中原农耕文化与游牧民族文化碰撞交融，形成一种独特的二元礼仪系统。元朝再次统一中国，蒙古族的游牧民族风俗习惯对中原传统礼仪文

---

[1] 顾希佳：《礼仪与中国文化》，北京：人民出版社，2001年版，第107页。

化产生更大的冲击。元初统治者虽然也强调尊孔，且沿用宋代礼制，任用汉族士大夫，但在政治层面却显示出对中原农耕文化、汉族文化的排斥与蔑视。忽必烈时期，在汉儒的努力下，元统治者开始改革旧俗，推行汉制，在祭天、祭祖、婚姻之礼和丧葬之礼等方面，都是"本俗"与汉礼糅合并用，但也止于朝廷礼制方面，少有涉及民间礼俗，加上民族矛盾难以调和，因此整个元代传统礼学及礼文化的发展一直处于低谷。

明朝建立后，为了有别于异族统治，其推行的礼制基本上沿袭了周、汉的传统。洪武三年（1370）由徐一夔等人修成《明集礼》，总五十卷。嘉靖九年（1530），又纂入三卷，由世宗命内阁发秘藏刊布天下，即为目前所见之五十三卷本。《明集礼》中的卷一至卷三十八为"五礼"。

满族入主中原，统治者为了维护专制统治，传统礼仪制度再次被视作金科玉律。顺治元年（1644），宣布"礼仪为朝廷之纲，而冠履侍从揖让进退，其纪也"[1]，为了加强权威，清王朝将朝廷礼仪推向了极端，朝仪由明朝的四拜、五拜发展为清朝的"三跪九叩首"，进一步强化了宗族制度。雍正在《圣谕广训》中说："凡属一家一姓，当念乃祖乃宗，宁厚毋薄，宁亲毋疏，长幼必以序相洽，尊卑必以分相联，喜则相庆以结其绸缪，戚则相怜以通其缓急。"明确要求宗族要兴建祠堂，设立学校，添置族产，纂修族谱。国家法律明确承认宗族的司法权，族长拥有处死人的权力。这样，宗族共同体成为维系基层社会秩序的重要手段，儒家的伦理纲常也依赖于宗族的强固而得以发扬，使得礼教

---

[1]《清世祖实录》卷十。

更加走向其否定性的一面。

在礼学史上，虽然元明两代的礼文化无多大建树，但至乾、嘉年时又趋昌盛。清儒注重实学，《礼经》学的名家、名著层出不穷，诸如徐乾学的《读礼通考》、凌廷堪的《礼经释例》、胡培翚的《仪礼正义》、黄以周的《礼书通故》、孙诒让的《周礼正义》等，在中华礼学史上仍有相当的影响。

五、近现代对封建礼教的批判及对礼文化精神的传承与弘扬

近代以来，中国遭受西方列强的侵略与凌辱，天朝大国的尊严与神圣在西方列强的眼里被视为落后与糟粕的化身。客观而言，发展到近代的礼教、礼俗也日益显示出阻抑人性、扼杀生机的一面，愚民化、单向化、病态化不仅使人心生嫌憎，也招致了诸多有识之士的抨击与批评。近代道德革命一个重要的任务就是以西方自由、平等和天赋人权批判封建礼教。

以礼为教，彬彬有礼，初衷是使人由野蛮走向文明，也是礼仪之邦展现出来的道德文化软实力。然而物极必反，明清以来特别是近代以来，礼教走上了极端，扭曲了人性，呈现出严重的病态。其一是愚民化。礼教把维护儒家的纲常名教视为天理，以此来要求百姓民众心甘情愿地接受礼教的统治，任何不尊崇礼教的行为都被视为大逆不道。其二是单向化。现实生活中的礼教强调君对臣、父对子、夫对妇的绝对权威，使君权、父权、夫权成为套在臣、子、妻身上的枷锁。其三是病态化。由于礼教不断强化忠孝节义的伦理价值，诱导并鼓励人们甘愿为名教而献身，致使为名教殉身者数目惊人。

与此同时，在思想文化领域，一部分具有启蒙思想的人士也

开始了对封建礼教的抨击与批判。戊戌变法时期的维新派、辛亥革命时期的资产阶级革命派，以及辛亥革命以后的新文化派，都把封建礼教作为重点批判对象，掀起了一轮又一轮冲决纲常网罗的道德革命和道德解放运动。以谭嗣同为代表的维新派向礼教发起了猛攻。他们把礼教比作阻碍中国社会进步的"桎梏""囹圄"和"网罗"。谭嗣同所著《仁学》明确提出要"冲决网罗"，认为礼教并不是神圣永恒的"天理"，而是君桎臣、官轭民、父压子、夫困妻的工具。辛亥革命时期，资产阶级革命派展开了对礼教的猛烈批判和扫荡，认为"礼者，非人固有之物也，此野蛮时代圣人作之以权一时，后而大奸巨恶，欲夺天下之公权而私为己有，而又恐人只不我从也，于是借圣人制礼之名而推波助澜，妄立种种网罗，以范天下之人。背逆之事，孰逾与此"[1]、"定上下贵贱之分，言杀言等，委屈繁重"之礼是野蛮时代的象征物，使国人"养成卑屈之风，服从之性，仆仆而惟上命是从"，造成国人普遍的奴隶性，危害极大。新文化运动时期激进民主主义者把礼教与吃人联系在一起，抨击力度空前。吴虞在《吃人与礼教》中说："孔二先生的礼教讲到极点，就非杀人吃人不成功，真是惨酷极了！""我们应该觉悟：我们不是为君主而生的！不是为圣贤而生的！也不是为纲常礼教而生的！什么'文节公'呀、'忠烈公'呀，都是那些吃人的人设的圈套来诳骗我们的！我们如今应该明白了：吃人的就是讲礼教的、讲礼教的就是吃人的呀！"[2]他们直截了当地指出礼教就是吃人的，彻底改变了礼教

---

[1] 张枏、王忍之编：《辛亥革命前十年间时论选集》第一卷（下），北京：生活·读书·新知三联书店，1960年版，第479页。

[2] 吴虞：《吃人与礼教》（1919年11月1日），《新青年》第6卷第6号。

在国人心目中的形象。鲁迅、陈独秀、李大钊等人也对礼教弊害多有尖刻的批判。

辛亥革命前后，与"道德革命"论截然不同的是"保存国粹"说和为礼教鸣不平的复古主义思潮。以章太炎、刘师培为代表的国粹派，以康有为、陈焕章、梁鼎芬为代表的孔教派，以辜鸿铭、林琴南为代表的复古派，都对醉心欧化以及对传统文化的猛烈抨击十分不满，他们主张复兴传统礼教和文化，并对激进民主主义者所心仪的西方文化展开了有针对性的批判。辜鸿铭在《中国人的精神》一书中专门探讨"中国人的礼教"，并认为以孔子为代表的礼教追求的即是"君子之道"和良善的生活。中国人的礼教认为"道德生活或虔诚生活的基本和根本，在于做个孝子和好公民"，好公民的秘密在于"应尽义务而并非争权利"。[1]在新文化运动时期，与激进民主主义者将礼教视为吃人工具不同的东方文化派和现代新儒家对五四全面反传统予以反思，试图挽救礼仪、礼俗和礼文化并将其与封建礼教区别开来。现代新儒学代表梁漱溟在其《东西文化及其哲学》的演讲中盛赞孔子学说及其道德观，指出以孔子为代表的儒家礼教注重人与人之间的和谐礼让，讲究将心比心推己及人和为对方着想，处处尚情而无我。梁漱溟不仅盛赞孔子为代表的礼教的伦理价值，而且从东西文化及其比较的角度预言世界未来文化就是中国文化的复兴，认为西方人最终也不得不走中华文明之路、孔学之路。

资产阶级革命派领袖孙中山对儒家伦理价值观和礼教也持一

---

[1] 辜鸿铭：《中国人的精神》，西安：陕西师范大学出版社，2011 年版，第 135 页。

种基本的肯定态度，并主张只有保护好传承好中国固有的好道德，中华民族的地位才可以恢复。民国建立以后，孙中山便提出要"大集群儒，制礼作乐"。后来，北洋政府又曾专门设立礼制馆，管理礼仪制度编修事宜。

中国共产党人对待中国传统文化的态度始终以抛弃其糟粕，吸收其精华的辩证扬弃为主。在对封建礼教、礼制予以否定的同时，对人与人之间互相尊重、礼尚往来的礼仪、礼貌、礼俗则持扬弃性的态度，并主张予以创造性发展。

中华人民共和国成立后特别是改革开放以来，弘扬礼文化精华纳入社会主义精神文明建设范畴。20 世纪 80 年代初，"五讲四美三热爱"可谓新时期的礼文化复兴运动，"讲礼貌"与发展同志式的平等友好关系联系起来，在全国范围内产生了很大的影响。与此同时，山东曲阜的"祭孔大典"，陕西黄陵的黄帝陵祭典、湖南炎陵的炎帝陵祭典和浙江绍兴的大禹祭典也开始兴盛起来。"礼仪之邦"的礼文化建设活动日益受到重视，并成为中国文化软实力的重要构成。

第四章　正德、利用、厚生的经济伦理与价值追求

　　中华民族道德生活史渗透在经济、政治、文化各个领域之中，并通过经济道德生活、政治道德生活和文化道德生活等体现出来。依据经济形式和经济体制，中华民族的经济道德生活也经历了一个由自给自足的自然经济向半商品经济和商品经济，近现代是资本主义商品经济和社会主义商品经济的发展过程，其中有着对利益与道德、个人利益与他人利益、个人利益与公共利益以及公共利益与公共利益之间等关系的认识与对待，天理与人欲的关系以及富国与富民关系的认识与对待，涉及士农工商职业分途与价值评价，并体现在生产伦理、交换伦理、分配伦理和消费伦理等领域中。社会宏观的经济制度建构、经济政策制定，中观层面的经济策划、经济组织以及微观层面的经济行为都彰显和反映着人们的经济道德生活。总体来看，中华民族的经济道德生活主张把正德与利用、厚生结合起来，形成了注重民生、关注恒产和均富、共享并以义利之辨、理欲之辨、俭奢之辨等为主要价值致思的道德生活传统。

第一节　利用、厚生和农本经济的价值奠基

经济道德生活本质上是一种在经济活动和经济行为中体现伦理道德元素和以符合道德的方式来从事经济活动、开展经济行为的生活。人类的经济活动和经济行为是一种追求利益、满足需要并使人更好地生存和发展的活动类型和行为方式。中华民族的经济道德生活是在"正德、利用、厚生"这一基本价值观指导和引领下的道德生活。《尚书·大禹谟》提出了"正德、利用、厚生"的经济道德价值观。这一价值观是对远古先民们关于劳动、生活以及经济生活应有价值追求和生活实践的创造性总结，表征着中华民族经济生活道德价值观的确立，并对此后数千年经济行为选择、经济制度安排和经济实践活动产生了深远的影响。

一、正德、利用、厚生的提出及基本内涵

《尚书·大禹谟》记录了禹和舜关于治理天下万民并使天下安定和谐的对话与思考。禹曰："於！帝念哉！德惟善政，政在养民。水、火、金、木、土、谷，惟修；正德、利用、厚生，惟和。九功惟叙，九叙惟歌。戒之用休，董之用威，劝之以九歌，俾勿坏。""九功"是九事所显现出来的功效。水火金木土谷，称为"六府"；正德、利用、厚生，称为"三事"。"六府三事"合起来称为"九功"。"九叙"，按照《孔传》所云："言六府三事之功有次叙。"在大禹看来，真正的德总是同建立美善的政治联系在一起的，治政的根本目的在于养民。因此，应当管理好水、火、金、木、土、谷六种生活资源，把正德、利用、厚生三件大

事抓住不放。这九件事功如果抓好了，天下就会太平，政事就不会败坏。水、火、金、木、土、谷实际上是生产力要素和创造物质财富所必须重视的，正德、利用、厚生则彰显出制度层面或国家治理中根本性的价值目标和价值追求。

《尚书》将正德、利用、厚生三事的协调运行视为平治天下的价值旨归和首要谋略。"正德"是"利用""厚生"的前提，既正人德，又正物德，方能利用自然资源，以达使人们生活富足之目的。《周易·系辞下》有"精义入神，以致用也。利用安身，以崇德也"的论述，认为利用安身是崇德的必要条件。正德和利用不仅仅是圣人为了成己（成就自己的德性），更是为了成人（为生民安身立命）。厚生就是要善待庶民百姓的生活并不断改善其生活，使其丰衣足食，"养生送死无憾"。按孔子的话说，就是尽量做到"老者安之，朋友信之，少者怀之"[1]。

"正德，利用，厚生"的基本价值观将正德与利用、厚生联系起来，凸显出正德的目的恰恰是为了使人们更好地生存和发展，不断满足和提高人们的物质生活需求和水平，而利用、厚生也内在地包含着对人的物质需求及其利益的认可、尊重与保护。中国自古有"民以食为天"的价值设定和证成，说明了人们的生存必须有可供满足基本需要的食物。《墨子·非乐》指出："民有三患：饥者不得食，寒者不得衣，劳者不得息，三者，民之巨患也。""三患"中"饥者不得食"排第一，是基本中的基本。"寒者不得衣"排第二位。因此，满足人们的饮食、穿衣等物质需求是人们开展一切活动的前提，具有最为基本亦是根本的意义。所

---

[1]《论语·公冶长》。

谓"天""天道""天理"，实际是一种价值设定和价值评价，是说每一个人要活着就必须吃饭，不吃饭或没有饭吃就会饿死，这是最基本的道理，也是至高无上的道理。正是这种源于生活并起着拱立生活和保障生活作用的基本价值观的设定，开启了中国经济道德生活的大幕，也决定了从远古以至现当代经济生活对农业和粮食安全的高度关注。

二、由渔猎而农业和以农为本观念的形成

中华民族的休养生息经历了一个由渔猎采集经济向以农立国的发展过程。原始社会早中期，大体上都是以渔猎采集经济为主，燧人氏钻木取火，有巢氏构木为巢，伏羲氏"作结绳而为网罟，以佃以渔"，基本反映了当时渔猎采集经济的生存样态。后来，"包羲氏没，神农氏作，斲木为耜，揉木为耒，耒耨之利以教天下"[1]，开启了农业文明的通途。中华农业文明从原始农业到传统农业再到现代农业，前后相续，积淀着华夏先民及其子孙的生存智慧。大约六千年前仰韶文化早期，即母系氏族向父系氏族过渡的阶段，我们的祖先就进入了农业种植的时代。从最早的粟，到后来的稻、粱、稷、麦、黍，人们种植的作物不断拓展，不仅较好地满足了其物质生活需要，也极大地改善了人自身的生活条件，促成了农业文明的发展。农业的发展使得家畜饲养开始出现，人们成功地将牛、马、羊、鸡、犬、豕驯化为家畜，从而使得物质生活较之前得以提高，也丰富着人们的饮食文化。

基于农业在人们生聚繁衍及其国家社会生活中重要地位的认

---

［1］《周易·系辞下》。

识，战国秦汉时期逐步形成了"以农为本"的观念，并成为传统经济伦理的基本价值取向。《国语·周语》载虢文公言，"夫民之大事在农，上帝之粢盛于是乎出，民之蕃庶于是乎生，事之供给于是乎在，和协辑睦于是乎兴，财用繁殖于是乎始，敦庞纯固于是乎成"。农业是人们生存发展和社会和睦的基础，国家的治理和维护必须重视农业。荀子提出土地为"财之本"，而"工商众则国贫"，初步奠定了"农本商末"的经济伦理价值取向。韩非子明确提出"农本商末"的口号，强调只有重视"耕战"才能实现国富兵强。为了奖励农民积极耕种，韩非主张轻徭薄赋，倡导国家通过赋税制度来缩小贫富差距。《吕氏春秋·上农》篇提出了比较系统的"以农为本"的思想观念，认为只有以农为本才能满足生民的生存发展需要，并使天下安定。

汉初，贾谊、晁错坚持"重农抑商"的价值取向，先后上疏，主张纳粟受爵，增加农业生产，振兴经济。文、景二帝下诏称："农，天下之本也"，并据此推行了一些有利于农业的政策，如劝民农桑、兴修水利、贮粮备荒、西域屯田、轻徭薄赋等。这些政策对促进当时的农业生产，起了一定作用。在昭帝始元六年（前81）召开的"盐铁会议"上，贤良文学派坚持"农本商末"的价值原则，批判以桑弘羊为代表的大夫派重视工商业的观点，认为农业是唯一重要的生产部门和财富唯一的本源，而工商业妨碍农业的发展，会导致人民贫困和国家衰弱。此后，"农本商末"或"重农抑商"的观念在国家经济价值取向中始终占据着重要地位。这种观念和价值取向既对农业文明有促进和巩固作用，也在一定程度上妨碍了中国工商业的健康发展，使得宋元明清时期几度萌生的资本主义萌芽未能获得必要的成长，并造成了工商业获取的财富不是用于工商业的扩大再生产，而是投资于土地，从而使土地问题成为社会矛盾的焦点。

近代以来，随着西方列强用"坚船利炮"打开中国的大门，传统的"农本商末"或"重农轻商"的价值观念遭到普遍的批判或否定，"言强言富"的观念滋生开来，并将工商皆本的价值取向视为救亡图存的根本。新中国成立后，确立了"以农业为基础，以工业为主导"的建设方针，矫正了长期以来忽视工商业发展的局面。改革开放是在建设现代工业、现代农业、现代国防和现代科学技术的四个现代化为目标追求的大幕下开启的。农业现代化是指由传统农业转变为现代农业，把农业建立在现代科学的基础上，用现代科学技术和现代工业来装备农业，用现代经济科学来管理农业，创造一个高产、优质、低耗的农业生产体系和一个合理利用资源、又保护环境的、有较高转化效率的农业生态系统。

三、厚生论视域下的制民之产及"恒产"

厚生价值观内在地包含有关注民生，想方设法使庶民百姓能够比较好地生存、生活等要义。周代土地实行井田制，周天子是天下的共主，占有天下所有的土地，掌握着天下所有土地的分封权。依孟子对周代井田制的论述可以看出，周代的井田制把耕地划为井字形的方块，每井九百亩，每块百亩，中间的百亩为"公田"，周围的八百亩分给八家农户作为私田，使八家"皆私百亩"。八家农户"同养公田"在共同完成公田的耕作任务后，才允许干自己私田上的农活，即"公事毕，然后敢治私事"。各农户"死徙无出乡"，永不离开家乡，出入相友，守望相助，形成一个亲爱和睦的小农经济社区。孟子认为实行仁政从"正经界"

开始，亦即指按"井田制"重新划定田地界限，按"制民之产"的标准，重新分配土地，建立新的"井田"经界。

孟子提出了"制民之产"的主张，认为百姓有"恒产"是有"恒心"的前提。在孟子看来，百姓拥有一定数量的财产，是稳定社会秩序、维持"善良习惯"的必要条件。孟子所谓的"恒产"，是指维持每一个八口之家所必备的"五亩之宅"和"百亩之田"，若干株桑树以供养蚕织帛，还有若干鸡、猪、狗等家畜。可见其"恒产"是以"宅田"和"耕田"为主要内容的土地资源。土地可以被理解为恒产，因为它既是农业生产的根本，也是农民长期赖以维持安定生活的基础。

孟子"恒产论"思想是针对当时齐宣王、滕文公等君主推行暴政和侵占农民土地的现实而提出的。他指责齐宣王："今也制民之产，仰不足以事父母，俯不足以畜妻子；乐岁终身苦，凶年不免于死亡。此惟救死而恐不赡，奚暇治礼义哉。"[1]孟子认为，真正解决农民的土地问题才能保证他们的生活来源，这也是维护社会稳定的根本因素。

战国时诸侯即行军功赏田。秦统一六国后，使地主土地所有制进一步确立和巩固。汉兴，军士计功分田，并行以名占田之制，进一步巩固了地主土地所有制，并在大土地所有制和依附农制之外，扶植和发展了大量自耕农，在一定程度上解放了生产力，从此，以个体家庭劳动经营农业，取代了原始的"千耦其耘"，成为最有效的农业劳动方式。汉初开关梁，弛山泽之禁，轻田赋，以及抑大贾、徙豪族等措施，都有利于小农经济的发

---

[1] 《孟子·梁惠王上》。

展。秦汉时期不断开发边疆，屯田垦荒，大兴水利，扩大耕地。

西汉初年，针对当时"富者田连阡陌，贫者无立锥之地"的社会现实，晁错敏锐地意识到了其中所蕴含的社会危机，他发现了"贫""不足"和农业生产之间的辩证关系："贫生于不足，不足生于不农"，并在进一步分析后认为"不农则不地著，不地著则离乡轻家"，终将导致"民如鸟兽，虽有高城深池，严法重刑，尤不能禁"[1]的失控局面。农民所赖以生存的土地在历史上经常被封建官僚及地主兼并，从而导致农民生存状况迅速恶化，迫使其揭竿而起。例如东汉末年，豪强地主大量兼并土地，国家到处发生灾害，政府又不断加收赋税等因素使得民不聊生，最终引发了"黄巾起义"。

魏晋南北朝时期中国经济发展的迟滞固是长期战乱所致，也与大土地所有制和依附农制的发展相关。曹魏的屯田有抑豪强作用，但其屯田客（兵）无人身自由。西晋的占田法有利于自耕农，但对官僚荫庇田客、衣食客之数量限制未能执行。十六国纷争中，对俘虏、征服民和移民的奴役加强，形成"或百室合户，或千丁共籍"的局面，扩大了强宗大族势力。北魏行均田制，较有利于小生产者，但因婢仆、耕牛分田，并无损于大土地所有制。南方一向是世族地主当政，荫庇客盛行。东晋以来，封山占泽，豪强嚣张。南北朝时期兴起的寺院土地所有制，劳动者也属依附农。大土地所有制和依附农制往往形成一些封闭的单位，阻塞流通。农业生产关系的这种情况，加上赋税苛重，必然会束缚生产力的发展。

128　　[1]　《汉书·食货志》。

宋元时期，土地私有制度得到进一步的发展，土地租佃关系成为农村社会经济关系的基本形式，从而把国家对土地的占有和对民间土地占有的干预降低到最低限度。土地私有制度不仅在宋朝统治的汉族地区得到广泛发展，而且逐步在辽、西夏、金统治下的北方民族地区取得主导地位。土地私有制度的进一步发展，使广大农村社会的面貌发生了很大的变化，更有利于社会生产的发展。

在封建社会，为了社会的稳定和政治的稳固，历代王朝都比较注意对小农经济的保护，防止土地的过度兼并。尤其是一些王朝，在开国的时候，会把大量无主的荒地分给农民耕种，或鼓励农民自行开荒。比如明代洪武初年，"北方近城地多不治，召民耕，人给五十亩，蔬地二亩，免租三年"[1]。在《大赦天下诏》中，朱元璋还规定，各地因战争而抛弃或者闲荒的土地"被有力之家开荒成熟者""听为己业"。此外，朱元璋还有计划有规模地将某些地区的无田地者迁往地多的他乡。封建统治者分地与民、移民耕种、鼓励垦荒、减免赋税等行为，客观上起到了抑制土地兼并、增多自耕农的数量、增加国家税收、缓解农民疾苦等多方面的作用。

土地问题关系民生问题，民生问题以吃饭穿衣和住房为要。中国共产党在革命根据地建设时期就十分注重满足广大农民的土地要求，主张废除封建剥削的土地制度，没收地主的土地分给农民。按照抽多补少、抽肥补瘦的原则，在根据地进行大规模的分田分地。新中国成立后，中央人民政府颁布《中华人民共和国土

[1]《明史·食货志》。

地改革法》，在新解放区分批分期陆续进行土地改革，彻底废除了延续两千多年的封建土地所有制，真正实现了"耕者有其田"的理想。

第二节　工商业的发展与士农工商的价值对待

中国历史上不仅有持续发展的农业和以农为本的传统，也有不断发展的工商业与之相互补充。比较而言，在中国古代经济发展史上，对工商业的重视始终不如农业，这是与古代文明"重本抑末""重农轻商"的经济价值观密切联系在一起的。

一、工商业的兴起与曲折发展

中国古代工商业主要是指手工业和城乡商业。上古时期出现了氏族手工业者，他们通过对生产工具的锻造促成了从石器时代向青铜时代的进化发展。商周时期的手工业包括：官府手工业（百工）、家庭纺织业。这时期，手工业者多为自由民。春秋战国时期出现了民营手工业和家庭手工业，此后官营手工业、民营手工业和家庭手工业成为中国古代手工业的三种主要经营形态。春秋前作为贵族私产的山泽被迫开放，使物资丰富，不少农民离开耕地，从事各种新兴事业（开矿采铁、自铸兵器、捕鱼煮盐、烧炭伐木），促进了自由商业的发展。战国时期，手工业与商业开始结合，商人势力渐增，通过操控物价、高利贷等手法大肆盘剥农民，使之破产流亡或沦为商贾之家奴婢。商鞅变法发起第一次抑商高潮，得到多数人的拥护，自此"崇本抑末"成为一项基本方略。汉朝虽然贱商，但利之所在，就连官僚、士大夫都有对商业获利的羡慕而去经商的事例。汉朝"崇本抑末"的实质是重官商而抑私商，重商业而抑商人，立法本意并非与民争利。然而官商勾结暗地里却干着商人的兼并勾当，实为与民争利，结果是豪强富而民弱。汉末至魏晋南北朝时期，手工业以官营为主，服务于贵族奢侈消费，南朝官僚商业很发达，北魏重工而轻农商，民间商业手工业逐渐衰落，有限的商品经济让位于自然（地主）经济，使手工业转而与农业强固结合，成为以家庭纺织业为主的手工业，农村日益庄园化。

商业都市的发展开始于隋代。隋炀帝开凿京杭大运河，致使东南方都市逐渐发展。中唐以后，实物经济渐次衰落，飞钱的起源，便是由于商业的发达（至宋代转化为纸币）。唐代商业以转运货物为主，邸店是重心，其已被贵族、官僚等封建势力所控制。宋元时期是工商业繁荣发展时期，北宋中期的"破墙运动"打破"市""坊"界限（这是隋唐城市和宋元城市的最大区别），"草市"比较普遍，商业活动不受空间限制，出现了"早市""夜市"，商业活动不受时间限制，东京（今开封）居民达 20 万户，娱乐场所勾栏和瓦肆的出现显示了城镇的繁华。张择端的《清明上河图》展现的正是汴京这一政治性城市逐渐转化为商业性城市。这一时期，商业交换品种迅速增加，许多农副产品和手工业品开始投向市场，出现了世界上最早纸币交子并广为应用，边境贸易和海外贸易发达。明清时期城镇商业呈现繁荣景象，棉花、茶叶、甘蔗、染料等农副产品进入市场成为商品，出现地域性的商人群体——"商帮"，其中，实力最强的是徽商和晋商，徽商与晋商都以经营盐业起家，积累起商业资本后扩大经营范围，涉足其他行业，开办金融机构，甚至走出国门，把生意做到国外。明清时期资本主义萌芽产生并得到缓慢的发展。但是，由于封建主义进入后期，闭关锁国现象愈趋严重，使得萌芽的资本主义受到严重摧残。

近代以来，伴随着帝国主义的入侵，中华民族面临着亡国灭种的危险。洋务运动时期，部分开明的地主阶级为救亡图存，提出"师夷长技以制夷"的口号，开始发展近代工商业，其目的主要是给军工企业筹资，兴办了安庆军械所、福州船政局、汉阳铁厂等官民合办近代工商企业，客观上推动了工商业的发展，直至甲午战争洋务运动失败，中国的工商业陷入低谷。维新变法时期，维新派提出了很多有利于工商业发展的政策和措施，虽然很多没能最终得到贯彻，但也促进了工商业的发展。辛亥革命前后，代表资产阶级利益的孙中山等人，制定了一系列大力发展工商业的政策，具有民族特点的工商业得到一定发展。但是辛亥革命的失败，以及帝国主义的重重剥削压迫，工商业最终再次衰沉。第一次世界大战时期，各帝国主义国家忙于战事，无暇东顾，中国本土一些民族实业家提出实业救国的口号，工商业在这一时期得到较快发展，产生了城市无产阶级。总体来说，近代中国民族工商业在夹缝中求生存，发展受到帝国主义、封建主义和官僚资本主义三座大山的压迫，处境非常艰难。

新中国的成立，迎来工商业发展的春天。比较完整意义上的现代工商业，都是在新中国成立后发展起来的，并成为国民经济的重要组成部分。特别是改革开放和社会主义四个现代化建设，发展起了现代农业、现代工业、现代国防和现代科学技术，使中国人民实现了从站起来到富起来的历史性转换。

二、士农工商的经济结构与价值认定

中国古代社会出现了许多社会分工，而其中受到特别关注的则是士、农、工、商。《史记·货殖列传》引用《周书》的话说："农不出则乏其食，工不出则乏其事，商不出则三宝绝，虞不出则财匮少。"《六韬·文韬·六守》载，太公曰："人君有六守三宝。""六守"，即仁、义、忠、信、勇、谋；而大农、大工、大商谓之"三宝"。这"三宝"在齐立国之后，也是列入建国方针之一，即"通商工之业，便鱼盐之利"，农工商同时发展，重点又是发展工商业，因而，后来的齐国才发展成为一个民富、国强的大国。姜太公深知，农、工、商三业对国计民生的重要意义。国无农无食不稳，国无工无器不富，国无商无货不活，故要农、工、商并重，协调发展，使人民有业可从，衣食饱暖，器具足用，财货流通，财政充裕。姜太公的"三宝"思想，不仅是周朝经济发展的基本方针政策，而且为齐国的强大奠定了政治、物质基础。管子认为"士农工商四民者，国之石民也"[1]。管子不仅强调农业的重要性，而且认为手工业、商业这些"末作"对国家而言也同样重要，是国富的重要组成部分。他认为国家要富裕，这些职业都不可缺少。

在中国古代，士农工商不仅是职业的分工，也体现出价值的排序，即士为四民之首，商为四民之末。在一般人的眼里，最有出息的是读书做官，其次便是耕田种地，再不济的学点手艺、做点贸易。其实，从事何种职业倒也没什么，最怕的就是游手好闲、拖累父母，所谓"士农工商，所业虽别，是皆本职，惰则职

---

[1]《管子·小匡》。

惰，勤则职修"[1]。

一般来说，士是以其学识修养取得社会地位，既传授知识、又辅助国君还教化万民的士大夫阶层。春秋战国时期，热衷于争霸争雄的诸侯认识到一个事实：得士者兴，失士者亡。比如商鞅入秦，助秦孝公敦风化俗、变革图强，短短二十多年，就使秦国由一个边陲之地一跃成为第一强国。隋唐之后，朝廷采用"科举制"定期选士，对于那些中举之人，给予优厚待遇。国家对士的重视与优待必然引导着社会形成"万般皆下品，唯有读书高"的风气，像范进那样读书到老来疯癫或像孔乙己那样读书到穷困潦倒都在所不惜。

在中国古代社会的基本结构里，士以治天下，农以养天下，因而，四民之中，紧随士之后的就是农。中国以农立国，重农观念根深蒂固，是因为百姓勤于稼穑，不仅可以解决他们的吃饭穿衣问题，还可以增加国家的赋税，并且将百姓身心牢牢地拴在土地上。百姓安土重迁，有利于保持民风的纯朴和社会的稳定。

相对于国家设立一些制度来大力提倡读书耕田，在中国古代，做工与经商则受到了一些限制，这种限制往往被解读为"重本抑末"或"重农抑商"。战国时期，一些商人大发"战争财"，投机倒把、囤货居奇、杀价抑买、为富不仁；他们还利用高利贷来盘剥农民，农民还不起债，只得将土地、宅院、儿女抵债，这样，农民或沦为奴婢或流离失所，这大大减少了国家所掌控的粮食产量及用于战争的士兵数量。商人在聚得大量财富后，势力越

---

[1]《休宁宣仁王氏族谱·宗规》，见《经商金言：徽商的智慧》，孔令刚编注，合肥：安徽人民出版社，2014年版，第190页。

来越大，国君对他们已经无法控制，造成了国家政治上的一种不稳定的离心力。商人道德形象的恶化以及其与国争利的行径，使得他们成为战国时期各国变法的"祭刀者"。为了富国强兵，各国把农业放在优先发展的位置，同时认为，加强农业就必须抑制民间工商业，以保证农业发展所需的劳动力数量、劳动时间和劳动积极性。

自秦汉后，历代统治者都采取了一些实际措施来贯彻"重农抑商"的思想。汉初时，"高祖乃令贾人不得衣丝乘车，重租税以困辱之。孝惠、高后时，为天下初定，复弛商贾之律。然市井之子孙亦不得仕宦为吏"[1]。到了汉武帝时期，朝廷甚至还大举没收商人财产以充国用，政府"得民财物以亿计，奴婢以千万数，田大县数百顷，小县百余顷，宅亦如之。于是商贾中家以上大率破"[2]。再如晋代的时候，晋武帝曾经下诏："诸士卒百工以上，所服乘皆不得违制。若一县一岁之中，有违犯者三家，洛阳县十家已上，官长免。"[3]服饰在等级社会是一个人身份地位的象征，手工业工匠在服饰等方面与一般的编户齐民不同，正是其社会地位低下的外在体现。与自由营业的个体工匠相比，那些身在官府的工匠地位更低、境遇更糟，他们多由征发而来，无偿地在官府从事生产劳动，稍有差池，性命难保。唐代也有类似的抑制工商业者的政策。如太宗皇帝曾嘱咐宰相房玄龄说："工、商、杂色之流，假令术逾侪类，止可厚给财物，必不可超授官秩，与

---

[1]《史记·平准书》。

[2] 同上。

[3]《晋书·李重传》。

朝贤君子比肩而立，同坐而食。"[1]开元末年的《大唐六典》中也规定："工商之家，不得预于士。"此外，在服饰、骑马等象征身份和地位的事项上，唐代律令也给予了工商业者较多的明确限制，例如武周时期，《改元载初赦文》明文规定："富商大贾，衣服过制，丧葬奢侈，损废生业，州县相知捉搦，两京兼委金吾检校。"

当然，在中国历史上，也不乏为工商业者辩护的声音。例如，南宋著名思想家叶适就大声疾呼："夫四民交致其用而后治化兴，抑末厚本，非正论也。"[2]他公开否定传统的重本抑末的思想。但是，这些反潮流的思想没有也不可能冲垮封建社会重本抑末的国策。即便是工商业得到快速发展的明清时期，重本抑末的国策亦没有得到根本改变。

宋元时期，商人地位较之过去有较大提高，人们将商人与士、农同视为国家的"一等齐民"，没有高低贵贱之分，甚至将商人与通过科举考试求得功名的人一样视为人才，认为商人凭借自己的智慧经商致富，同样是"智过万夫"的奇才。在事功学派眼中，合法经营成功的商人极其伟大，如陈亮就认为东阳人郭彦明，"徒手能致家资巨万，服役至数千人，又能使其姓名闻十数郡。此其智必有过人者"；[3]又赞扬东阳人何坚才"善为家，积资至巨万，乡之长者皆自以为才智莫能及"[4]。淳化年间，"国家开贡举之门，广搜罗之路"，允许商贾中的"奇才异行"者应

---

[1]《旧唐书·曹确传》。

[2]《习学记言序目》。

[3]《陈亮集·东阳郭德麟哀辞》，北京：中华书局，1987年版，第457页。

[4]《陈亮集·何夫人杜氏墓志铭》，北京：中华书局，1987年版，第499页。

举，以至于"工商之子，亦登仕进之途"[1]。朝廷政策的这一改变无疑具有重大意义，不仅扩大了统治基础，加强了统治力量，而且直接促进了商品经济的发展。

明初实行的工匠制度，部分地解除了元代以后手工业者的封建依附关系，适当地解放了劳动力，手工业生产很快得到了恢复，技术水平也不断提高，这个时期出现了少数部门工场化的现象，即资本主义的萌芽。明代中期以后，随着商品经济发展、市民阶层崛起和商人社会地位不断提高，自由放任的经济思想开始活跃。随着货币经济的发展，社会风尚发生了巨大的变化，逐利拜金的货币拜物教的思想开始出现，统治阶层为了维护封建制度统治，利用国家机器控制货币拜物教和金钱崇拜的盛行，使整个社会又重新回到农业为本工商为末的轨道上来。清代于康熙、雍正、乾隆三朝建立了强大的统治基础，国力强盛，商品经济比前代有所发展，而从全国范围来看，自给自足的自然经济仍占重要地位。

新中国成立后，对传统"士农工商"的社会结构作出整体性变革，确立了以农业为基础，以工业为主导的发展方针，主张正确处理重工业、轻工业和农业的关系，以农、轻、重为序发展国民经济，在优先发展重工业的条件下，坚持工业和农业并举，重工业和轻工业并举的发展原则，并通过一段时期的努力，逐步建立了比较完整的国民经济体系。十一届三中全会以来，国家提出了"无农不稳，无工不富，无商不活"的发展理念，比较好地解决了"农本商末"以及"重农轻商"等价值纠结问题，释放了整个社会的发展活力，致使中国经济实力快速提升。

---

[1]《宋会要辑稿·选举》。

第三节　义利之辨与经济伦理精神的培育

义利之辨贯穿着中华民族经济道德生活的全过程，它的实质是要使谋利、获利的行为接受道义的制约，形成见利思义、以义制利和义利并重的经济伦理价值观。义利之辨使人们认识到，经济生活不仅仅是穿衣吃饭的问题，还与道德特别是价值取向有非常密切的关系。通过各个历史时期的义利之辨，我们可以管窥中华民族经济道德生活的义理与格局，以及经济行为追求和经济秩序建构的内在机理。

一、先秦两汉时期的义利之辨

春秋时期，周天子权威失坠，诸侯竞相争霸。这样的时代背景导致人们功利意识普遍增强，社会道德规范纷纷失效。功利心的泛起使社会矛盾激化，为了求得"天下大治"，诸子百家纷纷亮出自己的主张。整体上看，儒家在义利观上的基本价值取向是以义制利、见利思义和重义轻利，法家是重利轻义、先利后义和以利为上，墨家崇尚义利并重、义利合一，道家则既菲薄义又鄙视利，主张义利俱轻。

儒墨道法四大家在义利观上相互辩难论争，其实他们所谓的义利概念并不完全一样，儒家所轻之利主要指个人私利，墨家所重之利是天下大利或国家人民之利，法家所重之利亦指新兴地主阶级和统治阶级之利，道家所菲薄的利主要是指个人私利。他们都有注重社会公共利益的倾向，对于损人利己、损公肥私的个人私利都是鄙视或不满的。

比较而言，儒家反对统治阶级与民争利，要求统治阶级以义制利，并好好去维护庶民百姓之利。法家则把统治阶级的利益看得比庶民百姓的个人利益更加重要、更为根本，他们强调的废私立公就是要维护统治阶级的利益。墨家重视利益关系的平衡，把"交相利"视为基本的价值诉求，要求在利益关系上实现平等互助，而不是相互厮杀掠夺。道家表面上义利俱轻的背后是渴望真正意义上的义利并重。儒墨道法诸家的义利之辨均含有调适义利矛盾、寻求义利关系合理解决的"务为治"功能。

汉以后，儒家重义轻利思想与法家公利为上思想合流，成为以后历代的主导思想。不过，在封建社会，统治者总是把自己的阶级私利上升为社会公利，把符合自己阶级利益的道德当成全社会的公德，这样，使得其所宣扬的重义轻利、公利为上的思想，也就不可避免地具有压迫和欺骗劳动人民利益的性质。

西汉司马迁肯定"富而好利"是人的天性和正当追求，认为"天下熙熙，皆为利来；天下攘攘，皆为利往"[1]。既然趋利逐富是人的自然本性，那么，应该怎样对待人们的这种自利行为？如何把人的自然本性转化为经济发展的动力呢？司马迁提出了"善者因之"的经济伦理观。主张顺应人的自然本性，使之各任其能，各竭其力，因势利导，进行教育。

两汉时期的义利之辨在盐铁会议上达到高潮。贤良文学派秉承儒家义利观，主张崇义贬利，进本退末、安贫乐道，进一步从治国大政上奠定了中国古代重义轻利、重农抑商的经济格局。以桑弘羊为代表的大夫派则坚持"农商交易，以利本末"的重利轻

---

[1]《史记·货殖列传》。

义思想，认为治理国家，无论王霸，均应讲究天时、地利，指出："古之立国家者，开本末之途，通有无之用。示朝以一其求，致士民，聚万货，农商工师各得所欲"。[1]一个国家实力强，则诸国来朝；实力弱，就要朝拜他人。并认为贤良文学派"抑末利而开仁义，毋示以利"的德化主义是无法实现的，真正的道德教化也离不开物质利益的支撑。

东汉时的王充全面总结了司马迁、桑弘羊等人的义利观，坚持认为道德是在物质利益基础上产生的，仁义道德本质上是由物质利益决定的，物质匮乏只会使人们在道德上为非作歹，物质丰盈才会促使人们讲求礼仪，注重荣辱。

三国魏晋至隋唐时期，义利之辨同名教自然之辨、才性之辨以及德法之辨连在一起，显示出多向度的内容，成为人们臧否人物、判断是非善恶的重要标尺。主张"越名教而任自然"的玄学家多把人生的享受及其物质利益纳入自然的角度加以强调与重视，而主张"名教本于自然"的一派则持道义根源于物质利益的立场。魏晋隋唐时期，儒释道三教之间的论争也渗透着义利之辨的因素。

二、宋元明清及近现代的义利之辨

北宋时期的义利之辨围绕王安石变法而展开。王安石本人为了变法的需要，公开宣称"政事乃所以理财"，理财就是仁义，治理国家的根本目的是如何理财兴利。司马光、二程等人则站在儒家义利观的立场上，强调重义轻利和以义制利的重要性。南宋

---

[1]《盐铁论·本议第一》。

时期，朱熹与陈亮开展了义利王霸之辨。针对陈亮的"义利双行""王霸并用"等观点，朱熹理直气壮地主张重义轻利，并坚持以王霸义利二分的观点来评判汉唐时期的历史。

宋明时期的理学家大都十分注重义利之辨，朱熹认为"义利之说，乃儒者第一义"，[1]"学无深浅，首在辨义利"。[2]二程主张严义利理欲之辨，提出了"大凡出义则入利，出利则入义"[3]的命题，主张"不论利害，惟看义当为与不当为"的"贵义贱利论"。朱熹继承并发展了二程的观点，将义利之辨与理欲之辨、公私之辨联系起来，赋予义以天理和大公，利以人欲和私利的性质。

两宋时期还产生了以李觏、王安石为代表的"利欲可言"的"义从利出论"和以陈亮、叶适为代表的"事功之学"，公开为人的求利行为辩护。李觏针对北宋初中期的社会积弊，积极主张社会改革，尤其是经济改革，为此一反儒家的"重义轻利""贵义贱利"的义利思想，提出了义利双行的义利观和王霸并用的强国论。在李觏看来，由于一些儒家末流，"贵义而贱利，其言非道德教化则不出诸口矣"，[4]结果造成国贫民弱，所以他要言利、重利，使义利并行。王安石提出了以义理财和义利统一的义利观，并以之为其变法的精神旗帜。他认为，为天下理财，即是大义，义则有功于天下百姓。他之所以力劝仁宗皇帝变法，就是要解决"天下之财力日益困穷"的状况，进而实现富国强兵的目标。叶适针对传

---

[1]《朱子文集》卷二十四。
[2]《朱子语类》卷十三。
[3]《河南程氏遗书》卷十一。
[4]《富国策》第一。

统儒家"正其义不谋其利，明其道不计其功"[1]，提出了"以利和义，不以义抑利"的观点，试图把两者统一起来。

明清时期，掀起了一股反理学的启蒙思潮，以顾炎武、黄宗羲、王夫之、颜元为代表的思想家深刻地揭露了理学"贵义贱利""存理灭欲"的义利理欲观，理直气壮地为个人正当欲望和利益追求辩护，王夫之将"声色臭味之欲"与"仁义礼智之德"均视为人性的有机构成，提出了"合两者互为体也"的理论命题。[2]

历史的发展进入近现代，义利之辨与救亡图存以及伦理观念的变革密切联系在一起，并开始突破本民族义利之辨的范围或界限，同中西之争混融在一起，显示出既要超越传统又要超越西方的独特意义追求。以龚自珍、魏源为代表的地主阶级改革派既强调用真正的道义扫除人心之积患，革除腐败之风习，又强调以实事程实功，兴利除弊，富国强民。以曾国藩为代表的洋务派则推崇孔孟儒家特别是程朱理学的义利观，认为解除内忧外患不在重利而在重义，并把维护纲常名教视作正人心之危、平四方之乱的根本。以康有为、梁启超、严复为代表的资产阶级维新派在继承龚、魏以实事程实功思想的基础上，主张大力引入并弘扬西方功利主义与富强学说，强调趋乐避苦、趋利避害才能实现中华民族的自强保种。以孙中山、章太炎为代表的资产阶级革命派试图对传统的义利之辨作出全面的反省和批判，主张建立融合中西古今义利观之精华的义利观。五四运动以后，自由主义的全盘西化派思潮、现代新儒家思潮和中国马克思主义思想也在义利观上展开

---

[1]《习学记言序目》卷二十三。
[2]《张子正蒙注·诚明篇》。

了长期的辩难与论争。整体而论，现代新儒家以弘扬儒家道义论为基本的价值追求，自由主义的西化派则主张效法西方的功利主义而实现国家的富强。中国马克思主义伦理思想则坚持马克思主义的道义功利统一论。

三、理欲之辨、俭奢之辨是义利之辨的扩展

义利之辨与理欲之辨有着一种特别的关系。从道德理论的角度说，理是道德理性，欲是感性欲望。与义利关系联系起来看，理近于义，而欲与利相联。在宋以前的思想史上，理欲关系问题还没有成为一个独立的问题。当宋代理学家把"天理"这一范畴作为宇宙的根本之后，理欲之辨就成为哲学和伦理学所讨论的基本问题了。宋代理学家大多强调理欲对立及以理胜欲。朱熹说："人只有个天理人欲，此胜则彼退，彼胜则此退，无中立不进退之理，凡人不进便退也。"[1]因为天理人欲的关系这样敌对、紧张，又加之"人心惟危，道心惟微"，故而朱熹又说"圣贤千言万语，只是教人明天理、灭人欲"[2]。朱熹甚至说"便吃一盏茶时，亦要知其孰为天理，孰为人欲"[3]。考虑到宋代义利之辨的历史背景，朱熹的这些说法，其实有收拾人心、再淳风俗的良苦用心在里面。

与朱熹存天理灭人欲的主张相对，明清时期一些思想家提出了"理在欲中，以理导欲"的观点。王夫之在《张子正蒙注》中就说欲是天之所以"厚人之生"的东西，是天所赋予，人性本来

---

[1]《朱子语类》卷十三。
[2]《朱子语类》卷十二。
[3]《朱子语类》卷三十六。

具有的内容，所谓"仁义礼智之理，下愚所不能灭，而声色臭味之欲，上智所不能废，俱可谓之为性"[1]。也就是说，仁义道德与感性欲望都是人性本身所具有的内容。戴震认为最大的"理"就是要"体民之情，遂民之欲"。主张尊重人的欲望，并想方设法创造条件满足人的欲望。

中国古代经济生活中的理欲之辨使人明白：第一，人是有欲求之心的动物，一方面，这种欲求之心给个体的生存、生命带来激情，给社会的进步带来动力，另一方面，欲壑难填，它往往也给个体、家庭、社会带来悲剧。因而，不可去欲，不可绝欲，同样不可纵欲，应该节欲、导欲。第二，在宋明理学中，其所主张的绝欲去欲有违背自然、社会规律的一面，但其提倡的节欲制欲有利于心性修养、提高生命层次和境界的一面。第三，中国人还特别讲求自己欲望之满足与他人欲望之满足的关系，认为在"遂己之欲，达己之情"后，要是能够做到"遂人之欲，达人之情"，就会有一种更大的满足感，切不可将一己之欲的满足建立在他人利益的受损和生命的痛苦之上。

与义利之辨、理欲之辨相关联的还有俭奢之辨。一般地说，强调义、理者往往强调俭，强调利、欲者往往强调奢。宋代盛行的求利享乐之风激发了义利之辨、理欲之辨，同时也催生了俭奢之辨。司马光《训俭示康》提出："俭，德之共也；侈，恶之大也"的伦理命题并对之作出了自己的论证[2]，从兴家旺家的角度

---

[1] 王夫之：《张子正蒙注·诚明篇》，《船山全书》第十二册，长沙：岳麓书社，2011年版，第128页。

[2] 司马光：《训俭示康》，《司马光集》卷六十九，成都：四川大学出版社，2010年版，第1413—1415页。

强调了儒家"俭以养德"的价值合理性，并从败家丧身的角度阐发了奢侈的危害，主张崇俭抑奢。

宋明时期，随着商品经济的发展、生活水平的提高，过上"奢侈"生活的人也越来越多。这时候，就有人出来反对"崇俭黜奢"而提倡"崇奢黜俭"。明代的陆楫就认为，提倡一部分人一定程度的"奢侈"生活，有助于激发百姓的创造性，有助于带动更多的贫穷者走向富裕。

节俭是中华民族的传统美德。节俭不仅能够"养德"，而且还能够"致富"。节俭的生活可以把人从对物质利益无休无止的追逐中拉回来，从而正视自己精神生活尤其是德性生活的富有；节俭的生活可以有效地压缩费用、省留开支，像中国历史上的晋商、徽商，其发家致富所需的原始资金，往往都是通过节俭而来，并且，在发家致富后，他们仍旧保持甚至光大节俭的美德，将省留的费用用来扩大生意。当然，提倡节俭，也并不意味着所有的人都要过颜回那样的安贫乐道的生活。中国人能够注意到人们物质、文化需求的不断增长，也懂得这种不断增长会将老百姓的积极性、创造性激发出来，因而，在"节流"之外，中国人也非常注意"开源"，从而使自己过上比较富足的生活。

第四节　富国与富民之争及对经济道德生活的影响

富国富民思想是中国经济思想史上的重要内容之一。中华文明勃兴之初，富国与富民还未构成一对矛盾。随着生产力的发展，这对矛盾便开始显现。如何避免国富民贫或国贫民富的情况，实现既富国又富民的双重经济目标，不仅是管仲关注的问题，也是先秦诸子百家尤其是儒家和法家争论的问题。在关于富国与富民关系的争论中，儒家较多地强调富民，法家则较多地强调富国。这是与他们站在不同的认识立场以及关注不同人群的利益密切相关的。

一、先秦时期的富国富民之争

以孔孟为代表的儒家比较多地强调了富民的重要性。儒家认为，百姓富足了，国家自然也就富足了。为了实现"富民"的目标，儒家还提出了一些具体的对策，如"薄赋""轻徭"。在孔孟看来，百姓的收入有限而用度繁多，一旦生产被不断耽搁或产出被过分剥夺，他们的生活就难以为继，如果到处都是"途有饿殍"的场景，百姓就会揭竿而起，这自然影响社会的稳定和国家的发展。

对儒家通过"轻赋"达到"富民"，然后通过"教民"以至于"安民"的思路，法家提出质疑，韩非子认为这是不切实际的空谈，因为不管怎样努力地去轻徭薄赋，百姓都会觉得不够富裕，正是这种不满足的心理带来了社会的动荡。如若真的想天下大治，首要的是要确立"国富兵强霸业成"的目标，将百姓聚拢到这一目标下，通过赏罚分明使老百姓明白，只要为国家努力耕战，功劳就可以建立，爵禄就可以获得，富贵的事业就可以完成；反之，对那些阻挠"国富兵强"或有其他非分之想的人，则以重刑严罚治其罪。

按照"弱民"以求"国富"进而"兵强"最终"王天下"的思路，商鞅在秦变法，也确实取得了"民以殷盛，国以富强"的巨大成就。问题是这样的成就最后在秦末农民起义中又都化为烟烬了。这时候，儒家所谓的"富国先富民"的观点显得更有见地。

辅助齐桓公成就霸业的管仲既强调富国的重要性，又强调富民的重要性。在他看来，国家尤其是国君的富足，是治理国家、统治百姓、强兵胜战的前提；但另一方面，正是百姓的求富利己之心推动了社会经济的发展，并且，百姓富裕了，才会懂得礼节荣辱，这样才能更为方便地对其治之、安之。不过，在实际的治国理政的过程中，管仲也注意到一个现实问题：那就是很难把富国富民较为理想地结合一起，在财富总量一定的前提下，难免在富国与富民之间有选择性的偏重。"下富而君贫，下贫而君富"，若上面的政府聚敛了大量的财富，下面的百姓就会贫穷；反之，若百姓拥有了大部分财富，政府就会感到用度紧缺。管仲小心翼翼地在富国与富民之间求取"平衡术"。

二、"盐铁会议"上的富国富民之争

继先秦之后，又一次大规模的富国富民的论争发生在汉代的"盐铁会议"上。"盐铁会议"的召开与汉武帝所实施的经济政策有直接的关系。武帝是一位具有雄才大略的帝王，他谋划着借助祖辈的基业彻底解决帝国的长治久安问题，因而对内对外，他都积极有为。为了助推武帝的事业，武帝时代执掌国家财政大权达三十余年的桑弘羊出力不少，在他的主导下，政府采取了一系列旨在"富国强兵"的政策，比如盐铁官营、经营公田、提高税收等，这些政策保证了国库的丰裕，进而也保证了武帝的各项用度。但是，再丰裕的国库也承受不了无边的文治武功的消耗，入不敷出是早晚的事情，而国家财政的吃紧又必然使百姓负担进一步加重。至武帝晚年时，全国多地发生多起民众起义。面对这种情况，武帝下了一份《轮台罪己诏》，反省了自己过去连年征战、劳民伤财的做法，并认为"当今务在禁苛暴，止擅赋，力本农，修马复令，以补缺，毋乏武备而已"。这份诏书意味着武帝晚年已由"富国政策"转变为"恤民政策"。

对于武帝晚年的政策转变，桑弘羊很不理解，对于奉行武帝晚年政策的另一位辅政大臣霍光，桑弘羊有较多的抵触情绪。始元六年（前81）二月，霍光以昭帝名义组织了一场"盐铁会议"，就武帝时期的各项政策，特别是盐铁专卖政策，进行全面的辩论和总结。参加会议的有丞相田千秋、御史大夫桑弘羊及从全国各地召集而来的贤良文学之士六十余人，会议长达五个多月。

在这次会议上，主张"富民"的贤良文学派与主张"富国"的桑弘羊等人展开了激烈的辩论。会议一开始，贤良文学派就批评桑弘羊的系列政策"与民争利"。贤良文学派认为：连年征伐，使得国库空虚、人口减少、田地荒芜、百姓寒苦；而盐铁专卖等政策，不仅给百姓的生产、生活带来了诸多不便，反而为贪官污吏盘剥百姓提供了漏洞，导致了吏治腐败。正确的做法应该是广施仁政，对外服远人，对内安百姓。针对贤良文学派的责难，桑弘羊等人作了辩护。他们认为：这些旨在富国强兵的政策扩大了财源，对外为消除匈奴隐患提供了经费支持，对内为济民救灾等提供了经费保障；而且，这些政策也在一定程度上有力打击了豪强对百姓的兼并与盘剥；再者，如果政府不实施这些政策，为了维持巨大的消耗就要不断地增加农民的赋税，这反而更会加重农民的负担。当然，在政策的实施过程中，因"禁令不行，吏或不良"难免会产生些弊政，但这些弊政和政策的本意是背道而驰的。

会议结束后，朝廷罢除了郡国酒榷和关内铁官，桑弘羊等制定的政策有所收缩。借助贤良文学，霍光则得了比较广泛的舆论支持。此后，大权在握的霍光基本上坚持了汉武帝在《轮台罪己诏》中所制定的政策，对内采取"与民休息"的措施，轻徭薄赋，对外与匈奴保持友好关系。霍光的这些政策对社会经济的恢复和发展起到了重要的作用。昭帝、宣帝时期，国家出现中兴稳定的局面。

三、"王安石变法"时的富国富民之争

两宋时期对富国富民何者为先、何者为重的问题再次展开论争。宋代经太祖、太宗、真宗三代后，积贫积弱已现端倪。到仁宗朝，国家面临着严重的政治、军事、财政危机。王安石变法的核心是解决财用不足的问题，其变法的主要目的是要实现富国强兵。因此，王安石采取了一系列广为生财措施，比如青苗法、募役法、农田水利法等。这些措施迅速地增加了府库，但同时也使百姓利益受到不同程度的损害。不过，在王安石看来，为了富国，就必须"取天下之财"，民众也必须要作出一定程度的牺牲。富国是富民之要，只有国富，才能福泽百姓。

王安石以富国为先的变法遭到了司马光等人的反对。司马光认为王安石推行的"青苗法"很容易蜕变为政府以高利贷盘剥、勒索老百姓的苛政。在司马光看来，王安石的新法不仅与民争利，而且还侵扰百姓，并且实行新法的那些人还借机排斥异

己，整体上看，新法"病民伤国"，急宜罢去。作为富民论的主要代表，司马光信奉儒家"百姓足，君孰与不足"的理论，强调国富必须建立在民富的基础上，而要想民富，就要很好地做到轻徭薄赋、与民休息。而自信甚高的王安石不安心于此，总是想出奇招来充实国库，哪怕是牺牲百姓利益也在所不惜，这是司马光所不能接受的。司马光着眼于民众的疾苦，反对脱离实际、病民伤国的新法，提倡薄敛轻赋、与民休养生息的政策，这不仅对维护封建统治有好处，而且对减轻农民的负担也有一定的积极意义。

四、富国富民之争对经济道德生活的影响

无论是"盐铁会议"还是"王安石新政"中的富国富民之争，表面上看，是经济政策的争论，深入地看，其实是不同经济伦理立场和价值目标的争论。站在经济伦理的角度，总结中国历史上三次激烈的富国富民论争，可以得到许多有益的启示：

第一，富国与富民都有十分重要的价值。国家富裕了，就有了强大的基础，国家的利益当然也包括老百姓的利益就能得到切实的保障。富民是儒家一贯坚持的理念。儒家认为，首要的就是要很好地解决老百姓的穿衣吃饭问题，衣食无忧后，百姓就能安心接受教化，百姓一旦懂得礼仪，管理起来就方便多了。并且，一个国民养生丧死无憾且都听说过孝悌之义的国家，对"远人"也有强大的震慑力。反之，假如老百姓饭都吃不饱，他也就顾不得礼义廉耻了，一个百姓饥寒交迫且礼仪不存的国家，肯定会陷入混乱。

第二，富国与富民并不是绝对对立的。管仲看到"下富而君

贫，下贫而君富"的现象，这表明，国富民富有不容易协调的地方，但并非水火不容。法家强调国富、儒家强调民富，这是将国富民富两者相比后，优先性、重要性的强调而不是唯一性的强调。事实上，法家同样注意民富，儒家同样注意国富。强调国富的韩非，也正视老百姓求利求富的心理，只不过，他通过赏功罚过，将"民富"牢牢地绑在"国富"这辆经过"兵强"并最终奔向"霸业"的马车上。他认为，这样的捆绑，既能使民富得到很好的制度保障，还防止了老百姓在富裕之后的为非作歹，因而可以使老百姓不断地由富裕走向富裕。强调民富的司马光，同样能正视国家积贫积弱的状况，为了改变这种状况，他积极地献言献策，强调要重视农业在保证和增加国家税收中的作用。而且，儒家有很强烈的家国情怀，其眼光从来就不局限在一人一家上，如何由一家富走向天下足，也是儒家所着重考虑的问题。

第三，富国与富民都要以合宜的手段来进行。儒家反对那种通过剥夺老百姓而使国家在短期内府库充裕的富国之举。司马光反对王安石的富国，反对的角度不在目的而在手段。在司马光看来，王安石的那些新法有损害老百姓利益之嫌，即便在短期内有很明显的效应，但长此以往，病民伤国。司马光所提出的富国的手段是：轻徭薄赋、崇俭黜奢。让老百姓安心生产，这就是"开源"，皇亲国戚、政府官员带头节俭，这就是"节流"，很好地做到开源节流，国家哪有不富的道理？同样地，法家反对那种仅仅通过空讲仁义或一味地施加恩惠而使百姓生活充裕的富民之举，认为这不仅不现实，反而会带来诸多的问题。

经济道德生活还涉及经济政策的制定、经济制度的建构以及生产、交换、分配、消费诸方面的问题。整体而言，中华民族经济道德生活有着对庶民百姓生存权益和安居乐业的深刻关注，主张尊重庶民百姓的生存权益，"因民之所利而利之"，并且认为利民就是"立道"和"得道"，将维护庶民百姓的生存权益、安居乐业同国家治理、天下秩序的建构与维系有机地联系起来，体现出了比较鲜明的民本主义伦理精神和价值取向。

第五章　善政、善治与政治伦理的探寻及其实践

善政、善治即好的政治和善良的治理之意。自有国家以来，好的或有德之政治便成为人类始终致力于探寻的理想政治模式。其中，善政是通向善治的关键，为一种政治的伦理理念，善治则是对这种政治伦理理念的具体运行。因此，欲达善治，必先有善政。中国在"轴心时期"走向由家族而国家的文明路径，确立了家国同构的政治结构与君主专制的政体形式。而在此后的主流价值选择过程中，儒家思想成为政治统治的意识形态。儒家的政治哲学将"忠孝一体"作为中国人政治道德生活的主要规范，强调家族、社稷利益至上的伦理原则。同时，出于其人本主义的价值取向和政治的长治久安之考量，将"民为邦本，本固邦宁"[1]的民本主义和"为政以德"[2]的德治主义视为治政之根本，从而形成中国独具特色的政治伦理及其政治实践。

---

[1]《尚书·五子之歌》。
[2]《论语·为政》。

第一节　家国同构与忠孝伦理的确立

中国古代文明发展的路径是由家族而国家。统治者以宗法血缘的生理和心理基础，将氏族制发展为宗法制，并用宗法血缘的纽带将国与家联系起来，使家族成为国家统治的基础，由此构成"家国一体"的社会关系，这是中国传统道德关系及道德规范形成的根源。家是缩小的国，国是放大的家，传统道德以家庭之"私德"推出国家之"公德"，并通过"移孝作忠"将家族伦理政治化和政治伦理家族化。

一、由氏族而国家的文明路径

国家的雏形为部落联盟。传说中的"三皇五帝"反映的正是先民的部落联盟时期。部落联盟的后期，议事机构贵族化，联盟首领权力的绝对化，国家初步形成。从部落联盟组织的瓦解到国家的形成，是一个权力与人民日渐分离的过程，也是一个由原始的民主制发展为君主专制的过程。

新石器文化晚期，中国历史上的国家雏形出现。这一时期的国家，以凝聚族群而成为部落式的团体，众多部落又聚合为邦联。国家政治结构也由家长的威权逐渐制度化为君主政治，佐之以有组织的文官体系。早期国家的形成经历了由氏族公社到地域组织的过渡，整体上看，氏族公有制到家族私有制的过渡没有破坏氏族的形式，相反，通过强调血缘和姻亲关系增强氏族内部的凝聚力和外部氏族间的团结，并由此形成家国一体的政治结构。

夏、商、西周三代的政治制度存在着明显的因袭继承关系。

其政治制度主要包括王位世袭制、分封制和宗法制。无论是夏还是商周的统治者，都没有动摇古代氏族制度的根基，相反使古代氏族制度在文明社会中保存下来。同时，崇尚血缘关系并以此作为分封建制的依据，分封宗亲贵族，辅之以明确天子权利和诸侯义务，使中央王国对地方诸侯的纵向联系加强，形成等级森严的上下级关系，在相当长的时期内维护了王室中央的统治。

宗法制度由氏族公社否认父系家长制演变而来，确立于夏，发展于商，完备于西周，对中国影响深远。宗法制的核心是嫡长子继承制。嫡长子继承父位，成为土地和权位的继承人，奉祀始祖而成"大宗"，也是最大的族长，地位最尊，称"宗子"。嫡长子的同母弟与庶兄弟封为诸侯，成"小宗"，但在其封国内又是大宗。嫡长子与受封诸子既是兄弟关系，又是君臣关系。大宗和小宗的划分，明确了天子统辖诸侯，诸侯统辖卿大夫，卿大夫统率士及平民的封建等级政治结构。在这种制度下，整个国家政权就是由"大宗""小宗"的宗法血缘关系组织起来的。家族的血缘关系与国家的组织关系有机地结合在一起，政权与族权合二为一，从而确立奴隶主贵族的等级制度和奴隶制的国家体制。宗法制度的本质即是家族制度的政治化。宗族和宗法关系的长期存在，形成了"家国同构"的政治格局，也深深地影响着中国古代的政治道德生活。由氏族而国家的文明发展路径，对于中国的政治制度、经济制度、文化思想和国民的精神世界产生了深远的影响。

二、"家国同构"的政治结构形式

中国社会结构的宗法型与专制性相结合，形成伦理政治化和政治伦理化的文化类型。伦理超出家族人伦而成为一种社会政治制度，社会政治制度也极端强调道德伦理的向度，伦理与政治形成一个严密的社会控制系统。通常而言，皇帝和臣民应当属于统治与服从的政治伦理关系，但在中国，家与国的组织系统和权力配置都遵循父家长制，地缘政治、等级制度始终未能独立于血亲—宗法关系之外，这使得政治关系不仅是一种政治关系，更是一种亲族式的家族伦理关系。官僚政治结构同时也是一种虚拟的政治亲属辈分结构，家庭伦理结构成为政治法律结构的原型，即"家国同构"。

作为宗法社会的显著特征，"家国同构"在本质上指家庭、家族与国家在组织结构方面的共同性。家庭是国家的缩影，国家则是家庭的扩大；国家关系、君臣关系不过是家庭关系、父子关系的延伸；对家长的孝和对君王的忠互相沟通，并在维护政治统治和协调社会秩序的职能上统一起来。"国"在更大的范围内重复着"家"的构想，"家"则为"国"的无上性提供了基本的和重要的支持。所以，"家国同构"既是一种政治治理模式和治理理念，同时也是一套政治伦理。在传统农耕文明的定居生活方式中，家庭有着至关重要的地位，儒家以此为其伦理与政治思想的起点，将"家"与"国"同质化，建构了一个"家庭—家族—国家"的"家国同构"社会政治推延模式。在这一序列中，一方面，家庭结构以政治结构、家庭伦理以政治伦理为建构模式，充分依靠礼的理念，把家建构成温情脉脉又等级森严的政治权力结构空间。家是父家长的王国，他（们）赋有君临一切的至高无上权威，"家人有严君焉，父母之谓也"[1]，决定其他家庭成员的生命、生活

---

[1] 《周易·家人卦》。

等所有事务。因此，子对父的孝顺、弟对兄的恭敬、妇对夫的听从等规范是家庭中最重要的美德。

另一方面，政治伦理又是对家庭伦理理念与原则的扩大，从而把整个国家建构成等级森严又温情脉脉的伦理结构空间。皇帝为臣民之"君父"，"夫君者，民众父母也"[1]。"正如皇帝通常被尊为全中国的君父一样，皇帝的官吏也都被认为对他们各自的管区维持着这种父权关系"[2]，各级地方政权的行政首脑亦被视为百姓的"父母官"。他们既享有政治的权力，还赋有父家长性的绝对权威。"五伦"中的君臣、朋友关系是由亲缘关系推衍而来。这样，君与父互为表里，治国与齐家相互为用。所谓"治国必先齐其家者，其家不可教而能教人者无之。故君子不出家而成教于国"[3]。通过家国同构，宗法关系渗透在社会整体，掩盖了阶级关系和等级关系。因此，对于一个有着社会责任感的人来说，就必须从自我做起，"修身，齐家，治国，平天下"[4]，从内修到协调管理家庭关系，进而实现国家与天下的治平。

本质上看，宗法社会是以亲属关系为其结构、以亲属关系的原理和准则调节社会的一种社会类型。血缘关系与政治权力关系，家族结构与国家政权结构形成了一一对应的关系。家族主义"是中国血缘文化的特殊产物与典型表征，它集中体现了家国一体、由家及国的社会组织与结构形式的特征，体现了父与君、血

---

[1]　《新书·礼三本》。
[2]　马克思：《中国革命和欧洲革命》，《马克思恩格斯全集》第 12 卷，北京：人民出版社，1998 年版，第 114 页。
[3]　《大学》。
[4]　同上。

缘与宗法、伦理与政治的直接同一"。[1]因此，"国"与"家"彼此沟通，君权与父权互为表里，社会等级、地缘政治始终被笼罩在宗法关系的血亲面纱之下。社会赖以运转的轴心，是宗法原则指导下确立的以父子—君臣关系为人格化体现的伦理—政治系统。从政权的归属来看，历代王朝都是一家一姓之王朝，无论是周代的宗法封建社会，秦汉以降的宗法皇权制度，还是明清的专制皇权国家，始终都是父家长制延伸、扩大的变体，其兴衰更替都与皇室家族的命运息息相关。

三、"忠孝一体"政治伦理的确立

由氏族而国家的文明发展路径，使得中国形成"家国同构"的政治结构模式。古代中国人将家国视为同一，从家政推出国政，从治家推之治国。同时，把家族伦理转化为政治伦理，从家族伦理中的"孝"推出政治伦理中的"忠"，欲求忠臣于孝子之门；又从家庭中的父母的"慈"推出君主的"仁政"，从而确立了"忠孝一体"的政治伦理格局。

先秦时期，儒家就提出"忠孝一体"的政治伦理理念。两汉统治者以"孝治"为基本国策。整个汉代，不但在思想文化建设方面出现了如《孝经》等大量阐发孝道的典籍，而且在人们的道德实践上出现了空前规模的践行孝道的臣民，孝成为汉帝国臣民的道德共识。孝道的最高目标是通过忠君达成扬名显亲。由此也可以看到，家族之"孝"服从于"忠"。这种忠孝一体观一直延

---

[1] 樊浩：《中国伦理精神的历史建构》，南京：江苏人民出版社，1992年版，第11页。

续到清末。

中国古代的政治道德生活，是与家庭道德生活密切相关并在家庭道德生活的基础上形成和发展起来的，由此赋有了政治伦理化和伦理政治化的特色。政治伦理化保证了社会文化精英进入政治生活领域，更重要的是它成为政治参与主体的标准并可用来控制官员的心智和行为。而"孝"之所以能够得到君权的支持，是因为它保证了政治权威的道德的合法性与合理性，政治伦理因此成为一种整合力量，用以论证政治统治，确定国家目标，提出精英的共同价值观以及调和社会中的各种利益。古代中国人所向往的社会秩序是一种以伦理为主导、各种社会规范综合为治而形成的天下"太平"或"大同"的社会。这便最终导致一个以道德仁义为首而制定名分、职守的礼，再制定是非、赏罚的法度，最后归于等级分明、各得其所的大治局面的出现。

第二节　"左宗庙，右社稷"的
政治制度伦理建构

中国古代国家本质上是一种家族式的王国或帝国。作为国家的象征，一曰宗庙，二曰社稷。国人即邦人，不仅仅是居于国中之人，而且是属于邦族之人。[1]基于血缘关系的宗法制度是政权组织的主干。所谓"国之神位，右社稷，左宗庙"[2]，其中"宗庙"用以祭祀祖先，"社稷"则是疆域的象征。中国社会的血

---

[1]　参阅田昌五：《中国古代国家形态概说》，见《华夏文明》第三集，北京：北京大学出版社，1992年版，第386页。

[2]　《周礼·春官》。

缘性和地域性、政治制度的家族性和公共性长期共存的特征都通过右社稷、左宗庙的建筑格局具体地表达出来。

一、"左宗庙"的家族主义政治伦理内涵

宗庙，亦称"宗祊"，指人们在阳间为亡灵建立的寄居之所，是帝王、诸侯祭祀列祖列宗之地，同时也是宗族政权存在的最重要的物质符号。宗庙内置"神主"，不但是祭祀先祖的宗教活动场所，而且是重要的政治活动空间。

历史地看，在西周正式确立下来的宗庙制度源自先民祖先崇拜的信仰，"宗庙之礼，所以序昭穆也；序爵，所以辨贵贱也；序事，所以辨贤也；旅酬下为上，所以逮贱也；燕毛，所以序齿也"[1]。这里的"昭""穆"，即宗庙中位次的排列，自始祖以下，父曰"昭"，子曰"穆"，按照世次递邅排列下去。古代宗庙的次序，以始祖庙的排位居中，以下二世、四世、六世，位于始祖的左方，称为"昭"，三世、五世、七世位于右方，称为"穆"。"序爵"是按爵位高低大小，以公、侯、卿、大夫分为四等排列次序；"序"事指按在祭祀中担任的职务排列先后次序。"旅酬"是指众人相互敬酒，这种敬酒的次序是晚辈必须向长辈敬酒，这样祖先的恩惠就会延及到地位卑微的晚辈。"燕毛，所以序齿"是指按头发的颜色来决定宴席座次，这样就能使老小长幼秩序井然。每当在宗庙举行祭祖之礼时，要排定辈分（昭穆），分别血统的亲疏；因为血统的亲疏，决定了政治地位的贵贱。

---

[1]《礼记·中庸》。

天子、诸侯、大夫等各级贵族政权所建的宗庙数依据其在家族所居贵贱差异而存在不同。天子、诸侯皆建于中门左侧，大夫则左庙而右寝。宗庙四周有墙垣，又称"都宫"。都宫之内，诸庙都南向，昭庙在左，穆庙在右，依世排次。庶民只能在寝室的灶膛旁设祖宗神位。宗庙不仅起着"收祖""合祖"的家族主义功能，在宗法的血缘政治中，国庙（天子的祖庙和诸侯的祖庙）还是国家政治活动的中心，具有特殊的政治功能和政治意义。大凡国家大事，君主都要到宗庙告祭先祖，其冠、婚、丧、祭等都是在宗庙中完成。而国家的重要典礼也都是在宗庙中举行。《尚书·盘庚》载商王盘庚召集部众"悉至于庭"，"庭"即殷商国庙之所在。宗庙之所以成为政治活动的中心，主要有四个原因。首先，宗庙是家族存亡的象征。祭祀祖先用的鼎、彝、尊、瓠等礼器，都是国之重器，一个国家的灭亡称为"毁其宗庙，迁其重器"[1]。其次，宗庙是政治资格的象征。贵族的政治身份缘于宗族身份，宗族身份缘于其所守宗庙的尊卑等级。看宗庙之规模，就可以判断宗主政治身份之等级。再次，宗庙是权力的象征。作为象征权力的"鼎"陈设于宗庙内。"迁鼎"就表示权力的变迁与灭亡。最后，宗庙是血缘政治的象征。在这种政治中，周的贵族依靠宗法的规定祭守各级宗庙，庶民百姓虽然只能在家中祭祀自己的祖先，但是还必须崇敬贵族庙宇中的神主，为他们耕种籍田，维修宗庙等。宗庙制度以及由此确立起来的家族主义政治伦理并没有随着中央集权制国家的建立被摧毁，反而被进一步加强。

----

[1]《孟子·梁惠王下》。

作为中国人的信仰空间和血缘政治权力空间，宗庙是中国人道德生活的最重要空间，人们在这里可以感受到生命从哪里来、到哪里去的归属感和存在感；同时由于宗庙把家族活动与国家活动、世俗政治与神权政治紧紧地扭结在了一起，人们在这里可以产生一种认同感和敬畏感，从而把个体的生命自觉地融入整个家族的生命之流中，形成并强化家族利益至上的价值取向。

二、"右社稷"的国家主义政治伦理取向

"社稷"是一个特指概念，为国家的象征。其中，"社"指土地之神，按方位命名：东方青土，南方红土，西方白土，北方黑土，中央黄土。五种颜色的土覆于坛面，称"五色土"，以象征国土。古人把祭祀土地的地方、日子和礼都叫"社"。"稷"有两义，一指中国古老的食用作物，即"粟"，后引申为庄稼和粮食的总称。还指周民族的始祖后稷，被尊为五谷之长，即谷神、农业之神。后来与社并祭，合称"社稷"。古时的君主为了祈求风调雨顺、五谷丰登，每年都要到郊外祭祀土地神和五谷神，社稷也就成了国家的象征，用"社稷"来代表国家。

历代王朝之所以将"立社"视为国之大事，一方面是因为以农业为国本者必当以土地神、农业之神的崇拜为重，是中华民族精神信仰、道德生活的重要组成。另一方面则在于"社"所象征的土地之义，使"社"与地缘政治紧密相连，从而成为国家政权的象征。因此，建国必立社。《白虎通·社稷》云："封土立社，示有土尊。"而当失去政权的时候，也就失去对社的主祭权。既然"社"为国家政权之象征，它就与征伐战争紧密相关，古代出征前都要祭社，出征作战时要用车载着社神木主，即"军社"。

小宗伯的职责就是"立军社""主军社",大司寇的职责为"大军旅,莅戮于社"。此外,"社"还是缔结同盟和公共盟誓的重要场所,《墨子·明鬼》追述了庄公"共一羊,盟齐之神社"之事。

在农耕文明和"家天下"的社会中,"社稷"与"宗庙""祖宗"密切相关。对于祖宗的尊崇、奉承,是"礼制"的核心内容,也是统治者据以施治的基础。祭祀祖先的宗庙之礼与祭祀土地和五谷之神的社稷之礼,也就成了国家政治生活和社会生活的头等大事。根据《周礼·考工记》记载,社稷坛设于王宫之右,与设于王宫之左的宗庙相对。前者代表土地,后者代表血缘,共同象征着国家整体和至高无上的权力。《中庸》云:"郊社之礼,所以事上帝也;宗庙之礼,所以祀乎其先也。明乎郊社之礼,禘尝之义,治国其如示诸掌乎!"对于中国人来说,谨于宗庙之礼是为了团结家族,团结家族则本于尊祖敬宗的观念和行为;而敬奉土地神和谷神,又能使人产生对自己所生活的土地以及对这块土地长养的谷物的热爱和崇敬,有利于培养和巩固自己的故土情怀、乡土感情和爱国意识。因此,严宗庙,重社稷,无疑成为治理国家的头等大事,是中国人道德生活的重要内容。

三、家族、社稷本位的政治伦理原则

作为象征宗法与国家的宗庙与社稷,中国传统社会强调对两者的重视,将家族主义和国家主义的价值观灌入中华民族的道德生活中。对于中国人来说,家族和国家是天之公理、公义。所以,在一家之内,中国人最注心力的是正父子兄弟之道,明长幼贵贱之序,严男女之别。一家之内,子必从父,妇必从夫,弟必从兄。虽有极重大极紧要之事件,也不能破范围而违其节制,否则加以犯分之恶名,定以不孝不恭不顺之大罪。一邦一国内,强调臣民对君主、国家的忠。根据"移孝作忠",家族主义虽为国家主义之大原,但当家族利益与国家利益发生冲突时,国家利益却具有价值的优先性。

先秦时期,《管子·七法》提出"社稷戚于亲"的伦理价值观,指出"社稷戚于亲,不为爱人枉其法",认为一个英明的君主不会为爱亲戚危其社稷,不会为爱其属民而违反法律,不会为重惜爵禄而削弱威信。这已经将社稷利益推高为"大义"的层次。

出于社稷本位的伦理原则,"公忠体国"被作为政治生活中的重要道德规范,"一种具有普遍意义的社会价值,也是对每一个人所提出的道德要求"。[1]何谓"忠",《说文解字》云:"忠,敬也,尽心曰忠。"这是忠的第一种含义。这种意义的忠要求"尽心于人",无有欺瞒,竭诚做好分内的事情。忠的第二种含义是指在做人和做事时专一无二,"忠也者,一其心之谓也"[2]。忠的第三种含义是指利君爱国,对自己的祖国要有赴汤蹈火、奋不顾身的精神和气概,对所侍奉的君主要有忠心耿耿、鞠躬尽瘁的信念和品质。《左传·桓公六年》:"上思利民,忠也。"忠的第四种含义是指大公无私。《左传·僖公九年》云:"公家之利,知无不为,忠也。"近代谭嗣同强化了忠的第一种含义和第二种含义,指出忠是诚实平等的待人之道,它要求无偏袒,彼此尽心竭力,相互忠诚。而孙中山则认为,忠是一种对国

---

[1] 张锡勤等:《中国伦理道德变迁史稿》(上),北京:人民出版社,2008 年版,第 94 页。

[2] 《忠经·天地神明章》。

家的美德，忠于君主只是君主制下的一种对臣子的道德规范，它并不是也不可能是忠的全部。忠在政治生活中大量地表现为对国家社稷的忠诚和对人民的忠诚，以及对理想和道义的忠诚。可以看到，"忠"实际上有两种形态，一种是对一家一姓之君主或主人的忠，一种是对国家、社稷和人民的忠，前者为私忠，后者方为"公忠"，相比私忠，公忠无疑更崇高，也是整个民族的最高价值追求。

为国献身、忠心报国的公忠体国精神始终为中华民族志士仁人的一种人生理想，并化为中国古代文化中的崇高道德力量。

第三节　民为邦本的政治理念与实践

中国善政、善治的伦理价值追求，是以"民为邦本，本固邦宁"的核心价值理念为其基石的。尽管在中国具体的政治制度建构中，君主制曾经长期盛行，并试图以君本主义来取代民本主义或者将其凌驾于民本主义之上，但是由于民本主义强大的精神引领力和价值感召力，特别是对于善政、善治的伦理意义，从而给予君本主义一种精神的限制，进而在中国政治伦理生活中形成了民本主义与君主制既紧张又协同的微妙关系。

一、"民为邦本"的善政理念

早在商周时期，就已肇始以民为本的思想，《尚书》的核心思想就是"敬天""明德""慎罚"和"保民"。书中提出"民惟邦本，本固邦宁"的治国思想，要求统治者"克谨天命""实施德于民"。而在以"敬德保民"为政治伦理根本理念的西周，"以民为本"的思想得到进一步的发展。《周书·无逸》中，周公告诫成王要"先知稼穑之艰难"，方"知小人之依，能保惠于庶民，不敢侮鳏寡"。西周是确立中国传统民本主义思想的特定时期。

春秋时期，奴隶制度开始瓦解崩溃，社会发生激烈变动。自上古、三代以来所确立的天道观逐渐被动摇，人们开始对"天""人"关系作出新的解释，从重视天道转向重视人事，民本的意识在国家治政理念中变得更加重要。这在《左传》中得到鲜明的体现，"保民"被提升为至道的地位，"所谓道，忠于民而信于神也。上思利民，忠也；祝史正辞，信也"，"夫民，神之主也"[1]，"民"被视为居神之上，敬神告神，都离不开民力、民和、民心；只有民力普存、民和年丰、民心无违，才能信于神，得到神的福佑。而敬神已变成一个表面的形式，"保民"才是政治的实质。如果说之前的"民"并未将广大的奴隶纳入其中，《左传》中记载的"民"已经包括了奴隶和贫民以及统治阶级下层在内的最广泛群体，由此体现出当时的统治者已充分认识到民心向背是治国和巩固君位的重要条件，失民心者必失其位。

除了《左传》中所记载的统治阶级对君民关系的自我意识，民本主义更是春秋战国百家思潮中的重要组成部分。孔子在其仁政说中，强调统治者要以德化民，提出"节用而爱人，使民以时"，主张"修己以安百姓"、德刑并用的思想。认为保证民众的生存权是保证君主统治的前提，否则通过祭拜鬼神，于己于国都无济于事。孟子对于君民关系首次做了明确的价值判断，所谓

---

　[1]　《左传·桓公六年》。

"民为贵，社稷次之，君为轻"，[1]强调人民的政治权利，并将这种权利定位于国家。在"政得其民"的前提下，要求君王"爱民""利民"，并通过轻刑薄税，制民之产，与民同乐等方式达到"保民而王"。先秦儒家政治哲学之集大成者荀子更是阐明了君民之间的关系，"君者，舟也；庶人者，水也。水则载舟，水则覆舟"，[2]这一思想成为后世开明统治者的主要治政理念。

先秦以降，中央集权政治建立，君主专制不断得以强化。尽管如此，民本思想不绝于缕，无论在思想领域还是治政实践中都有相当的地位和影响。而且每当王朝初建之时，统治者往往会注重以民为本，并在治政中实施一些利民、惠民和保民的政策。而民本思想也随着社会的发展得到一定的发展，如唐李世民将"大宝""大德"联系起来，论证大宝之位的基本职责就是要遵循和实现上天生生之大德，天有深度好生之德，故人君必须法天行道，仁民爱物。柳宗元将君民关系拓展到官民问题，提出"吏为民役"的观点。明清之际的黄宗羲更是指出"天下为主，君为客"的政治主张，这是具有近代民主主义启蒙意蕴的权力、权利观和君民观。

客观地看，传统民本主义的政治伦理理念虽然强调"重民"，具有朴素的民主性，但其毕竟不同于近现代的民主主义思想，后者的核心在于强调主权在民，一切政治的决定与施行，要依照人民的公意。社会全体的公民，平等地共同参加共同事业，互助互利地推进社会生活，没有人被排除于共同利益之外。而传

---

[1]《孟子·尽心下》。
[2]《荀子·哀公》。

统的民本主义实质上是士大夫阶层基于国家治理需求而对庶民地位的重视，内含有统治者应当以庶民为本才能很好地统治天下，其目的在于巩固自己的政权。民被认为是一种值得重视和利用的政治资源，爱民的目的在于"牧民"。

二、民本主义在现实治政中的实践

纵观中国政治史，以民为本实际上不只是停留在规谏统治者实行仁政的理论层面，在很多情况下，尤其是当儒家思想被作为主流的意识形态后，也真正地被加以具体实施，客观上起到缓和阶级矛盾、改善民生、保证人民安居乐业和促进社会发展的作用。

在正式提出"敬德保民"思想的西周时期，天子每年会举行一次亲耕典礼，而且制定一些利民政策，以示对农耕之重视与鼓励。虽然这时的"民"并未将广大的奴隶包括在内。春秋时期，争霸与掠夺战争使一些统治者必须通过"抚民""利民""息民"和"恤民"的政策以获取民心和土地。如齐桓公任用管仲为相，管仲以君民上下"中正和调"为发展目标，以"与之为取"为实践方略，在齐国进行了一系列利民、富民、教民的政策。战国时期，诸侯国君王竞相以变法立国、强国，最著名的莫过于商鞅在秦的变法，商鞅认识到土地才是国家财政最稳定的收入，故主推"废井田、开阡陌"、平赋税之法，允许人们开荒，土地可以自由买卖，赋税则按照各人所占土地的多少来平均负担。商鞅变法使秦国逐渐成为战国七雄中实力最强的国家，为后来秦王朝统一天下奠定了坚实的基础。

秦二世而亡的教训，避免恶政暴政的实践，构成汉代政治道德生活的主题。刘邦把除秦苛政、与民休养生息作为施政的指导方针，颁布了一系列具有浓厚德政色彩的诏令，旨在减轻农民负担、赐臣民爵位、鼓励生育等。文、景二帝"专务以德化民"，致力于推行各种以民为本的政令措施。隋朝虽属短命王朝，却在刑律、吏治、经济等各个层面体现出以民为本的取向，如更定刑律，废除自周秦以来灭绝人道的宫刑；澄清吏治，废除苛捐杂税，减轻人民的负担。迨及唐时，民本治政是李唐初盛时期的基本方针。经济上，实施的均田令、租庸调制和以后的两税法，保证了人民对土地的拥有权，部分无地、少地的农民获得一定数量的土地，专心从事耕织，得到休养生息。在政治生活上，慎用刑法，勤俭治国，勇于纳谏。轻徭薄赋，选用廉吏，使民衣食有余。唐玄宗竭力模仿曾祖父唐太宗，延续其民本政策，好贤纳谏，励精图治，把唐王朝的国力推向鼎盛。《资治通鉴》记载开元十三年（725），"东都斗米十五钱，青齐五钱，粟三钱"。开元二十八年（740），"西京、东都，米斛直钱不满二百，绢匹亦如之"，物价稳定，反映了人民生活比较安定。

两宋时期，君主专制制度不断强化，崇文抑武之文官政治建立，形成君王"与士大夫共治天下"之格局，诚如柳诒徵先生所言："盖宋之政治，士大夫之政治也。"[1]由于科举取士制度，文官大多是有着"致君尧舜上，再使风俗淳"的社会责任意识和道德理想主义的儒家士人，他们开启有宋一代新的政治道德生活。宋朝对士大夫礼遇有加，培养了士大夫积极参政议政的热情，上自皇帝的所作所为，下及州县官的一举一动，凡有越礼背

---

[1] 柳诒徵：《中国文化史》下卷，上海：东方出版中心，1988年版，第516页。

法者，皆被弹劾。台谏官为驳回皇帝或宰相的某些决定，有接连上十余封乃至二十封奏疏者，即使弃官降职，也在所不辞。这些仕人把自己的命运与国家民族的兴衰紧密联系在一起，为保证统治的安定长久，将民本主义更加充分地加以贯彻实施。如自宋初，统治者就开始采取无偿提供、推广新农具的方式，促进农业的发展。天禧四年（1020），刻印古农书《四时纂要》《齐民要术》，传播农业生产知识。政治上强调轻徭薄赋，"每以恤民为先务"，"凡无名苛细之敛，常加刬革，尺缣斗粟，未闻有所增益"[1]。百姓生活富庶，崇仁尚义，乐善好施，呈现出开放性、转型性和个体觉醒的特点。

明代的政治环境比以往任何朝代更复杂，皇权绝对化，使得士人噤若寒蝉。但统治者尚能认识到农业是百姓安居乐业、社会稳定之根本，将农业视为"为治之先务，立国之根本"，[2]强调"君天下者，不可一日无民，养民者，不可一日无食，食之所恃在农"，[3]因此建立之初，即招民复业，移民耕种，鼓励垦荒，如洪武三年（1370）规定，对于北方郡县的荒芜田地，准许无田地的农民开垦。明政府还对开垦荒地的农民给予优惠，"官给牛及农具者，乃收其税，额外垦荒者永不起科"。[4]清朝统治者受儒家思想熏染，推行崇儒重道的基本国策，通过各种以民为本的治政措施，形成了国泰民安的"康乾盛世"。

近现代以来，由于"西学东渐"，在西方自由、民主理念的

---

［1］《宋史》卷一七四《食货志上二》。

［2］《明太祖实录》卷十九。

［3］《明太祖实录》卷五十三。

［4］《明史》卷七十七《志第五十三》。

影响下，"兴民权"成为启蒙思想家的民本论及民本的政治实践之核心内容。如孙中山将民生与民主、民权并立为核心的革命纲领，以平均地权，实行耕者有其田、私人不能操纵国民生计为重要的政治伦理原则。而中国共产党领导的新民主主义革命更是将人民当家做主、一切为了人民作为其政治纲领，并在其政权建立后，充分地付诸实践，赋予了传统民本主义新的内涵。

三、民本主义实践与君主集权的矛盾

无论民本主义是否得到真正实施，它都是肇端并成长于中国传统君主集权的政体环境之中。这种君主集权专制在中国历史踏入文明门槛的那一刻起就已确立，在形式上经历了夏商周三代以分封制为其外在形式的君主贵族专制、秦以后以郡县制为其外在形式的君主官僚政体，它们从根本上都是强调君主的意志高于一切，同时，中国君主专制集权政治从总的趋势上日益走向极端。这都使民本主义在君主集权从建立之初到极端化的过程中，不断遭遇尊君、贵君论和君权本身的任性妄为的现实阻碍。

历史地看，在民本主义充分发育的时代，贵君主义也在一并生长。君本位可追溯至国家建立之初，人们对于天子、帝王的敬畏和崇拜为其根本精神渊源。在君主专制的政治伦理话语下，"君"与"天子""王""帝"具有同等的内涵，作为人间的最高统治者，其至尊地位、高贵性、智慧等皆源自天，"君，天也"[1]，孔子曰："一贯三为王。"王是贯通天地人之人。"帝"则为化育万物之根本。因此，他们是天生的社会组织者和领导

---

[1]《左传·宣公四年》。

者，有向民发布政令、教化他们的天然合法、合理性，《说文解字》释君为"尊，从尹；发号，故从口"，释"王"为"天下所归往也"。因此，殷周时期君主已经拥有至高无上的权威，《尚书·盘庚》记载了殷王盘庚对"众"发布的训词，充满"以尊临卑"的告诫和威胁，展现出专制君王的威严与权力。周天子更强调天子对臣民和土地的占有权。东周时期诸侯分权，"君主"的理念扩及诸侯甚至卿大夫，强化了"君尊臣卑"的意识。迫及始皇"吞二周而亡诸侯，履至尊而制六合，执搞朴而鞭答天下，威振四海"[1]，集古代传说中"三皇"和"五帝"的尊号于一身，号称"皇帝"，即最高的统治者，在中国确立一个以皇帝为权力终端的中央集权制度。而明清更是将这种君主专制的中央集权推向极端，将军权、政权、财权、司法权、教育权等大小权力都收归中央，强化中央对地方的控制。由此可见，无论是从形上的根据还是形下的现实权力归属来看，君王都是高踞万民之上，操纵万民生死的超社会之偶像。

因此，在理论与现实的治政实践中，民本主义必然会在一定程度上招致尊君论和君权任性妄为的压制。这在先秦已有端倪，桀纣的暴政暴行置个人享乐于万民生死之上。春秋战国时期的韩非则将尊君论发展成法家的极端尊君论，他从天下定于"一尊"的社会理想出发，规定君民、君臣关系，"君上之于民也，有难则用其死，安平则用其力"[2]，君民不是儒家温情脉脉的君父、子民关系，民对于君只有赤裸裸的工具价值，且视君臣关系为主

---

[1] 贾谊：《过秦论》。

[2] 《韩非子·六反》。

奴,"人主虽不肖,臣不敢侵也"[1]。臣下只能对君唯命是从。秦皇将韩非的尊君论付诸治政实践,致使秦二世而亡。此后的汉王朝以民本主义在具体法政措施上加以扶正,李唐王朝也是努力协调民本与尊君,试图以"民本"制约"尊君"。但一方面,中国政体的君主专制集权性,随着君权的不断加强,民本与尊君的对立愈演愈烈,洪武五年(1372),朱元璋"罢孟子配享"即为实例。另一方面,儒家虽主张仁政与民本,但也强调"君君臣臣""父父子子"之礼制秩序,如《易传》在谈及"民"时,将君民做了严格的分工,君王可"坐而论道""赞天地之化育",民只能"作而行之"。程朱理学更是把"君为臣纲"归结为天理至道。就此,儒法两家在尊君的问题上殊途同归。与法家略有不同的是,儒家要求对君王有所制约,制约的力量或者来自有意志的天,或者来自道,儒家则以"帝师"自命,以"道"教君,驯服君权的任意。这在很多时候取得了成功,从而有了盛世之朝。很多时候君权又像无法驯顺的野兽,使民"仰不足以事父母,俯不足以畜妻子;乐岁终身苦,凶年不免于死亡"[2],从而引发不可遏制的民反。

按照尊君论,皇帝的意志凌驾于法律之上,人民只有义务而没有权利,"民为邦本"的政治理念只是一个形式或口号。然而,出于以下几个方面的原因,民本又制约着君本,专制的皇权必须以民为本,实施一定限度的仁政,使民本主义得以实施。一是上述的儒家德治主义政治理念对统治者在精神层面的约束,二是中

---

[1] 《韩非子·忠孝》。
[2] 《孟子·梁惠王上》。

国传统社会实际上存在一个与"皇权"相抗衡的"绅权"。传统中国中央政府派遣的官员止于县衙门，县以下形成中国的乡民社会，乡民社会是以乡绅或族长等为权力领袖的自治单位，乡民受族规、礼俗等规约，不合理的行政命令被商议甚至被抗议。由此形成与来自皇权的自上而下权力轨道相对的另一条轨道——自下而上的轨道。此外，在权力的制度设置中有着朝议制度、谏议制度等加以控制皇权的任意性与绝对化，虽然这些制度对皇帝没有根本的否决权，但是，"士志于道"和"士不可以不弘毅"的历史使命感还是能够在道统和政治伦理文明的层面形成对政统或君统的舆论和精神挤压，从而使其不得不生发"开明"的因素。当然，完全无视道统对政统或君统的引领、宰制与规约功能的君主也是有的，但那样的君主是独夫民贼，只会受到来自道统层面的士大夫和来自民间和下层的普遍抵抗，其结局是可想而知的。

总之，"重民"的民本主义从诞生之日起，即与"重君"的君本主义形成对立，它们构成中国传统政治伦理的基本内容。两者有可能在一定的情境下走向一致，进而创造出相对平稳和谐的政治伦理生活局面。而其对立或冲突，则又常常演绎出政治伦理生活的悲剧，或者造成君民之间、国民之间的敌视和社会动乱。由此造成的"兴亡周期率"及其所内蕴的经验教训，成为后世政治伦理文明建构必须予以深度思考并在实践中加以解决的重大问题。

第四节　德治与法治的磨合关系与治政实践

德治与法治的治国主张形成于春秋战国之际，在两汉时期乃至隋唐明清时期都有不断的力争，并对实际的治政之道产生了深远的影响。整体而言，儒家推崇德治仁政，主张以道德教化作为治国的主要方略。法家崇尚法治，主张以严刑峻法治理国家。秦用法家的法治统一六国，建立了一个强大的帝国。但是秦统治者不懂得攻与守的治政方略的转换，统一六国后继续采用严刑峻法，导致二世而亡。汉初总结秦亡的经验教训，认识到文治武功的治国意义，采取与民休息的无为而治方略，促成了德治与法治的磨合。汉武帝时提出了"德主刑辅"的治国方略，整体上在崇尚儒家德治思想的同时又兼采了法家的法治思想，成为中国政治伦理史上影响较大的治政方略。

一、德治与法治的认识与选择

"德治"即强调道德在治政实践中的主导地位的政治伦理思想和治国之道。中国传统伦理思想中有着深厚的德治主义源流，它发轫于上古三代的德政实践，其直接的渊源则是周公"敬德保民""以德配天"的思想，后经孔孟的系统阐发，复经董仲舒的进一步完善，成为一个系统的理论体系，并在治政实践中加以贯彻。

周公去殷商鼎革不远，通过"殷鉴"的总结，指出统治者要"以德配命"，"聿修厥德，永言配命，自求多福"[1]，提出"敬德保民"的德治主张。孔子祖述尧舜，宪章文武，主张"为政以德，譬如北辰，居其所而众星共（拱）之"[2]，认为"道之

---

[1]《诗·大雅·文王》。
[2]《论语·为政》。

以政，齐之以刑，民免而无耻。道之以德，齐之以礼，有耻且格"[1]，推崇"为政以德"，强调以教化为国家施政的主要手段，贬斥刑罚威势的作用。孟子发展了孔子的思想，明确提出施仁政的学说，认为"以不忍人之心，行不忍人之政，治天下可运之掌上"[2]。在孟子看来，仁政是一种合乎伦理的政治类型或模式，能不能行仁政是决定一个国家成败得失的关键，"三代之得天下也以仁，其失天下也以不仁。国之所以废兴存亡者亦然。天子不仁，不保四海；诸侯不仁，不保社稷"[3]。

"法治"即关注"法"在国家政治中的地位和价值的治国之道。法家极力说明励行法治对于治国安邦的重大意义，提出"以法治国"的主张。"以法治国"一词在典籍中首见于《管子·明法》："以法治国，则举错而已。"法家的"以法治国"强调在治国依据、选任人才、功过赏罚等各方面遵照法的原则。法家早期代表慎到认为："事断于法，是国之大道也。"[4]"上下无事，唯法所在"[5]，然后政功可求、治世可冀。慎到之后，商鞅、韩非对法治作了比较全面而明确的论述。商鞅指出：法乃国家安危存亡之所系，"明王之治天下也，缘法而治"[6]。韩非指出：要想国泰民安，必须"以法为本"，而历史经验表明，"治强生于法，弱乱生于阿"[7]，"家有常业，虽饥不饿；国有常法，虽危

---

[1]《论语·为政》。
[2]《孟子·公孙丑上》。
[3]《孟子·离娄上》。
[4]《慎子》佚文。
[5]《慎子·君臣》。
[6]《商君书·君臣》。
[7]《韩非子·外储说右下》。

不亡"[1]。法家的法治思想在秦国得到实施，并使秦在诸侯争霸战中脱颖而出，灭六国，一四海，建立了中国历史上第一个中央集权制的国家——秦朝。秦始皇以法家思想治国，"事皆决于法"，将严刑峻法思想发展到极致，实施"以吏为师""以法为教"的文化专制思想，最后导致秦朝二世而亡。

历史地看，虽然德治与法治在中国的不同时期都曾发挥过重要的作用，但是，两者的分野却并非是绝对的。也就是说，德治主义并非绝对排斥法治，法治主义也并非完全排斥道德的政治影响。例如，管子把礼义廉耻作为国之四维，而孔子也并非否认刑政对于国家治理的有效性，只是认为刑并不能从根本上解决老百姓犯上作乱的问题。儒家的德治主义即以正名主义、典范政治和王制理想为内容的礼治主义。对此，一方面我们不能否认"礼"本身所具有的法的严苛性特征，另一方面，法治从来没有离开过中国的政治生活。荀子对孔孟的王道政治伦理从三个方面进行了修正和完善。第一，在坚持德主刑辅原则的前提下，强调了礼法的相关性。荀子的政治伦理是以"礼治"为宗旨，但与孔子把礼与法对立起来不同。他认为，"礼者，法之大分，类之纲纪也"。礼与法是纲与目的关系，礼是法的指导原则和依据，法是礼的具体化和保障。礼法应当并用。第二，吸收法家崇信的政治治理原则。"信"是制度规范客观性确定性的表现，执法不仅要信赏必罚，不徇私情，而且要赏功罚罪，以事实为依据，既不能过于宽仁，也不能过于严酷。荀子指出："故非礼，是无法也。"[2]在

---

[1]《韩非子·饰邪》。
[2]《荀子·修身》。

隆礼的同时，充分肯定了礼与法在内涵上的统一性。这一思想经过后世统治者的完善，成为通行于中国传统社会的定则，由此形成中国传统政治"礼之所去，刑之所取，失礼则入刑"[1]，礼法相为表里的、"外儒内法"的伦理结构特征。

秦朝将严刑峻法发挥到极致从而招致自身的灭亡，使后世的思想家、政治家对法家的严酷无情均有所警醒与顾忌，主张德主刑辅、明儒暗法的治国论从此不绝如缕，深深地影响着中国古代的政治生活。汉以后的中国封建社会历史中，较少西方中世纪那样的专制、独裁，封建社会长期稳定的现象，均得力于德主刑辅或德法兼治的治国方略。儒家政治伦理的实践主题无论是"内圣、外王"，还是像张载总结的"为天地立心，为生民立命，为往圣继绝学，为万世开太平"，都对形成中国古代社会的善治、善政产生了深远的影响。

二、德法兼修方可致善治、良政

汉初陆贾从秦二世而亡的教训中引出德法兼治才能既制恶又劝善且确保国祚永延的结论。在陆贾看来，"秦以刑罚为巢，故有覆巢破卵之患；以赵高、李斯为杖，故有倾仆跌伤之祸"[2]。过分地相信刑罚和武力，就只能导致民怨鼎沸。只有同时将刑罚和德教两手有机地结合起来，才能达致天下大治。据此，陆贾提出了"文武并用，长久之术"的治国思想，并认为德治和法治各有所长各有所短，彼此之间需要互相补充、相辅相成。在陆贾心

---

[1] 《后汉书·陈宠传》。
[2] 陆贾：《新语·辅政第三》，《诸子集成》（九），蔡元培编，长沙：岳麓书社，1996年版，第4页。

目中，古代的明君贤相，如商汤、周武和伊尹、吕望这样的人物，都是能够沟通天、人的人物。他们"行合天地，德配阴阳"，在治国理政时，能够"上瞻天文，下察人心"，因此才会既顺应自然，又顺应人心。陆贾认为，从历史上看，国家的最高统治者若过度迷信刑罚暴力，会导致政权的垮台。反之，如果提倡以德治国，则能使国祚延长。他说："德盛者威广，力盛者骄众。齐桓公尚德以霸，秦二世尚刑而亡。故虐行则怨积，德布则功兴。"[1]刑罚是一柄双刃剑，用之得当则能巩固政权，用之不当则会危及政权。因此，只有"德盛者"即道德高尚的人掌握刑罚，刑罚才能发挥积极的作用。

贾谊继承并发展了陆贾"文武并用"的思想，提出了德法兼治的主张。他说"仁义恩厚，此人主之芒刃也；权势法制，此人主之斤斧也"，[2]主张把仁义恩厚和权势法制有机地结合起来。他在《过秦论》中指出秦王"焚文书而酷刑法，先诈力而后仁义，以暴虐为天下始"，从而演绎出了一幕"一夫作难而七庙隳，身死人手，为天下笑"的悲剧，教训十分深刻。秦为什么会二世而亡，根本原因在于秦统治者"仁义不施"，不懂得"攻守之势异也"。治理天下，必须坚持德法兼治，才能够既罚恶又赏善，成就一番刚柔相济、宽猛并施的事业。

董仲舒在继承和发展儒家德刑观的基础上，提出了德主刑辅的治国方略，主张"大德小刑""前德后刑"，其重德轻刑的思想

---

[1]　陆贾：《新语·道基第一》，《诸子集成》（九），蔡元培编，长沙：岳麓书社，1996年版，第1页。

[2]　贾谊：《新书·制不定》，吴云、李春台：《贾谊集校注》，天津：天津古籍出版社，2010年版，第64页。

倾向显而易见。董仲舒认为，治理国家必须既重德教又重刑狱，并提出"大德而小刑"的治国原则，主张用儒家的仁德代替法家的严刑。董仲舒把"天"论作为德主刑辅的理论依据，他认为"王者法天"，而"天道"即重德轻刑，"天道之常，一阴一阳。阳者，天之德也；阴者，天之刑也"，刑主杀而德主生。主张在现实的政治生活中贵德贱刑、先德后刑、近德远刑，实施以德教为主、以刑杀为辅的施政方针。他认为，教化可以使百姓自觉遵守封建礼仪制度，出现"不令而自行，不禁而自止，从上之意，不待使之，若自然矣"[1]的局面，但只用德教而不施刑罚，也不能很好地巩固统治秩序，只有在进行德教的基础上辅之以刑罚，才是治理国家的理想状态。

唐太宗李世民在治理国家中注重德治和法治相结合，从而创造了"贞观之治"。在李世民看来，"古来帝王以仁义为治者，国祚延长，任法御人者，虽救弊于一时，败亡亦促"，"为国之道，必须抚之以仁义，示之以威信，因人之心，去其苛刻，不作异端，自然安静"[2]。单靠严刑峻法，不能从根本上解决问题。只有兴仁义之政，力求恤刑慎杀，才能使老百姓渐知廉耻，官民奉法，盗贼日渐减少。国家治理，不仅需要威严的法律，也需要厚重的道德。法德兼治是文明进步的方向，亦是文明发展的动力。法律是准绳，任何时候都必须遵循；道德是基石，任何时候都不可忽视。在国家治理中必须坚持把法治和德治有机地结合起来，使法治和德治在国家治理中相互补充、相互促进、相得益彰。法

---

[1] 《春秋繁露》卷九。
[2] 《贞观政要·仁义》。

德兼修，就是在社会生活中立法又立德，让两者齐头并进，相得益彰。

近代以来，中国政治伦理生活在曲折中前进，经历了一个对传统政治伦理批判、否定和超越的发展过程。近代中国政治伦理的嬗变围绕着一个核心线索，即试图超越传统政治伦理的宗法性和等级性而朝向政治伦理的平等化和彰显个体自由、建构合乎法治精神的政治伦理体系。新中国的成立，建立了人民当家作主的国家政权，并在新的基础上开始了德法兼治和建设社会主义核心价值体系的政治文明建设历程，使中华民族政治道德生活发展到一个新的阶段。

第六章 文艺、休闲彰显的道德价值追求与道德教化

道德生活不是孤立自存的生活类型或现象，而是渗透和贯穿在人们日常生活的各个方面，并与社会的经济生活、政治生活和文化生活密切联系在一起，既受社会的经济生活、政治生活和文化生活的支配与影响，同时也以自己特有的价值引领、道德评价、伦理规范、美德养成深刻地影响着社会的经济生活、政治生活和文化生活，从而使社会的文化生活和休闲生活打上了道德生活的烙印。文学艺术、休闲娱乐在受到道德价值规范与引领的同时也成为道德生活的重要载体，而道德教化也运用"诗教""乐教"等影响人们的道德生活。

第一节 诗词歌赋中的道德价值追求

诗词歌赋，是对我国文学作品及其创作、欣赏的概称。中国是诗词歌赋的国度，历代名家辈出，从先秦的《诗经》《楚辞》，到两汉时期的《汉赋》，再到唐诗、宋词、元曲以及对联、诗论等，精品如林。中国人钟情于诗词歌赋，创作了大量诗歌、韵文

作品，并形成了"文以载道"的传统，从而使得中国人的道德生活有了独特的韵味和足以使其隽永升华的载体。

一、《诗经》《楚辞》接橥的道德生活意蕴

中国是诗的国度，诗歌创作及其作品源远流长，是中国文学中最早诞生的艺术形式之一，也是在中国文学中发展得最充分的文学体裁。《诗经》和《楚辞》是中国诗歌的源头，对后世产生了深远的影响。

（一）"风""雅""颂"彰显的道德生活

《诗经》是中国历史上第一部诗歌总集，共收录自西周初年（前 11 世纪）至春秋中叶（前 7 世纪）大约五百多年的诗歌 305 篇，分为"风""雅""颂"三部分。《风》指十五个诸侯国的民间歌曲，共 160 首；《雅》是周王朝国都附近的乐歌，共 105 篇；《颂》是国王用于宗庙祭祀的乐章，旨在歌颂祖先的丰功伟绩和鬼神的巨大威灵，包括祭歌、赞美诗等，共 40 篇。《诗经》被列为儒家五经之一，在封建社会被应用于社会教化的重要工具。传《诗》的目的"以是经夫妇，成孝敬，厚人伦，美教化，移风俗"。[1]

《诗经》所反映的社会生活和道德生活内容大体可以概括为以下几个方面：第一，记叙了自周始祖后稷出世到武王灭商的许多传说和历史。《诗经·大雅》中的《生民》《公刘》《绵》《皇矣》《大明》五篇长篇叙事诗，记述了周民族历史的演进，向世人展现了周民族生聚繁衍和不断壮大发展的非凡历程，其中充满着

---

[1]《毛诗序》。

历史的自信和对本族历史的自信和价值的认同，歌颂了公刘、文王、武王等国君的殊勋茂绩和伦理美德。

第二，反映社会丧乱，描写战争苦难，揭露周厉王和周幽王两代政治腐朽，以及统治者与庶民百姓之间矛盾的诗歌。如大雅中的《桑柔》《抑》，《小雅》中的《十月之交》《正月》《采薇》等。

第三，表达劳动人民反抗剥削和压迫的作品。代表作有魏风中的《伐檀》《硕鼠》，唐风中的《鸨羽》，邶风中的《北风》等。

第四，描写劳动的情景及其辛劳的作品。《诗经》里有很多描写劳动人民劳动情景的诗，如《鄘风·桑中》《唐风·采芩》《邶风·谷风》《豳风·伐柯》《周南·芣苢》等。

第五，描写青年男女对爱情生活的追求和婚姻的甜蜜与痛苦等的作品。如《郑风·兮》《郑风·将仲子》《邶风·静女》《召南·野有死》《郑风·溱洧》《陈风·泽陂》《唐风·葛生》《周南·卷耳》《卫风·伯兮》《秦风·晨风》《王风·君子于役》等，有的表达了男女相会的自由纯真，有的描写了失恋、单恋、相思的痛苦，有的则表现了反抗父母的束缚。《诗经》中的思妇、弃妇诗，真挚的感情和哀婉的故事中也散发着一股伦理气息。

《诗经》中所体现的人文关怀涉及人们生活的各个方面，也涉及人们生存状态的各个层面。可以说，《诗经》是一部真正以人为本、展示人的世俗生活与情感的妙作。《诗经》推崇的"风雅精神"在个体层面表现为士人文质彬彬的君子之风，是人们推崇和追慕的气质风度；在社会层面，又因为《诗经》集中反映了以周礼为导向的和谐、文明、有序的社会生活，"风雅精神"也就和古代中国的伦理道德建设广泛关联，关乎家国天下的风尚再造。孔子曰："《诗》三百，一言以蔽之，曰思无邪。"[1]《诗经》中的"风雅精神"是以心灵的纯正为底色的。孔子还曾谆谆告诫儿子孔鲤："不学《诗》，无以言。"这意味着"风雅"不应只是内在精神的充实和雅正，而且也需要外在彰显，将"风雅"体现到语言及仪容上。《诗经》中的《周颂》与《大雅》多为祈祷赞颂神明的乐歌，主要用于祭祀礼仪或重大典礼中，彰显出一种正大之气。《诗序》云："颂者，美盛德之形容，以其成功告于神明者也。"《大雅·烝民》："天生烝民，有物有则。民之秉彝，好是懿德。"

（二）楚辞与屈原的人格追求和美政理想

战国时期，在南方的楚国产生了一种具有楚文化独特风采的新诗体——楚辞（骚体）。楚辞句式长短参差，以六言、七言为主，多用"兮"字。楚辞的奠基人和主要作者屈原将遥远的上古神话传说、虚幻神秘的楚地巫风以及个人超群出众的想象力糅合起来，创造出一种新的节奏形式，自觉地追求清词丽句。屈原一生忠于理想，是一位"博闻强志，明于治乱"的政治家，也是一位有理想、有远见和持正不阿的爱国志士。

《离骚》是一首个人理想化的人性美与国家理想化的"美政"融为一体的颂歌。坚持人格的完美，保全人的美好的自然本性，不愿妥协从俗是屈原《离骚》的主旋律。屈原通过"芳草""美人""好修""信洁"等词语，反复强调人格美的可贵可爱。屈原年轻时就非常注重自己的品德修养和才能的锻炼。他"纷吾既

有此内美兮，又重之以修能。扈江蓠与辟芷兮，纫秋兰以为佩"。说明屈原自己具有美好的品质和远大的抱负。在《离骚》中，屈原强烈地表示了自己不愿与奸佞小人同流合污的气节和志向。他用"混浊"二字来描绘当时的社会现实："世混浊而不分兮，好蔽美而嫉妒"，"世混浊而嫉贤兮，好蔽美而称恶。"他知道不与奸佞小人同流合污必定会招来横祸，但为了国家和人民的根本利益，仍昂首前行。在孤危无援的环境中，他宁肯自己承受迫害，也要坚持美与善的理想，绝不向恶势力低头。他坚信自己为之奋斗的理想是正义的，并决心为实现理想而斗争到底："民生各有所乐兮，余独好修以为常，虽体解吾犹未变兮，岂余心之可惩！"

二、汉赋、汉乐府民歌彰显的道德生活旨趣

汉赋是在汉朝形成的一种有韵的散文，其特点是散韵结合，专事铺叙。赋作为一种文体最早是在战国后期的楚国开始兴起来的，它的主要特点是"不歌而诵"，适宜于口诵朗读。从赋的内容上说，侧重"体物写志"。西汉前期，由于文化政策相对宽松，优待士人，一改秦代以法为教、以吏为师的暴虐，故而使战国后期从楚国开始兴起的赋体文学，得以利用四海统一所提供的契机向前发展。西汉中期从武帝至宣帝九十余年间，是汉赋的鼎盛期。这一时期，政权巩固，国力强大，疆域辽阔，为汉赋的新兴提供了雄厚的物质基础；而统治者对赋的喜爱和提倡，使文人士大夫争相以写赋为能事，汉赋遂成为这一时期文人创作的主要文学样式。君主提倡于上，群臣鼎沸于下，使献赋考赋成为一种风尚。

汉赋分为骚体赋、大赋、小赋。骚体赋代表作为贾谊的《吊屈原赋》《鹏鸟赋》，它直接受屈原《九章》和《天问》的影响，保留着加"兮"的传统，其语言是四言和散句的结合，表现手法为抒情言志。贾谊的《吊屈原赋》是借悼念屈原抒发愤慨，虽吊逝者，实为自喻，吊屈原就是吊他自己。

大赋又叫散体大赋，规模巨大，结构恢宏，气势磅礴，语汇华丽，往往是成千上万言的鸿篇巨制。枚乘《七发》是散体大赋的代表作。《七发》批判了统治阶级腐化享乐生活，说明贵族子弟的这种痼疾，根源于统治阶级的腐朽思想，一切药石针灸都无能为力，唯有用"要言妙道"从思想上和心理上予以治疗。司马相如是汉赋的卓越代表，《子虚赋》《上林赋》是他的代表作。这两篇赋借楚使子虚和乌有先生、亡是公三人的对话联结成篇。作品先由子虚和乌有先生互相夸耀楚齐游猎的盛况，最后由亡是公以天子上林苑的壮丽、游猎规模的盛大以压倒齐楚，表现了汉天子君临天下的声威，这也是它受到汉武帝激赏的重要原因。

小赋扬弃了大赋篇幅冗长、辞藻堆砌、缺乏情感的缺陷，表现出篇幅较小、文采清丽、讥讽时事、抒情咏物的特点。

汉乐府民歌是汉乐府的精华。汉乐府民歌继承《诗经》民歌"饥者歌其食，劳者歌其事"的现实主义传统，多"感于哀乐，缘事而发"，通俗易懂，长于叙事，富有生活气息，句式以杂言和五言为主，体现了诗歌艺术的新发展。汉乐府诗歌最大、最基本的艺术特色是它的叙事性。它没有固定的章法、句法，长短随意，整散不拘，一般都是口语化的，同时还饱含着感情，饱含着人民的爱憎。《陌上桑》叙述了采桑女秦罗敷拒绝一个好色的"使君"的故事。诗中的主人公秦罗敷，既是来自生活的现实人物，又是有蔑视权贵、反抗强暴的民主精神的理想形象。在她身上集中地体现了人民的美好愿望和坚贞、睿智的高贵品质。《孔雀东南飞》的男女主角焦仲卿和刘兰芝是一对恩爱夫妻，他们的婚姻是被外力活活拆散的。焦母不喜欢兰芝，她不得不回到娘家。刘兄逼她改嫁，太守家又强迫成婚。刘兰芝和焦仲卿分手之后进一步加深了彼此的了解，他们之间的爱愈加炽热，最后双双自杀，用以反抗包办婚姻，同时也表白他们生死不渝的爱恋之情。

相和歌辞中的《东门行》《妇病行》《孤儿行》表现的都是平民百姓的疾苦，是来自社会最底层的呻吟呼号。

三、唐诗、宋词展现的家国情怀与人生哲理

唐诗、宋词是中国文学史上的两颗明珠，唐代被称为"诗的时代"，宋代被称为"词的时代"。宋词与唐诗并称，不唯标示"一时代有一时代之文学"，而且也说明，宋词是庶几可与唐诗媲美的一大诗体。唐诗宋词都既受当时社会道德生活的影响，又反映和揭示了当时社会的道德生活。

（一）唐代诗歌揭示的生命意义和价值追求

中国诗歌自诗经、楚辞之后，经历了汉代乐府和六朝诗的发展，为唐代诗歌的繁荣提供了宝贵的借鉴。

唐开国之初的诗人都是当时的风云人物，他们均有较深厚的文学修养，又都受齐梁文风的影响，使其诗歌散发出新鲜气息。太宗的《帝京篇》，胡元瑞曾赞扬它"藻赡精华，最为杰作"。魏徵的《述怀》气韵高古，虞世南的边塞诗，雕琢精警，风格苍劲。高宗时期，王勃、杨炯、卢照邻、骆宾王称霸诗坛，号称四

杰。他们的诗作一方面承袭齐梁遗风轻艳绮丽，另一方面力图突破宫体诗呈现出新的倾向和精神。他们热衷抒写建功立业的壮志豪情与悲欢离合的人生感慨。他们的诗歌创作，从宫廷走向市井和社会人生。杜甫说"王杨卢骆当时体"，"不废江河万古流"，可谓确当之论。张若虚的《春江花月夜》"人生代代无穷已，江月年年只相似"，表达了诗人独特而深刻的人生感悟。陈子昂提出汉魏风骨，以振衰起敝，端正诗歌发展的趋向，为以后唐诗的发展和繁荣打好了基础。他的《登幽州台歌》，短短二十二字，诗人思绪跨越时空，纵横万里，缅怀往昔，感慨当今，成为千古绝唱。

以高适、岑参为主，并有王昌龄、李颀等人共同形成的边塞诗派，表现了驰骋沙场、建立功勋的英雄壮志，抒发了慷慨从戎、抗敌御侮的爱国思想，同时也反映了征夫思妇的幽怨和战士的艰苦。李白和杜甫，代表着盛唐诗歌的高峰。李白以儒家的兼济天下思想为主，道家的功成身退思想为辅，创作出许多抨击黑暗政治、蔑视腐朽无能的权贵、冲击封建礼教的光辉诗篇。安史之乱的爆发是唐代由盛而衰的转折点。这年杜甫写出了震古烁今的杰作《奉先咏怀五百字》，此诗是杜甫在长安往奉先县途中的亲身见闻和感受，凝聚了他对社会矛盾尖锐的深刻透视和对贫苦百姓的无限同情。后来杜甫还写了《悲陈陶》《哀江头》《春望》《北征》《洗兵马》、"三吏""三别"、《秦州杂诗》《秋兴八首》等一系列具有高度爱国主义精神和热爱人民的伟大诗篇，全面而深刻地反映了当时的社会现实，被后人称为"诗史"。

中唐时期的诗人白居易写了《秦中吟》和《新乐府》等伟大作品，他的长篇叙事诗《长恨歌》《琵琶行》在当时和后世都产生了重大的影响。

晚唐时期的杰出诗人有杜牧和李商隐。杜牧具有政治抱负而不得施展，在《河湟》诗中，他对朝政的混乱和国势的衰微表示无限的忧愤；在《早雁》中对边地人民表示深深的同情。他的律诗、绝句成就最高，咏史诗也很著名，对历史上兴亡成败的关键问题发表独到的议论，这种史论绝句的形式，颇为后来文人所仿效。李商隐在牛、李党争中站在李德裕的革新力量一边。当李党处于无可挽回的失败情况下，他却用自己的一支笔为之申冤辩诬，表现了他坚持进步倾向、追求理想的气概和品质。

（二）宋词所展现的道德生活

宋词基本分为豪放派和婉约派两大类。豪放派的代表人物主要有苏轼、辛弃疾、岳飞等。婉约派的代表人物主要有南唐后主李煜、宋代女词人李清照等。宋词初期极尽艳丽浮华，流行于市井酒肆之间，像曾因写过"且把浮名换了浅斟低唱"而得罪了当时皇帝的柳永，郁郁不得志，一生就流连于歌坊青楼之间，所谓"凡有井水饮处，必有柳词"之说。

北宋中期以后，苏轼首先举起改革旗帜，开创了豪放一派，不仅打破了词的狭隘的传统观念，扩展了词的内容，而且还丰富了词的表现手法，提高了词的意境。在苏轼之前，宋词流连于写作男情女爱与离愁别恨，而苏轼开始在词中强烈表现个人建功立业的愿望和明确的爱国主题，其词风开始呈现出浪漫主义的精神与气概。

抗辽、抗金、抗元几乎贯穿了大半个宋朝。岳飞《满江红·写怀》表现了岳飞对金贵族掠夺者的深仇大恨，对收复河山的雄心壮志和忠于朝廷的赤诚之心。

南宋时期，宋词开始出现空前的繁荣局面，大家辈出，名作纷呈。辛弃疾、陆游、姜夔等人继承并发展了苏轼开创的豪放派，使得词的内容越发博大精深，风格更为浑厚雄健，把宋词的创作推向了高峰。辛弃疾秉承苏轼的抒情范式，沿着南渡志士词人的创作方向，写出了多首讴歌北伐、收复失地和解救同胞的词作。与辛弃疾同时代的陆游、陈亮、刘过，与辛弃疾交往甚密，其词作深受辛弃疾影响。

南渡词人李清照亲身经历了由北而南的社会变革，她的生活遭遇、思想情感发生了巨大变化，其词作内容更贴近现实生活，情感更显得沉郁忧愤，由明丽清新变为低徊惆怅、深哀入骨。她自成一家，独创易安体，词风朴素清新，手法细腻完美，并且雅俗兼用，达到了形式和内容上的和谐统一，被誉为婉约之宗。

宋末元初遗民词人在都城沦陷、国家破亡之际，用词来抒写亡国的悲恨、对故国的哀思和流离的痛苦。与南渡词人不同的是，遗民词人的亡国之痛、故国之思包含着无可奈何的绝望，而缺乏南渡词作那种抗争精神，只有低沉的哀吟，而无高亢的怒吼。同时，身为遗民，也不能像南渡词人那样直接坦露亡国之痛和故国之思，而只能用曲折委婉的方式，比兴象征的手法，含蓄地表达深沉的亡国痛楚。

四、"文以载道"的创作主旨与精神追求

中国诗词歌赋、散文小说的创作、欣赏同伦理道德一直有着一种最为密切的关系，"文以载道"始终占据着主流和主导的地位。

作为传统属文的重要创作宗旨，"文以载道"思想源于先秦，

正式确立和成熟于唐宋，自此被视为文章写作的基本原则，以此排斥文章的艺术审美追求。本质上，"文以载道"并非是一个笼统的、一以贯之的理念，由于其间涉及人们对"道"的认识，"文"与"道"的关系等一系列问题，"文以载道"思想实际上包含了以下三个时间上相续、思想上相承的内容。

首先是"文以有道"，这是"文以载道"思想的发轫期。在"文""道"关系方面，强调"文"不能单纯地叙事、抒情或记录等，而是要包含"道"，至于"道"是什么，却并未形成一个统一的认识。这在先秦时期已有端倪，《诗经》中的"雅"多以歌颂文王、武王之文德武功为主。到孔子那里，在与弟子讨论"文"与"质"的问题时，初步明确了"文以含道""文以有道"的主张。如子夏问孔子："'巧笑倩兮，美目盼兮，素以为绚兮'何谓也？"孔子答曰："绘事后素。"[1]以"仁"与"礼"的关系为类比，指出文与质的关系：仁义为内、为质，礼乐为外、为文。而在与另一个弟子的讨论中，孔子进一步强调了自己的观点："质胜文则野，文胜质则史。文质彬彬，然后君子"[2]。因此，根据孔子，"文"无论是文饰、仪容还是口才，都只是外在的，只有内在的精神、品质才是本质。文章如君子，当"衣锦尚絅"，"怀明德，不大声以色"[3]，教民于无声无息之中，所以，"孔子成春秋，而乱臣贼子惧"[4]。后来的孟子提出了"知言养气"说，认为要判别文章的好坏必须把作品与作者的道德修养联系在一起。

---

[1] 《论语·八佾》。

[2] 《论语·雍也》。

[3] 《中庸》。

[4] 《孟子·滕文公下》。

无论是孔子的文之"质"还是孟子的文之"气"都与道有着密切的关系，它们或者是道、或者是对道的显扬。在处理文与道的关系上，士人们还处于一种直觉的、探索的状态。

其次是"文以明道"，这是"文以载道"思想持续发展期。与之前的"文以有道"相比，这已把文和道明确并举，文成为道的反映，文的目的在于证明和彰明"道"的价值。"文以明道"的思想由荀子奠基，荀子把"道"立足于儒家的仁义道德，躬行可得，不是玄妙的天理，而是人世间的道德规范和行事准则。到魏晋南北朝时期，刘勰在《文心雕龙》中对荀子的"文以明道"思想加以明确。在接受儒释道三家思想的基础上，他首先对"道"做了超越向度的阐释，使之由人间的、躬行的规范变成形而上的根据，继而提出"道沿圣以垂文，圣因文而明道"[1]的文道关系模式。在后来的《征圣》和《宗经》中，刘勰把"道"直接联系到儒家圣贤之道，将儒家之道提升为天地间恒久之至道，使之具有超验的意味。在他看来，"道"外化为文章，最能体现"道"的文章就是儒家经典，而儒经又是天下文章之总源。但他并没有以道抑文，而是立足于文以明道，创建了道—圣—文的思维模式。迨及唐代，柳宗元承续了这一"文以明道"思想，进一步确立了文道并重的模式，使文能够在一定程度上具备独立的审美价值、认识价值，而道也由形而上的公理内化为文的精神和规律。

再次是"文以贯道"，这是"文以载道"思想的定型化、制度化时期。"文以贯道"由韩愈提出，他将"道"明确为儒家之道，道的内涵就是儒家伦理教化的内容。而且韩愈认为道可以贯彻、

---

[1]《文心雕龙·原道》。

推演到生活日用当中去，这样，道就可以成为从容践行的生活信条，也是可以完成的人生目标。通过对"道"的阐述，韩愈倡先秦儒学，把单纯的儒家伦理教化思想扩大为有益于世道人心的道理，为"文以贯道"提供了理论前提。继而，在道文关系上，韩愈认为，道优先于文："然愈之所至于古者，不惟其辞之好，好其道焉尔。"[1]虽然韩愈之后学李翱将其思想加以贯彻，但并未成为唐代文学之主流，如李商隐就曾云："夫所谓道，岂古所谓周公、孔子者独能邪？"[2]质疑儒家之道的绝对性，而唐代的散文等仍多以"文道并重"为主。

直到北宋，周敦颐在"文以贯道"的基础上，明确表述"文以载道"思想，把"以文载道"视为属文之最高境界。朱熹在把"道"提升到宇宙天理的高度后，更是将"文以载道"思想推向极致，指出："道者文之根本，文学道之枝叶，惟其根本乎道，所以发之于文皆通道也。"[3]视"道"为"文之根本"，认为"文皆是从道中流出"。此后，"文以载道"成为文人属文之时必须遵循的普遍原则。

总之，"文以载道"思想在中国源远流长，从先秦对"文以有道"的价值探索、魏晋对"文以明道"的价值诉求，直到唐宋由"文以贯道"而"文以载道"的价值定格，都是强调文章的功能主要在于承载、阐明和传达"道"。通过"文以致用"，中国的文人一方面自觉地将个体的发展融入整个社会、历史发展的洪流之中，将个体的价值完善与整个国家、民族的命运紧密联系在一

---

[1]《提欧阳生哀辞后》。

[2]《上崔华州书》。

[3]《朱子语类》卷一百三十九。

起，而非"两耳不闻窗外事，一心只读圣贤书"。另一方面所谓文学工具论也使中国的文学自此失去其艺术特征，而仅仅成为政治的、道德的教化工具。

第二节　琴棋书画与精神世界的鸣契

琴、棋、书、画是中国古代文人抒发人生情怀和美化生活的重要手段，同时也为普通百姓所接受，进入寻常百姓家，成为点染和丰富休闲生活的方式。琴有琴道，棋有棋道，书有书道，画有画道，而人们在抚琴、对弈、书写、绘画之中所形成的对"道"的认识、体悟和感受内化为"德"，从而使闲暇生活获得了伦理道德的价值支撑并成为道德生活的重要类型。

一、琴风及其所追求的精神生活韵味

琴始创于民间，《宋史·乐志》载"伏羲作琴有五弦""至周之文、武，谓五弦未足以尽清声之变也，于是加二弦谓之少宫少商，而声乐备矣"，后流入宫廷，与古代哲学尤其是儒道思想汇融而演绎为"国乐之父""圣人之器"。在强调礼乐教化的传统中国，琴是每个士人必修之艺，有"士无故不撤琴瑟""左琴右书"之说。中国的琴风，不求乐器本身的宏大音量和演奏者自身的高超技巧，而以其独特的音色、醇浓的韵味及深刻的内涵和情感的陶冶来求得内心世界的满足和愉悦，注重的是人的精神世界的陶铸和道德价值的追求。抚琴作画、吟诗远游和对酒当歌是古代士人日常生活的生动写照。琴被文人们视为高雅精神、高洁品质的象征，他们以音乐为载体，在习琴、闻曲中体悟生命的价值、人

生的意义，修炼自己的情操品格。因此，虽然琴在后世发展过程中，形成了不同的流派，但其主旨都意在表达古代文人的自然观、道德观和人生观，并将它们都渗透在自己的道德生活之中。

首先，琴蕴含着中国古人尤其是文人"天人合一"的宇宙观、自然观。这可以从琴体、琴音和琴曲等方面得到展现。初民按照他们的自然观来建构琴的造型。琴体的各部位分别象征着天、地、八风、四气、五行等自然物，其中既包含初民对自然的神秘崇拜，亦有从这种原始崇拜向理性精神升华的产物，如对数字五的运用，空间方位的理解，鲜明地表达了中国古人的"天人合一"自然观。另一方面，还可以从琴音中得到形象的呈现。琴的七根弦通常由多股蚕丝合成，弹之抚之即发出玉玉相触般的悦耳之音，如同天籁，浑厚悠远。音的本质是"和"，合于天地是音乐的最高境界，琴恰如人与自然进行沟通与交流的媒介。在琴音萦绕缥缈中，人与悠远、博厚、高明的天地融为一体，暂时忘记了世俗的功名利禄与是非得失。继而，琴音的这种功能往往借助琴曲，以"比兴"的手法，将自然之景或物比附以仁、义、道德等人文内涵，在表达一种空灵、质朴、博大的自然审美意境的同时，构成一种意境美、神韵美和人格美的"天人合一"的至高境界。

其次，琴寄寓着古代文人对高洁道德人格的追求，这从琴曲的创作主题、所表达的意境可窥一斑。纵观琴曲发展史，在内涵上大致可分为三类：一是叙述故事，通常以历史人物为主题，例如名曲《广陵散》以战国时聂政刺韩王的故事为题材，全曲包含"井里"（聂政的故乡）、"取韩"、"冲冠"、"投剑"、"长虹"五个部分，展现了聂政刺韩王的壮怀激烈场面，赞颂了一个普通百姓勇于反抗、宁死不屈的英雄气概，借助这一慷慨激昂的琴曲，表达士人对"不畏强暴"、大勇无畏等精神的追求。魏晋时期，《广陵散》成为琴家们最为推崇的琴曲，而嵇康临刑前"索琴弹之，曰：'昔袁孝尼尝从吾学《广陵散》，吾每靳固之，《广陵散》于今绝矣！'"[1]。完美诠释了此曲的精神实质和自己洁身自好、不愿同流合污的高洁人格。此外还有《胡笳十八拍》《昭君怨》《楚歌》《圯桥进履》《伯牙吊子期》等。二是直抒胸臆。如浙派琴人赵普，北宋初宰相，做琴曲《雪窗夜话》，以讴歌皇帝雪夜私访与他商谈国事，表达士人向往明君、仁君的政治抱负；《雉朝飞》则直抒人不如鸟之生存境遇。此类琴曲还有《古怨》《秋鸿》《醉渔唱晚》《长门怨》《别鹤操》《酒狂》等。三是借景抒情。魏晋南北朝以来，"道法自然"的哲学思想渗透在琴曲创作中，使琴曲成为继"山水诗"进入文坛后，受"道法自然"影响的又一产物，陶渊明"久在樊笼里，复得返自然"的自然主义追求是琴曲的主旋律，在琴曲《石上流泉》《潇湘水云》《溪山秋月》等以山水、风月等为审美对象的乐曲中，文人既寄情于山水，陶冶性情，感到身心舒畅，又深感山可使草木生长、鸟兽繁衍，水能滋润万物，无私无求地为人们创造财富的自然属性，皆为"仁、义、智"的美好象征。如《潇湘水云》是一首借景抒情之典范琴曲，它以云雾弥盖九嶷山暗示南宋国势的虚弱，表现一种爱国忧国的情感。明琴曲《平沙落雁》则将抒情性与情节的发展巧妙地结合在一起表达雁的鹏程远志，《天闻阁琴谱》题解云："盖取其秋高气爽，风静沙平，云程万里，天际士心胸者也。"鼓

---

[1]《晋书·列传第十九》。

励人要胸怀大志。而《幽兰》《梅花三弄》《秋鸿》等乐曲则通过兰的秀质清芬，梅的冰肌玉骨反映士人追求冰清玉洁、超然脱俗之品格。

最后，琴还表达了古代文人对理想生活境界的向往。古琴属于独奏性乐器，适宜文人雅士自娱，这种"曲高和寡"的特征使得琴千百年来总是与孤芳自赏联系在一起，而这也像极了士人孤傲自赏的人格精神。所谓"士志于道"，与普通大众所追求的世俗生活不同，古代文人更加注重日常生活的精神品质，追求一种自由不羁、洒脱自如的生活状态。因此，隐逸山林往往成为他们对仕途失意、现实失望后的理想选择，明琴曲《渔樵问答》正是反映士人因受统治者残酷镇压，深感祸福无常的危机，从而把自己构想的渔夫、樵夫在青山绿水间自得其乐的情趣，通过琴曲生动展现出来，表达出对渔樵悠然自得、飘逸洒脱自由生活的向往，希望摆脱世俗功名利禄的羁绊。琴瑟合奏，和谐美妙，"琴瑟和鸣"比喻夫妇情笃和好、婚姻生活和谐美满，为文人所向往。元朝徐琰的《青楼十咏·言盟》云："结同心尽了今生，琴瑟和谐，鸾凤和鸣。"最有名的琴曲《高山》《流水》成为千百年来文人求一精神同道人之名曲。而从琴与其他乐器合奏的寓意来看，史载的"琴箫合奏"不仅具有与高山流水同样的价值意蕴，更包含"君子和而不同"的儒家伦理内涵。吹箫抚琴自古以来被认为是绝配，为士人求个性有别其道归一之知己的至高境界。

二、棋趣与对弈黑白中的人生智慧

围棋在古代称为"弈""烂柯"等，被誉为中国古代棋类之鼻祖。在中国，饮茶、喝酒是一种非常普遍的社会现象，但由于对弈所要求的个体智识较高，所以对弈现象主要局限于中国古代的文人、士大夫等上层阶级，是他们日常放松、娱乐生活和修养身心的重要方式。

本质上看，围棋不仅是一种休闲娱乐的方式、一种竞技游戏，它从形式与内容上，将竞技与中国人的宇宙观、道德修养和人生体悟等融为一体，通过对弈，有助于拓展人的智力、锻炼人的意志和培养人的道德境界。

首先，在形式上，围棋由方形的棋盘与圆形的棋子组成，这实际契合了中国传统的"天圆地方"宇宙观，而棋子的黑白两色则代表了昼夜、阴阳的变化；棋盘上纵横的棋道构成了361个交叉点，除去中间的"天元"，恰好是传统农历一年的天数，棋盘的四角则有四季、四方之喻。就此而言，围棋虽小，却与园林赋有同样的"壶中天地""苞括宇宙"之功能。这样，当人们纵横与厮杀在这个"宇宙"中时，展现的是中国人对于自然、社会和人事的辩证智慧。

其次，通过对弈培养人们运筹帷幄的宏观思维、机动灵活的变化思维和坚定刚毅的意志。无论是围棋的形式，还是对弈所需的智慧，以及判断双方胜负的标准等都与军事作战类似，所以围棋自古都为军事家、政治家们所青睐，他们通过围棋的棋理研究战略和战术，深谙棋术的军事指挥者则往往是优秀的军事家。

最后，人们可以在对弈中坐隐忘忧，陶冶性情，这可以在围棋与诗歌绘画等休闲创作活动的关系体现出来。自东汉班固作《弈旨》以来，历朝历代涌现了大量吟咏围棋的诗词歌赋。唐朝时围棋与诗歌并举进入黄金时代，不仅涌现出许多围棋高手，而且许多著名的诗人都雅好围棋。被誉为"诗圣"的杜甫用"闻道长安似弈棋，百年世事不胜悲"（《秋兴八首》）的诗句表达自己忧国忧民的心绪，追求"且将棋度日，应用酒为年"的散淡悠然生活。唐代中期的诗人元稹和白居易并称"元白"，都酷好围棋。长庆元年（821），元稹邀请朋友到府中举行棋会，写下了《酬段丞与诸棋流会宿弊居见赠二十四韵》，诗中描绘了这次棋会上各方搏杀斗智的热烈场面，及爱棋人乐而忘忧的心情。而白居易的《池上二绝》有"山僧对棋坐，局上竹阴清。映竹无人见，时闻下子声"，寥寥数笔，就再现出两个僧人在一片竹林中对坐下棋的场景，表达出作者幽静闲雅、高远淡泊的心境与追求。宋文人士大夫都喜好围棋，范仲淹为政之余常寄情于棋，以"恶劝酒时图共醉，痛赢棋处肯相饶"展现其开阔豪放的性格，而一生起落坎坷的苏轼则以"胜固欣然，败亦可喜"的诗句生动反映他磊落超脱的人生境界。围棋很早就出现在各类绘画作品中，东晋时期的顾恺之作《水阁会棋图》，把在楼阁中与知己品茗对弈作为人生最惬意的事。

总之，作为中国最古老的棋类游戏，围棋中蕴含着丰富的宇宙自然、社会人事之理，黑白对弈中尽显人生的智慧与境界。

三、笔墨与书法挥洒中的人生气度

中国古代文人以书法和绘画等艺术创作来寄托个体的喜怒哀乐、人生的理想抱负，表达个体对社会、人生的思考，展现出自己的道德生活理想和人生价值追求。自古至今，无论是高居上位的执政者，还是孜孜以求的一介书生，他们对中华书法表现出由衷的钦敬，并使书法成为涵养心性、表达自己人生追求的艺术。

以东汉灵帝时期的《熹平石经》为例，据《后汉书·蔡邕列传》记载："及碑始立，其观视及摹写者，车乘日千余辆，填塞街陌。"此记述说明蔡邕书法在当时极受追捧，同时也说明当时士大夫对汉廷正字活动的响应与尊崇。书写的美观与拙陋反映的不仅是一个书者的能力，它更体现了书者对于所书之事的一种态度。中国书法是汉字实用基础上的艺术升华，尽管在书写时出于塑造形式美的原因，书家有处理汉字结构的相对自由度，但所书之字有字源可据，所书之文能传情达意却是成就一件书法佳作的基本条件。在中国书法史上涌现了诸多名家名作，其中既有《礼器碑》的清超遒劲，也有《兰亭序》的灵和潇洒，还有《颜家庙》的雄峻伟茂。正所谓"风格即人"，书家的人生观、价值观和道德观自然会影响到他的书法创作。

数千年间，不管汉字的形体如何演变，总有美不胜收之处。甲骨文之神秘美、大小篆之古朴美、隶体之端庄美、楷体之隽秀美、行书之飘逸美皆妙不可言。书法家经过长期的修炼与涵养，逐渐形成了自己对汉字造型的独特把握能力与书写节奏，笔锋或蹲或驻、或跳或舞，将那些平日里看起来古朴笨拙的"方块字"，变得摇曳生姿，气象万千。钟繇、王羲之、颜真卿、柳公权、张旭、董其昌等历代书法名家将汉字之美展示得淋漓尽致，他们留下的《贺捷表》《兰亭集序》《多宝塔碑》《玄秘塔碑》《古诗四帖》《草书诗册》等作品，可谓是无价之宝。中国古代书家芝（张芝）动、繇（钟繇）静、羲（王羲之）神、献（王献之）韵、旭（张旭）狂、素（怀素）畅、欧（欧阳询）峻、虞（虞世南）和、颜（颜真卿）筋、柳（柳公权）骨、苏（苏东坡）厚、黄（黄庭坚）奇、褚（褚遂良）伟、米（米芾）隽等等，尽管风格不一，但他们的作品本质相似——唯美而已。

四、绘画所展现的精神生活风范与意义

中国的绘画与中国的农耕文明、等级专制制度和中国的伦理型文化有着天然深厚的联系，其历史可追溯到新石器时代，这从考古发现的一些岩画和彩陶纹饰上可窥见一斑。原始时代的先民就开始作简单的线条画。有虞之时流行在服饰与旗帜上绘彩画。夏禹在鼎上绘制神怪之像。周代画作渐多，器皿衣物上常见山水鸟兽与帝王之像。秦汉时期，统一的中央集权制国家的建立推动了绘画艺术的快速发展，这一时期的绘画多取材于神话故事及历史上的典故，画风宏伟，人物画渐趋成熟。汉代，功臣像、圣贤像、佳丽像等人物像种类繁多，宫廷画师毛延寿就以善画人相而名于世，《西京杂记》中说他"为人形，丑好老少，必得其真"。魏晋南北朝时期是佛教进入中国的关键时期，随之兴起的佛教题材画像受到追捧，东吴曹不兴、东晋顾恺之、南朝宋陆探微、南朝梁张僧繇等"六朝四大家"皆工于佛画。此一时期，由于受玄学清逸思想的影响，还涌现大量以山水花鸟为创作主题的画作，山水画独立成科。迨及隋唐，国家的再次统一和经济的繁荣，促使绘画艺术迅速发展，在传统绘画的基础上，引入佛禅思想，涌现出诸如吴道子、周昉、李思训、展子虔、王维等一大批受佛禅影响的画家，他们以禅入画，如王维"画罗汉佛像至佳"。画圣吴道子擅画佛画，成就卓然，对后世影响至深。两宋时期，政府还专门设置了绘画机构来促进绘画艺术的发展。到了元明清时期，山水画、花鸟画都比较普遍，著名画家层出不穷，既有"四僧"，又有"扬州八怪"。这些画家将自己的绘画与诗词书文紧密

结合，创作出了无数传世佳作。

从总体上看，中国绘画创作的主体多为文人，他们所创作的画自成流派，赵孟頫名之"文人画"。这些文人无论是在描画山水人物，还是在写意花鸟植物，都并非简单地对自然进行描摹，而是凝聚着他们的情感、情绪与价值追求。

首先，这些文人借助绘画表现出自己的隐世理想，希望通过诗意栖居来实现人格的自由。这主要由他们所创作的以高山、流水、高士、渔隐等为主题的画作体现出来。"竹林七贤"之魏晋风骨、陶渊明之田园诗、王羲之兰亭行草、谢灵运之山水诗为这一主题创作奠定了主观性情与客观对象。南北朝的王微在《叙画》中写道："望秋云，神飞扬；临秋风，思浩荡。"清代恽寿平在《瓯香馆画跋》中说："春山如笑，夏山如怒，秋山如妆，冬山如睡。"山水画为士人提供了一个独特的精神家园，诗意栖居之地。士人从自己的山水画，寄寓远离尘世的理想，融入忘情于自然的自由心境。

其次，中国古代士人通过绘画创作来折射出"道""势"的尖锐斗争，表明自己保持高洁人格，不向"势"屈服的坚定信念，反映出一种近乎"自恋式"的矫情。这主要体现在画作多以梅、兰、竹、菊等为主题。在这些文人眼里，梅、兰、竹、菊不是单纯的自然景物，而是君子的化身，故称"四君子"。其中，梅冲寒斗雪，象征玉骨冰肌和孤高自赏；兰清雅幽香，比喻芳草自怜和洁身自好；竹虚心劲节和直竿凌云，寓意虚心谦让和高风亮节；菊的凌霜而荣则表达孤标傲骨的精神追求。通过这些植物的绘画创作，文人抒发内心或豪迈或抑郁的情绪，表达自身清高文雅之德。

如果说中国古代的文人通过创作山水画表达自己不问世事、淡泊名利的避世、隐世理想与追求的话，那么以佛、禅为主题的绘画则表达了他们对看破红尘、勘破世事的出世主义理想。自古，儒家的"入世"与释家的"出世"一直是中国古代文人的两种处世态度和人生道路。自唐建立科举考试制度以后，读书以求官、学而优则仕成为中国人最大的人生目标。入世为官，官场失意则隐世出世。"遁避红尘，寄情林泉"几乎是中国古代大部分落魄文人的精神归宿，因此，不仅山水画那些带有革庐茅舍的山川景象被作为"出世者"的家园，佛教东来之后，更以佛释画来寄托自己的出世主义理想。

总之，深深浸润了儒释道精神的中国文人，祈望借助绘画创作来脱离世事纷扰、世俗纷繁和功利纷争，以追求心灵和精神的高度自由，孔儒的"比德"思想使他们着力于物性与人格之间的内在联系；庄道的"畅神"思想给其以"天境"与"心境"的互通往来；释迦的"虚空"思想赋予其"有即无""无即空"的意念指示。"在心为志，发而为声"，用这种特有的方式，文人以"无声"而"发声"，实现近乎"自恋""自娱"和"自慰"的精神自我救赎。

第三节　茶酒与乐山乐水的生活情致

在古代文人的日常生活中，除了琴棋书画、诗词歌赋之外，还有品茶、饮酒及寄意山水等其他休闲方式，也同样含有"道德"的意蕴，在表现中国人生活意趣的同时，反映出传统中国人的道德追求与人生境界。

一、品茶和对人生意义的感悟与体味

饮茶是最具有鲜明中国特色的生活现象，从普通百姓到文人墨客，把饮茶作为一项重要的日常休闲活动，从饮茶中品味出人生的智慧，并由饮茶提炼出茶经、茶道，把儒家的文雅含蓄、佛家的空灵静寂和道家的幽玄旷达思想都融贯于其中。

我们今天所熟悉、并影响今人生活价值的茶道肇始于唐，成熟于明，在精神实质上经历了一个从繁到简，逐渐走向自然主义的发展过程。在唐代，诗僧皎然有"三饮便得道"之说，封演在《封氏闻见记》中论述了茶道："楚人陆鸿渐为茶论，说茶之功效，并煎茶炙茶之法，造茶具二十四事，以都统笼贮之：远近倾慕，好事者家藏一副。有常伯熊者，又因鸿渐之论广润色之，于是茶道大行，王公朝士无不饮者。"但这一时期认为"对花饮茶，自然怡情"是煞风景的行为。到了宋代，商品经济的发展推动了日常生活的审美化，饮茶与宋文人所追求的澄心净虑，重视内省的精神取向相吻合，使得饮茶成为文人雅士修身养性之必备。同时，这一时期，从皇族到士大夫、文人阶层开始兴起斗茶之风。宋徽宗在《大观茶记》中对于当时的这一现象做了记述："天下之士，励志清白，竟为闲暇修素之玩，莫不辞玉锵金，啜英咀华，较筐之精，争鉴裁之别，虽下士于此时，不以蓄茶为羞，可谓盛世之情尚也。"斗茶成为当时人们魂牵梦绕的茶道表演活动。明代社会崇尚返归自然、天人合一的价值取向，使得"茶道"出现大的转折，这一时期不主张斗茶，不再讲究添加贵重的香料，并创造出泡散茶的风气。清代延续了明所形成的崇尚自然的茶道，直到今天。

本质上，茶道是通过饮茶活动获得精神思想上的享受与满足。对于其内涵，学界有不同的观点，如有认为"茶道"中蕴含七种义理：茶礼、茶艺、茶情、茶德、茶理、茶学说和茶引导。其中"茶理""茶情"强调与事物相容兼济，以达到和乐境界；"茶学说"倡扬茶道；而"茶艺""茶礼""茶德"则突出了人在与自然的会合中修养情性，以更好地契合天道；"茶引导"则更加追求"天人合一"的道义境界。周文棠先生则把茶道分为三类：茶艺类、风雅类和修行类。茶艺类茶道则是研究影响茶汤品质的因素，提升茶汤品质，体现人文精神；风雅类茶道是把饮茶的物质享受与文化艺术享受相结合，使饮茶成为文艺欣赏活动；修行类茶道讲究饮茶环境的清幽，讲究独自饮茶品茗的悠闲，以得茶之神韵，饮茶成为参禅修行的必要途径。综合诸说，可以看到中国茶道中蕴含着丰富的贵德精神，茶道以水为茶母，所谓"上善若水"，即是其重德的反映。这些德主要包括"真""静"与"和"。

首先，"求真"是中国茶道的核心内容，也是中国茶文化的魅力所在，尤其是当茶道融入道家清逸自然的思想而走向自然主义以来。所谓"人法地，地法天，天法道，道法自然"，茶道求的真实际上就是"自然"，越接近自然的越真纯。茶道求真可以从茶味、茶茗和泡茶之法等各个层面表现出来。

其次是"崇静"，这是中国茶道中最基本的内容，也是中国茶道修习的不二法门。这里的"静"既指品茶环境的清净，更指清净心，强调从"静"入"净"，前者是前提，后者是结果。只有内心清净，抛却杂念才会不受外界干扰，用一颗纯粹的心去看待这个世界。故士人多以饮茶修身。

最后是"尚和"，这是中国茶道的至高境界和最高追求。作为儒释道共同追求的人生理想境界，"和"包括人与自身之和，在品茶中达到心意合一，即内心的清净、空寂。人与自然之"和"，爱茶之人，对于潺潺溪流、皎皎月光、苍松翠竹都有发自内心的喜爱之情，这些自然美景成为品茗论道的首选之地，在天地万物之中，体会自然的本性，发现自然的真美、纯美。还有人与人之"和"，不像酒性之烈，茶性主平和，因此可以在饮茶中使主客都能轻松和谐，持之以恒，就能以平和之心境，谦和之态度，实现人与人的共融和谐。

总之，自茶道形成以来，文人名士通过日常的品茶活动修身养性，民间百姓也超越了茶的自然属性，赋予其丰富的道德内涵，例如在民间婚礼中，茶历来是"坚定、纯洁和多子多福"的象征。明代许次纾在《茶流考本》中云："茶不移本，植必生子。"在古人看来，茶树不能移植，可象征爱情的坚贞不移；茶性最洁，可示爱情冰清玉洁；茶树又四季常青，可寓爱情永世长青、白头偕老；茶树多籽，可象征子孙绵延繁盛。因此，民间男女订婚，要以茶为礼，取其"不移志"之意，茶礼成为男女之间确立婚姻关系的重要形式之一。

二、饮酒与酒文化的道德生活意蕴

中国人历来喜欢饮酒。与品茶一样，饮酒在中国人的道德生活史上也占据着一个重要的地位。饮酒不仅融于人们的精神生活中，甚至渗透到社会生活的各个领域，在丰富人们道德生活的同时，自身也独立为有着深厚道德内涵的文化象征符号。

中国人尤其是士人阶层由于服膺于不同的哲学精神，在生活追求、行为特征和精神气象显示出差异，而且这些差异也在他们饮酒的目的、饮酒的态度等方面得到具体的体现。一方面，饮酒是为了获得精神上的自由，通过狂饮乃至于醉酒，使自己能够忘却生死和现实荣辱，不为物役，获得精神上的解脱。这种态度和追求源自先秦道家，庄周主张精神的逍遥，倡导"乘物而游""游乎四海之外""无何有之乡"，追求"天人合一""物我合一""齐一生死"。宁愿做在烂泥塘里摇头摆尾的自由乌龟，也不做昂首阔步受人束缚的千里马，强调个体的生命意义、主体的审美体验等。纵观文学史，文人的日常生活、创作生活往往与酒联系，通过醉酒摆脱现实礼的束缚获得创造力，画圣吴道子作画前必酣饮大醉方可动笔，而"李白斗酒诗百篇，长安市上酒家眠，天子呼来不上船，自称臣是酒中仙"，"元四家"中的黄公望也是"酒不醉，不能画"；郑板桥因禁不住求画者的狗肉和美酒的诱惑，曾自嘲道："看月不妨人去尽，对月只恨酒来迟。笑他缣素求书辈，又要先生烂醉时。"草圣张旭"每大醉，呼叫狂走，乃下笔"；"书圣"王羲之于曲水流觞之中挥毫作《兰亭序》等等，不一而足。对于这些士人来说，饮酒不仅可以暂时摆脱现实失意的痛苦，更是他们艺术创造力的源泉。

另一方面，虽然不反对饮酒，而且赞同把饮酒作为人际交往、礼仪教化的重要手段，强调饮酒要有礼有度，即要有"酒德"。这种生活态度和精神追求可以追溯到《尚书·酒诰》中，鉴于殷商"酒池肉林"之鉴，书中集中规定了饮酒的规范：要求"无彝酒"（不要经常饮酒，平常少饮酒，以节约粮食，只有在有病时才宜饮酒）；"执群饮"（禁止民众聚众饮酒）；"饮惟祀"（只有在祭祀时才能饮酒）；以及"禁沉湎"（禁止饮酒过度）。这种思想被孔子所接受与传承，《论语·乡党》记载孔子"唯酒无量，不及乱。沽酒市脯不食",也成为儒家生活伦理的重要内容,酒还是人际交往的重要手段,由礼所规定的饮酒可以区分长幼、分辨尊卑,实现人际关系基于秩序的融洽、和谐。为了防止饮酒过度、消弭差异,"礼"对于饮酒有着烦琐而细致的规定,《礼记·曲礼》中有详细的记载,例如晚辈在长辈面前饮酒,叫侍饮,通常要先行跪拜礼,然后坐入次席,长辈命晚辈饮酒,晚辈才可举杯;长辈酒杯中的酒尚未饮完,晚辈也不能先饮尽。主人和宾客在一起饮酒时,要相互跪拜,为此饮酒礼仪有四步,分别是拜、祭、啐、卒爵。就是为表示敬意先作出拜的动作;接着祭谢大地生养之德,把酒倒出一点酒在地上;然后品尝酒味并加以赞扬,令主人感到高兴和愉悦;最后仰杯而尽。在酒宴上,主人要向客人敬酒(酬),敬酒时还有说上几句敬酒辞,而客人则要回敬主人(酢)。客人之间相互也可敬酒(旅酬),有时还要依次向人敬酒(行酒)。普通敬酒以三杯为度,敬酒时,敬酒的人和被敬酒的人都要"避席",也就是起立。等等。

值得一提的是,由饮酒产生了一个中国特有的文化现象——酒令,作为筵宴上助兴取乐的饮酒游戏,酒令诞生于西周,完备于隋唐。酒令除能助欢愉畅饮,令气氛融洽,还是古代礼仪教化的方式之一。民间老百姓有俗令,文人士大夫则有雅令,"雅"既指其形式之雅,文人们将经史百家、诗文词曲、谚语、典故、对联以及即景等文化内容都囊括到酒令中。为此产生了许多优秀的、传之后世的名诗、名句和名联等。白居易曾有诗曰:"花时同醉破春愁,醉折花枝当酒筹。""雅"还指内容之雅,其内容往往表达了士人们的精神旨趣与价值追求。总之,酒令尤其是士人阶层的雅令文化,表达了中国人含蓄内敛、以和为贵等道德特质。

这些酒令反映并丰富了中国人的日常生活，通过这一渗透着中国人价值追求的休闲娱乐活动，潜移默化地影响与强化中国人的道德行为与精神境界。

所以，作为一种文化符号，酒早已渗透到中国人生活的方方面面，无论对个体的价值追求，还是对群体生活的道德需要，它都发挥了其独特而重要的功能。在几千年的道德生活史中，中国人以酒供奉着列祖列宗，品评着酒色酒香，娱玩着酒令酒筹，遵从着酒礼酒德，在饮酒中表达着自己的喜怒哀乐、抒发着人生的感怀感情，创造着伟大的中国文化和艺术。

三、乐山乐水所展现的道德生活品位

中国古代文人士大夫将自己的精神情感生活同游乐山水、寄情山水、隐逸山水联系起来，形成了"得时则大行，不得时则龙蛇"[1]的精神生活旨趣，达则进入仕途在政治上一展抱负，穷则退守田园，在自然山水中徜徉适性。

（一）"道法自然"及其伦理意蕴

老庄哲学以"道法自然"、返璞归真为宇宙人生的真谛和价值建构的始基，"道法自然"之自然既指自然而然的原初本性，亦指自然界本真存在的真实样态。"尊道贵德"其实就是要人类体认自然的本性，不以自己的欲望去遮蔽自然的本性。庄子发展了老子"道法自然"的思想，提出了"天地有大美而不言""原天地之美"[2]"朴素而天下莫能与之争美"[3]的命题，凸显了自然

---

[1]《汉书·扬雄传》。

[2]《庄子·知北游》。

[3]《庄子·天道》。

山水的伦理和审美意义，认为自然万物块然而生，纯而又粹，宁静和谐，人与自然的关系是一种"天地与我并生，万物与我齐一"的关系，因此人必须体认自然的道理，按自然的方式生活。庄子的"逍遥游"就是建立在"道法自然"的基础之上并顺应着人的自然本性的。

魏晋时代的玄学家把老庄的自然之道和人生理想落实并具体化到自然的山水身上，彰显了自然山水之于人生的慰藉与伦理意义。后人每每能从他们仰观俯察所感触到的自然山水中体悟出他们深沉的"宇宙意识"和"生命情调"。中国文化的自然观，强调心与自然相接、人与天地合德，并形成"以德观物"和"以物观德"意义上的伦理美学。

（二）"智者乐水，仁者乐山"之山水比德

最早具有自觉的理论意识的山水观，是先秦两汉儒家所提出的"比德"观。孔子提出"智者乐水，仁者乐山"[1]的命题，将智者的快乐与水联系起来，仁者的快乐与山联系起来，从而开启了人与自然比德的先河。

老子是较早论述"水德"的思想家。上善若水，水善利万物而不争，处众人之所恶，此乃下谦之德也。故江海之所以能为百谷王者，以其善下之，故能为百谷王。老子根据水不断浸润啮蚀的性质，又概括出了水德的另一重要内容，那就是"攻坚强"。天下莫柔弱于水，而攻坚强者莫之能盛，此乃水之柔德也。水几于道，道无所不在，水无所不利。对水德的认识更具体而深刻的，那就是孔子。《荀子·宥坐》中有一段记叙了孔子对水德的

---

[1]　《论语·雍也》。

认识。孔子曰："夫水，大遍与诸生而无为也，似德。其流也埤下，裾拘必循其理，似义。其洸洸乎不淈尽，似道……"后世儒家对"智者"何以"乐水"的回答基本承袭了"夫水者，君子比德焉！"[1]的传统，其特点是以人的社会化道德内容来类比自然山水，形成"以德观物"的山水自然观。

所谓"仁者乐山"，刘宝楠《论语正义》指出"言仁者愿比德于山"。主张天人合一的董仲舒在其《山川颂》中发挥孔子思想，认为山之所以值得赞美，就是因为山之高峻、宽厚以及滋养万物的自然特点"似乎仁人志士"，"是以君子取譬"。《韩诗外传》对"仁者乐山"的解释是："夫山者，万民之所瞻仰也。草木生焉，万物植焉，飞鸟极焉，走兽休焉，四方益取予焉。出云道风，从乎天地之间，天地以成，国家以宁，此仁者所以乐于山也"。

乐山乐水的山水自然观标志着中国古代人对自然山水世界开始摆脱简单、直接、被动的物质利益关系，而进化到以一种精神的满足和愉悦来观照、对待自然山水的较高层次。"以德观物"的山水观是一种以道德目的论而建立起来的山水观照。其实质是"以我观物"，诚如宋代邵雍《皇极经世绪言》云："以我观物，情也。"王国维《人间词话》指出："以我观物，故物皆著我之色彩。"在中国美学史上，也有一些思想家提出"以物观物"以致达于"无我之境"的思想命题，主张把自我融汇到自然对象中，体悟出宇宙自然的内在精神律动，最终形成物我两忘、物我合一、"不知何者为我，何者为物"的化境。"山静而谷深"（嵇康

---

[１] 刘向:《说苑·杂言》。

《达庄论》)、"水性自云静"(韦应物《听嘉陵江水声》),山水的特点,与中国文人所讲的"静"德正相侔。因此,人们纷纷把山林、江海当作摆脱世俗纷争、朝市喧闹的场所。郭熙就把那种审美的虚静之心称作"林泉之心"。王维"晚年惟好静,万事不关心"(《酬张少府》),其表现形式就是隐居终南别业,在蓝田辋川优游山水。在中国文化中,"山林之志""江海之趣""山林皋壤"之趣被当作超逸、清逸、高逸的代名词而与"志深轩冕""心缠几务"的世俗尘念有着价值取向的差别,亦成为人们内在幸福的源泉和支撑。

第四节 "兴于诗,立于礼,成于乐"的 道德教化

孔子云:"兴于诗,立于礼,成于乐。"[1]这是孔子教育思想及其实践的总纲领,也是中国传统道德教化的重要形式。其中,诗教激励人的志向,启发人的情感。礼教培养人遵守行为规范的理性精神,乐教在更高的层次上提升情感品质,达到情感与理性的和谐统一,塑造一个理性的情感本体。在道德教化中,三者有机统一,缺一不可。

一、"兴于诗"与"诗言志"的诗教

诗教是指以诉诸人们感性的诗歌艺术为媒介的道德品性教育,它既是古代政治生活的有机组成部分,又是中国古代道德生

---

[1] 《论语·泰伯》。

活和艺术生活中的重要内容，是中国作为礼仪之邦、文明古国的核心内涵。"诗教"最早见于《礼记·经解》，它以"温柔敦厚"为诗教的理论内涵，并贯穿于诗歌创作、诗歌教育、诗歌鉴赏整个过程中。诗教要求诗歌肩负讽谏政治的重大使命，教育统治者避免运用暴力征服的治国手段，而是按照由亲及疏、由内及外、由近及远的程序，以诗歌风化天下，培育人民温柔敦厚的性情，让人民心悦诚服地接受统治。

从起源上看，诗教源于中国上古时代的礼乐制度。《礼记·孔子闲居》云："志之所至，诗亦至焉；诗之所至，礼亦至焉；礼之所至，乐亦至焉；乐之所至，哀亦至焉。"表明诗与礼乐紧密相连、不可分割。作为西周"文"的重大标志之一，《诗经》在周公制礼作乐过程中诞生，它是诗教发展史上的一个里程碑，使中国传统的礼乐教化进入一个崭新的阶段，诗教由此获得了文本载体，自此诗教便专指《诗经》之教。孔子经常给弟子讲《诗》，"小子何莫学夫《诗》？《诗》可以兴、可以观、可以群、可以怨。迩之事父，远之事君，多识于鸟兽草木之名"。在他看来，学《诗》可以兴起人的好善恶恶之心，初学者必先学之。《诗》还可察民情，考时政之得失，怨而不怒；在家侍奉父母，在国事君；还可以多记一些自然界的鸟兽草木的名称。从《诗经》中，可以看到中华民族初生、成长的原始图景，听到远古人们苦乐悲欢的吟唱。此中既有男女情爱的欢乐，又有征人迷惘的叹息，下至奴隶的悲怨、小官吏的艰辛，上至王公贵族对神灵的告祭，包罗万象、多姿多彩，恰似一幅幅中华民族的道德生活画卷。《诗》三百问世之后，被人们弦歌讽诵，广泛用于宗庙祭礼和各种礼仪之中，在宗教、政治、教育、文化、外交、军事生活中占有重要地位。

春秋时期，引诗与赋诗，在政治、外交和社交活动中已广泛运用，《左传》中记载了大量此类事例。对诗教论述得最为详尽的莫过于孔子，他极力推崇雅颂等古诗歌，所谓"质胜文则野，文胜质则史，文质彬彬，然后君子"[1]，说明孔子重视文艺形式与内容的完美统一。这种以中和为美及内容与形式相统一的美学观点，使孔子更注重雅乐在陶冶人们道德情操、促进人们性格完善上的作用。

中国士人喜欢将自己对政治、社会和人生的思考以诗歌的形式加以表达，即"诗以言志"。"诗言志"的传统可追溯至《诗经》，诗中所抒发的情感多服务于"言志"与"讽谏"的目的，从而奠定了中国诗歌创作为政治与社会道德教化服务的基本格局。孔子虽然强调诗歌应当具有兴、观、群、怨的艺术表现功能，却将这些视为手段，目的还在于"事君""事父""以政"等。而所谓"诗三百，思无邪"的价值判断，则明确指出诗歌应当具有的社会作用。孔子的诗论规定了中国诗歌、文学的总体走向。两汉时期，"诗以言志"的精神由于儒家思想成为主流意识形态而得到明确化与制度化。西汉毛亨在《毛诗大序》云："诗者，志之所之也。在心为志，发言为诗。情动于中而行于言。言之不足，故嗟叹之；嗟叹之不足，故咏歌之；咏歌之不足，不知手之舞之、足之蹈之也。"认为人们用诗歌表达内心的愿望与情感，但必须"止乎礼义"，"发乎情，民之性也；止乎礼义，先王之泽也"，起到"经夫妇，成孝敬，厚人

---

[1]《论语·雍也》。

伦"的作用。

中国古代诗歌的创作主体总体以士人为主。这些士人以"穷则独善其身，达则兼济天下"之志，坚守"士不可以不弘毅，任重而道远，仁以为己任，不亦重乎"[1]的信念。在他们的诗歌创作中，淋漓尽致地表达了对"道"的追求、对修身的重视和强烈的社会责任感等。其中，对国家、民族命运深切关注的爱国主义情怀和忧患意识是诗歌的首要精神。士人们通过诗歌表达自己对祖国壮美山河的热爱，以及对他们生于斯、长于斯和长眠于斯的土地的深深依恋，你看那"一带江山如画，风物向秋潇洒"，"三万里河东入海，五千仞岳上摩天""日出江花红胜火，春来江水绿如蓝，能不忆江南"，等等，从黄河高歌、长江礼赞，巍巍山岳、奇险蜀道，到江南水乡、大漠长湖和繁星皓月，大好河山尽入诗中。正是出自这种热爱，诗人对于国家民族之兴亡才有着切肤之痛、不眠之虑，"愿将腰下剑，直为斩楼兰""欲为圣朝除弊事，肯将衰朽惜残年"，以"了却君王天下事，赢得生前身后名"。在诗中充分表达自己经邦济世、富国强兵之壮志，渴望国家统一、人民安定的理想。同时，在面对国家民族利益与个人家庭利益的抉择中，义无反顾地牺牲小我而成就大我，以"生当作人杰，死亦为鬼雄"的浩然之气，"誓扫匈奴不顾身，五千貂锦丧胡尘"，即使"故园东望路漫漫，双袖龙钟泪不干。马上相逢无纸笔，凭君传语报平安"，征战时"金甲夜不脱，半夜行军戈相拨，风头如刀面如割"，落得个"头白时清返故乡，十万汉军零落尽"，仍然会"纵死犹闻侠骨香"。

---

[1]《论语·泰伯》。

其次是表达对人民苦难生活的哀叹，对穷奢极欲、强取豪夺和穷兵黩武的统治者进行揭露与鞭挞的民本主义情怀。民本主义是儒家政治哲学的核心内容，它深深地侵染了中国士人的精神世界，"为生民立命"是他们人生的基本价值追求。因此，面对现实的苦难与民生之艰辛，他们借助诗歌劝诫统治者修德守成、实行仁政，为民请命。白居易在《寄唐生书》中提出"惟歌生民病，愿得天子知"的主张，先后写了《秦中吟》《新乐府》等诗，反映当时严重的社会弊病。杜甫则以"三吏"揭露了"盛世大唐"下底层劳动人民的苦难现实。其"三别"直指最高层的统治者，尖锐批判帝王的穷兵黩武给人民带来的无穷灾难。杜甫虽身居草舍、饥寒交迫，仍抱持"安得广厦千万间，大庇天下寒士俱欢颜"的理想。如此等等，不一而足。

最后，诗歌还表达了士人对个体生命价值的思考和对理想人格的追求。士人把"立德、立言、立功"视为人生的最重要目标，成人成己，追求君子、圣人的理想人格境界。如唐诗人李颀的《送陈章甫》所云："陈侯立身何坦荡，虬须虎眉仍大颡。腹中贮书一万卷，不肯低头在草莽。"李白的"安能摧眉折腰事权贵，使我不得开心颜"突出地表现出中国士人不愿卑躬屈膝谄媚权贵的清高思想和刚直性格。这种性格必然难容于现实政治，招致奸佞陷害和怀才不遇成为这些士人普遍的人生境遇，屈原有"众人皆醉我独醒"之太息，而"初唐四杰"之一的陈子昂唱《登幽州台歌》："前不见古人，后不见来者。念天地之悠悠，独怆然而涕下。"以苍凉而激越的语句表达了士人寂寞苦闷的内心世界。即便如此，他们仍然要坚持自己的独立个性，保持高洁人格，与"势"对抗。因此，在诗歌中，他们或者隐身于山水田园，如陶渊明不愿"为五斗米而折腰"，归隐田园，以纯朴自然的语言、高远拔俗的意境道出对自然、朴实生活的赞美，对人格自由的追求。或者隐心于俗世，借助一些被人格化的事物表达自己追求高尚的思想品格，如白居易的咏竹诗《题李次云窗竹》："不用裁为鸣凤管，不须截作钓鱼竿。千花百草凋零后，留向纷纷雪里看。"而杨士奇《刘伯川席上作》："飞雪初停酒未消，溪山深处踏琼瑶。不嫌寒气侵入骨，贪看梅花过野桥。"其中的"琼瑶""冰雪"和"梅花"都是诗人用来比喻自己所追求的美好德性和持道而行的信念与气节。

实际上，我们可以把诗的"可以观"理解为在诗歌中观历史之进退、政治之得失、国家之兴衰，感受诗人深契于诗歌中的理想主义与道德追求。

二、"立于礼"与"礼节情"的礼教

"礼教"有广狭之分，广义的礼教包含了政治教化在内的以建构秩序和移风易俗为目的的社会教化，狭义的礼教则专指以道德规范与道德修养为内容的培育人们道德品质的教育活动。从政治文化角度看，"礼教"是中国古代社会政治的核心。《汉书·礼乐志》云："乐以治内而为同，礼以修外而为异；同则和亲，异则畏敬；和亲则无怨，畏敬则不争；揖让而天下治者，礼乐之谓也。"礼乐教化是传统社会的统治者治国安民的手段，也是中国传统教育的核心内容。

"礼教"的确立可追溯至西周初年周公制定周王朝的礼乐制度，《礼记·明堂位》记载："六年，诸侯朝于明堂，制礼作乐，颁度量，而天下大服。"《史记·周本纪》也记载："兴正礼乐，度制于是改，颂声兴。"西周礼乐是在夏商两代制度基础上损益而成。在西周官学中，礼为六艺之首，既是贵族子弟修身之要，更是他们投身国家政治生活的必要条件。

礼教在后世始终处于被推高与被反对的二元矛盾中。汉唐期间，虽招致曹操的非孝论、玄学和佛教的反对，但通过西汉大小戴《礼记》《孝经》和《易传》等书对礼教的具体化、董仲舒对礼教的神学化和韩愈等人的排佛倡古运动，总体获得了独尊的地位。宋元明清时期，又出现李贽、徐允禄等启蒙思想家对礼教的批判与反叛，然而随着中央集权制的加强，礼教被理学家推上"天理"的至高地位，直至五四运动之后逐渐走向崩溃瓦解。

三、"成于乐"与乐得其道的乐教

"礼"是天地的秩序，"乐"为宇宙的和谐，所谓"大乐与天地同和，大礼与天地同节"[1]是也，超越的天道要想真正内化为人的德性，就必须借助"乐"。

"乐"首先为"乐"（音 yuè）义，指与"礼"相配的"乐"。《乐记》云："乐自中出，礼自外作。""圣人作乐以应天"等。此"乐"即指音乐文化。音乐由音与乐构成。"音之起，由人心生也。人心之动，物使之然也。感于物而动，故形于声。声相应，故生变。变成方，谓之音。比音而乐之，及干戚羽旄谓之乐。乐者，音之所由生也，其本在人心之感于物也"。它源于人心的感动，外现为音乐。乐以音乐为中心，除了音乐，"乐"还

---

[1]《礼记·乐记》。

包括伴随着礼的歌唱和乐舞。与不同级别的礼相配合的音乐，为礼仪的一个部分。另一方面，"乐"指"乐"（音 lè），通"悦"。《乐记》云："乐者乐（lè）也，君子乐得其道，小人乐得其欲。"它指情感上的愉悦，既包含因刺激而有的感性的官能快乐，也包含高级的精神上的愉悦。从心理上看，"乐（lè）"与"安"相联系，心中有乐才能安，不安不能乐。圣人之所乐在善民心，其感人深并能移风易俗，这也是圣人之所安。

"乐者，通伦理者也"，它能使人"知礼乐之情"，历来为统治者与教化者所重视为道德教化之要，即"乐教"。在原始宗教占统治地位的上古时代，乐教的首要功能是协调神与人的宗教关系，《尧典》以"神人以和"作为乐教的最后旨归，《周易·豫卦》象辞亦云："先王作乐崇德，殷荐之上帝，以配祖考。"此后伴随着先秦时期宗教地位的逐步下降和人文精神的发展，乐教的重点逐渐转移到疏导性情、调整人际关系方面。如孔子非常重视乐教，认为衡量"乐"的标准是"尽善尽美"，将音乐的审美与道德的教化统一起来，对中国古代乐教的发展具有极其深刻的影响。乐教的功能主要有三：

第一，"善民心，感人深，移风易俗"，培养人的良好审美与向善情操，使人能够把道德的充实与完善作为人生真正的快乐。儒家认为，人的自然情感需要无法取消，但任其泛滥就会"淫乱生而礼义文理亡"，理想的状态是"乐而不淫"，既满足人们的情感发泄、审美等的需要，又能陶冶性情、趋"德"向"善"，潜移默化地影响人的思想感情和气质。因此，情感需要的满足及其体验过程实际上就变成人的社会化过程，人的自然情感只有经过充分社会化之后才能变成"合理"的道德情操，也只有经过社会道德文化（礼乐文化）的熏陶和教育，将审美原则与道德原则相结合，才能"乐得其道"而非"乐得其欲"，保持"怨诽而不伤"而上下协调、政通人和。

第二，培养士人的君子品格。《乐记》把"知"乐与"不知"乐作为划分君子、庶人和禽兽的标准，按照自然本能生存的禽兽只知"声"不懂"音"，处于自然与社会矛盾中的庶人只知"音"而不懂"乐"，只有君子才"知乐"。它既包括"乐"之为何，本之性情；更包括在赏乐的过程中，如何保持天赋性情，平和自己的志向，使耳、目、鼻、口等外形和内心都顺着正气、正声得到发展，从而约束欲望，使自己不沉溺于享乐，使"性之本"真实地显现。这样，"知乐"不仅是一个尊德性、道问学的过程，还始终渗透着主体意志的锻造，由此方能"温柔敦厚"，成为众庶学习以正其身的道德载体与传播者。

第三，强化统治阶层的良好政治德性。《乐记》认为"声音之道与政通矣"，乐是表现政治兴衰的符号，"宫为君，商为臣，角为民，徵为事，羽为物"，五音分别代表君臣民事物，象征社会政治结构的五个方面。不同政治状况产生不同的"音"，五音之乱源于其所对应的社会结构之乱。只有完备之乐、周全之礼方能表达君王的正德明功、政治安定。因此，统治者必须要能审音知乐，明白政治之弊陋，民生之苦乐，进而治政修德，培养"克己复礼"的伦理精神。

总的来说，中国传统道德教化的三种形式，均有着独特的、不可或缺的价值，其中，《诗》是本源性的"情教"——情感教育，亦即仁爱情感的教化。"兴于诗"之后紧接着便须"立于礼"，即"礼教"，亦即道德规范的教化。"兴于诗，立于礼"还是不够的，最后还需要"成于乐"[1]。"乐教"以造就诗礼和合的人生境界为旨归。所以"乐者通伦理者也"。三教结合，形成道德教化的整体架构，作用于人们的心灵情感，使其感受到道德教化的力量。

[1] 《论语·泰伯》。

第七章　婚姻、家庭道德生活的要义与价值追求

中国是一个十分崇尚婚姻家庭的国度，人们的道德生活大量地表现为家庭的道德生活。传统的"五伦"，属于家庭伦理的有三，其他如君臣、朋友，也大多以父子、兄弟而论，可谓家庭伦理的放大。中国传统家庭道德生活，涉及许多方面的内容，但就其大体而言，主要是在夫妇、父子、兄弟这"三伦"中展开的，或者说如何协调夫妻之间的婚姻关系、父子之间与兄弟之间的亲情关系，构成了传统家庭道德生活的主要内容。当然，家庭道德生活还涉及家庭道德教育等方面的内容。

第一节　夫妻关系与婚姻伦理生活的要义

婚姻是男女两性关系的社会组织形式，即为法律或社会风俗习惯所承认的、男女两性结合为夫妻关系的社会组织形式。一定的婚姻家庭形式总是和社会发展的一定阶段和一定的生产方式相适应的。婚姻的最原初含义是指男女在黄昏时约会结成亲密的伴侣。从历史上看，婚姻家庭并不是一开始就有的，它是人类社会

223

发展到一定阶段的产物，是受物质资料的生产方式决定的。

一、婚姻伦理的萌生与形成

男女两性之间建立稳定、牢固的婚姻关系，既是家庭产生的起点，也是其他家庭关系得以建立的基础。随着夫妇关系的建立，协调夫妇关系的伦理规范和行为准则也相应产生，它们不仅是夫妻关系稳定与和谐的保证，也是整个家庭关系稳定与和谐的基础。

人类在从猿转变至人的过程中曾盛行过杂乱的性交，谈不上正式的婚姻，从猿人早期一直延续到旧石器时代的后期。《淮南子·本经训》载："男女群居杂处而无别。"原始群婚之早期阶段，兄弟姐妹、上下辈之间的婚配是没有任何禁忌的，基本上处于任性而为的状态。《吕氏春秋》云："昔太古尝无君矣，其民聚生群处，知母不知父，无亲戚、兄弟、夫妻、男女之别，无上下长幼之道。"《管子·君臣篇》也云："古者未有君臣上下之别，未有夫妇妃匹之合。"所谓"父子聚麀"，是指父亲和儿子都可以同任一女性通婚，说的就是原始群婚的状态。

传说伏羲氏创造了嫁娶仪式。当时的中国社会还处在母系氏族社会，即历史学家们所说的传说时代。《世本·作篇》谈到"伏羲制以俪皮嫁娶之礼"，自伏羲才开始有了婚姻嫁娶，才有了食用动物的风习。《白虎通》载："古之时未有三纲六纪，民人但知其母，不知其父。"于是伏羲"因夫妇，正五行，始定人道"。中华先民的婚姻状况大体经历了原始群婚、血缘婚，而后是亚血族婚与对偶婚，最后才是专偶婚或一夫一妻制婚姻的发展历程。亚血族婚是外族婚，即不同氏族的兄弟或姊妹互相通婚；对偶婚是亚血族婚的配偶范围的缩小，异性同辈男女一对一的配偶，在或长或短的时期内实行同居。在这两种婚配形式之间有某种过渡形式，即与长姊配偶的男性有权把她的达到一定年龄的姊妹也娶为妻。这种婚制在中国古代典籍中称为媵制。古人有"男女同姓，其生不蕃"[1]的忌讳，就是从排斥血族婚所总结出来的经验教训。

随着井田制和家族公社的逐步瓦解，在士、庶阶层中，个体家庭经济与生活的独立性日益增强，由"匹夫匹妇"所组成的一夫一妻制家庭逐步发展起来。特别是到了战国时期，随着各国相继变法，"编户齐民"制度逐步建立，由一夫一妻为主干的小型家庭取得了重大发展。经济条件极其脆弱的小型庶民家庭，在严重的生活压力下，需要建立稳定而牢固的家庭关系特别是夫妻关系，才能维持基本的日常生计。于是，贵族统治阶级日益不能持守的婚姻礼仪和夫妇关系伦理，却为广大庶民阶级所逐渐接受，比如"父母之命，媒妁之言"逐渐成为普通的社会风俗，在《诗经》中多有吟咏，反映庶民阶级的婚姻生活逐渐废弃了对偶婚制。

西周婚姻制度实行"同姓不婚"。商代婚姻关系虽然已经基本稳定，但当时盛行"族内婚制"，婚姻范围比较狭窄；周代则严格禁止同姓通婚。《礼记·大传》说："虽百世而昏姻不通者，周道然也。"不但娶妻媵不得同姓，买妾亦不得同姓，所以《礼记·曲礼上》说："取妻不取同姓，故买妾不知其姓，则卜之。"在周人看来，缔结婚姻关系"男女辨姓"是一件非常重大的事

---

[1]《左传·僖公二十三年》。

情。王国维指出"周人制度之大异于商者"有三点，其中之一就是"同姓不婚之制"。从根本上来说，西周礼制作出"同姓不婚"的规定，最初的动机是要促进异姓通婚，而促进周族与异姓通婚则是出于政治上的需要——通过异姓通婚，可以联合周族以外的异姓力量，将他们纳入血缘政治关系的网络之中，从而维护和促进政治的稳定。

二、"合两姓之好"与夫妇有别之伦理观念的确立

中国先民在遥远的古代就有重视婚姻和家庭的传统，认为婚姻并不是两个人的私事，而是具有社会意义的大事，它不仅决定着家庭的兴衰，维系着家族的绵延，而且也影响着社会的风气和安定，因此竞相赋予婚姻以深刻的伦理意义，并形成了重视婚姻伦理的传统。《礼记》把结婚看作"万伦之始"，认为婚姻是"将合二姓之好，上以事宗庙，而下以继后世"的极为严肃而又十分重要的事情。随着夫妇关系的建立，协调夫妇关系的伦理规范和行为准则也相应产生，它们不仅是夫妻关系稳定与和谐的保证，也是整个家庭关系稳定与和谐的基础。《礼记·郊特牲》说："天地合而后万物兴焉。夫昏礼，万世之始也。取于异姓，所以附远厚别也。"所谓"附远""合二姓之好"，都是要使周族与异姓通过婚姻关系变得亲近起来，形成一种以亲戚关系为基础的政治联合，这是西周时期、特别是其初期的政治需要。所以"同姓不婚"的礼制规定，其初始动机乃是为了促进周族与异姓之间形成广泛的政治联姻，从而实现以周族少数人口统治广阔疆域的目的。正由于西周婚姻具有强烈的政治联姻性质，因此周人对婚姻之礼十分重视，也特别强调夫妇有别和男女大防。

　　自西周至春秋前期，人们对于婚姻的意义，强调的是"上事宗庙，下继后世"，娶妻首先着眼于宗法家族，是为了体现对祖先（包括亡故的祖先和在世的父母）的孝敬，而不是从夫妇双方两情相悦、生活幸福来考虑的，这就使得有关夫妇伦理的礼制规定很自然地与宗庙祭祀、丧葬等等礼制结合起来。周代形成了一套相当完整的夫妇伦理，而这种夫妇伦理是通过无所不在的"礼"来体现的。人们不仅将从婚姻开始的夫妇关系纳入礼的规范之中，而且还将其视为礼的起点和根本。《礼记·中庸》曰："君子之道，造端乎夫妇，及其至也，察乎天地。"

　　婚礼是婚姻伦理的重要形式。夫妇关系必须通过礼来加以规范，《礼记·经解》中孔子就指出了婚礼对于稳定夫妻关系的重要性。"昏姻之礼，所以明男女之别也。夫礼，禁乱之所由生，犹坊止水之所自来也。……故昏姻之礼废，则夫妇之道苦，而淫辟之罪多矣。"

　　夫妇关系是从婚礼开始的，因此周代对婚姻之礼十分强调，有相当详细而具体的规定。男子娶妻，通常须经过纳采、问名、纳吉、请期、纳征、亲迎等六个必要程序，在不同阶段都必须严格按照礼数进行。但即使完成了上述六个程序，夫妇关系仍然没有完全确定下来。成婚的次日新妇还要依礼拜见姑舅；三个月后还要举行隆重的"庙见"之礼。只有经过"庙见"才算"成妇"，新婚女子方始正式成为丈夫家中的一员；如果在此三个月内不幸亡故，则要归葬于本家。自纳采之礼开始，至成妇之礼而止，几乎全部的活动都离不开祖先宗庙，这是周代婚礼中一个非常值得注意的现象，也说明夫妇伦理从婚姻关系缔结的那一天开始，即归入"上事宗庙，下继后世"的孝道框架之下。

周代婚礼规定的基本精神是"敬慎重正"。"敬慎重正"可使婚礼成为良好夫妻关系的开端，有利于夫妻相亲，家道兴旺，对此《礼记》中有很多说明。例如《昏义》这样说明隆重举行"成妇之礼"的意义："成妇礼，明妇顺，又申之以著代，所以重责妇顺焉也。妇顺者，顺于舅姑，和于室人，而后当于夫，以成丝麻布帛之事，以审守委积盖藏。是故妇顺备而后内和理，内和理而后家可长久也。故圣王重之。"也就是说，"敬慎重正"地举行成妇之礼，目的在于通过隆重的仪式，告诫新婚之妇要顺、和，以使新妇敬顺、亲属和睦、家道兴旺长久。这不仅对夫妇双方非常重要，对整个家族甚至国家也都非常重要。

总体来说，婚礼对男方的要求相对较多，但也不只是要求男方，女方同样要郑重其事。贵族女子在出嫁前三个月，先要在本家的公宫或宗室学习"四德"，即"妇德、妇言、妇容、妇功"，以便在夫家很好地依礼履行妇职；出嫁之日，父母要谆谆嘱咐女儿孝敬公婆、顺从丈夫、勤谨持家等等。这一切都从婚礼方面体现了夫妇关系的伦理规范与要求。

《礼记·郊特牲》对夫妇双方的伦理律则，作了全面系统的论述，强调婚姻之礼和夫妇伦理是"上事宗庙，下继后世"的大事，关系到整个宗法家族，而不单单是成婚男女本人的事，指出：所娶女子并不只是丈夫之妻，更重要的是她将"为社稷主，为祖先后"；娶异姓是为了"附远厚别"，即密切周姓与异姓之间的关系。明确提出了"妇德"的概念。所谓"妇德"指的是"信"，具体来说是妻子对丈夫，"壹与之齐，终身不改"，乃至"夫死不嫁"，是为后世"从一而终""忠贞不二"妇道伦理之滥觞。它从男子"亲御授绥"和"执挚相见"等婚礼仪式，引申出夫妇相亲而有"别"之义，并以此作为夫妇之道区别于禽兽之道的标志。夫妇双方的基本关系是夫主妇从，并最早提出了妇女"幼从父兄、嫁从夫、夫死从子"的"三从"伦理规范。在强调夫主妇从的同时，也提出了夫妻等齐的思想。由于所娶的女子将为"社稷主""祖先后"，所以夫妻不仅是等齐的，而且丈夫对妻子还要有敬重之心。《礼记》将夫妇伦理上升到哲学理论高度，将男女结合、夫主妇从与天地、阴阳关系相比附，为夫妇伦理建立了一个形而上的基础。

男女大防也是夫妇伦理的重要内容。"男女授受不亲"是家族内的一条普遍原则。如《内则》规定：男女从七岁起就要分桌而食。十岁起，就不能一起生活；从分开生活以后，男女之间就不通来往；"男子居外，女子居内，深宫固门，阍寺守之，男不入，女不出。"男女之间不许互相谈论对方的事情；不是祭祀和丧事，不能以手递接对方的东西；如果必须传递，要通过一定的媒介。男女不能共用各种东西和设施，不许互通消息。另外，男女之间，不许谈恋爱，婚姻要通过媒人介绍，由父母做主。婚后，夫妻之间仍有严格的区别，不能共用衣架、衣箱，不能在一起洗澡，丈夫不在，要把他的枕头睡席收起。种种规定十分严格。

周代夫妇伦理并不只体现在婚姻之礼中，在祭礼、丧礼、曲礼及其他各种礼仪规定中，也包含一些夫妇关系的行为规范和准则。明确提出"男主外女主内"的分工原则和"男女授受不亲"的行为准则。日常生活中的夫妇伦理，最强调的并不是男女双方互相爱悦，而是妻子如何宜于丈夫之家，特别是如何孝敬丈夫的父母。

秦始皇在统一六国之前筑"女怀清台"，褒奖蜀寡妇清夫死不嫁、贞洁自守的品德。统一六国后，他又在各处巡游时多次下令提倡夫妇伦理，对男女无别、丈夫不忠、妻子不贞进行严厉谴责和禁止。例如《泰山刻石》记载的秦始皇诏令中，要求"男女礼顺，慎遵职事，昭隔内外，靡不清净，施于后嗣"；《会稽刻石》上的诏令则称"饰省宣义，有子而嫁，倍死不贞。防隔内外，禁止淫泆，男女絜诚，夫为寄豭，杀之无罪，男秉义程。妻为逃嫁，子不得母，咸化廉清"。秦汉以后，适应家庭和睦和统治阶级的政治需要，产生了《女儿经》和专门规范女性行为的"三从四德"，即女性"在家从父，既嫁从夫，夫死从子"和"妇德、妇言、妇容、妇功"，并使男尊女卑、男主女从成为夫妇关系的主流。这种不平等的夫妇之道在历史上产生了很多流弊，对女性健康发展十分有害。

三、忠贞观念的萌生与实践

婚姻伦理中包含着相互忠贞的内容。先秦时期的贞操观念比较温厚、宽泛。"贞，最初的概念不是就男女之间的忠贞而言的，而是指一种高尚的品德。贞，作为一种行为，其主体不单指女性，也指男性；贞的对象不仅指丈夫，亦指父母、朋友等。"[1]虽然《礼记·效特牲》有"夫死不嫁"的规定，但只涉及已婚妇女不乱交的操行要求，对婚前要求不多，对夫死后要求女子不嫁也仅仅是一种宽松的伦理思想，尚未形成对妇女人身的束缚，贞操观还未形成普遍的社会心理。贞操观念在先秦时代是作为男女双向道德而存在的，这点从《诗经》中可以窥见一斑。男女约

---

[1] 戴伟：《中国婚姻性爱史稿》，北京：东方出版社，1992年版，第39页。

会，双方互守贞信，是当时男女共同遵守的道德，不只是女子才向男子守贞信，男子同样也向女子守贞信。儒家的两性观念既不是禁欲主义，也不是纵欲主义，而是主张用礼制去节制引导情欲。

先秦时，留下许多夫妻相互忠贞的感人故事。春秋时，齐卿晏子政绩煊赫，对爱情忠贞不渝：景公有爱女，请嫁于晏子，公乃往燕晏子之家，饮酒，酣，公见其妻，曰："此子之内子耶？"晏子对曰："然，是也。"公曰："嘻！亦老且恶矣。寡人有女少且姣，请以满夫子之宫。"晏婴违席而对曰："乃此则老且恶，婴与之居故矣，故及其少而姣也。且人固以壮托乎老，姣托乎恶，彼尝托而婴受之矣。君虽有赐，可以使婴倍其托乎？"再拜而辞。[1]这里，晏子所表现出来的不贪图美色，坚持对妻子的信任和忠诚的精神和事迹，是十分高尚而又感人的。它体现了晏子的婚姻伦理观，也从一定意义上彰显了中华民族对婚姻伦理的重视和对夫妻忠诚的道德品质。夫妻之间相互忠诚，不因地位变迁而生离异，不因健康、贫穷而生嫌憎，一直是有道君子之所为，也为许多匹夫匹妇所推崇和效法。

在先秦特别是在周代，已经出现了将"贞"同女性联系起来的观念和做法。《礼记·丧服四制》指出："礼以治之，义以正之，孝子，弟弟，贞妇，皆可得而察焉。"由于男子处于中心地位及其所导致的男女不平等，致使忠贞这种夫妻双方应当共同遵守的伦理道德准则逐渐演化为对女性的特殊要求，而男性则可以不受忠贞观念的约束。为了保证子女出生自确定的父亲，男子必

---

[1]《晏子春秋·内篇杂下》。

定要求女子对其忠贞。如果妻子对丈夫不忠贞，丈夫则可以"解除婚姻关系，赶走他的妻子"。《仪礼》《礼记》等著作提出丈夫处置妻子的"七出"，即休妻的七个方面或理由，把"无子""淫佚""不事舅姑""口舌""盗窃""妒忌""恶疾"视为可以赶走妻子的正当理由，体现了对妇女的压迫和不平等。《礼记·檀弓下》记载：孔丘、孔鲤、子思三代都曾出妻。不特如此，《礼记·郊特牲》指出："信，妇德也。壹与之齐，终身不改，故夫死不嫁。"又说："男帅女，女从男，夫妇之义，由此始也。妇人，从人者也：幼从父兄，嫁从夫，夫死从子。"这里明确提出了"三从"，汉代班昭在《女诫》中提出的"三从四德"中的"三从"即源于此。

自周代开始，已经慢慢地将贞洁专门地与女性联系起来而对女性有更多的要求的观念和做法。由于男子处于中心地位及其所导致的男女不平等，致使忠贞这种夫妻双方应当共同遵守的伦理道德准则逐渐演化为对女性的特殊要求，而男性则可以不受忠贞观念的约束。东汉时，班昭撰写《女诫》，提出"夫者，天也。天固不可逃，夫固不可离也"这样"以夫为纲"的思想及"专心事夫"的德行要求。班昭"大大地淡化了对女性在智慧和才能方面的道德要求，而是空前突出地强调妇女的柔顺和贞节。在班昭和汉代官方的提倡下，妇女道德规范开始从多样性规范向单调性规范转变，从而也使妇女在道德方面更多地向片面化发展"[1]。

对妇女在贞节方面单向度、片面化的强调在宋明时期达到了

---

[1] 高恒天：《中华民族道德生活史》（秦汉卷），上海：东方出版中心，2014年版，第175页。

顶点。在宋代理学"存天理、灭人欲"思想的支配下，许多士大夫大力倡导贞操理念，最为著名就是"饿死事极小，失节事极大"的说法。张载认为，女子夫死不嫁符合天地"大义"与"良心"，否则"伤天害理"。朱熹认为夫死改嫁是"无恩"的表现，并亲自撰文为守节不嫁的妇女树碑立传。经过理学的大力论证及官方的大力提倡，对妇女单方面的贞操禁制，越来越紧。元人明善所写的《节妇马氏传》中载道："大德七年十月，乳生疡，或曰当迎医，不尔且危。马氏曰：'吾杨氏寡妇也，宁死，此疾不可男子见。'竟死。"认为给丈夫以外的男子触碰了身体就是失贞，为了严守贞节，宁死也不肯就医，这种坚持令人唏嘘。到了明清两朝，政府为守节寡妇旌表门闾、免除苦役。这样，寡女守节成为一种光宗耀祖、抬高家庭地位的手段，于是，守节保操成为一种普遍的社会心理，成为上上下下的一种普遍的自觉的行为。史书中对节烈女子的记载连篇累牍，到明清时候达到极致。清人修明史时，"节烈女子"不下万余人。并且，在"烈女"定位上，史书的关注重点也悄然有变："元、明两朝的节妇烈女不仅在人数上超前几倍，且性质上也大相径庭。魏晋南北朝以前的烈女，确实不乏忠勇之巾帼，而宋以后的节妇，却专指对其性器的严密护守了。"[1]人类的贞操观最开始是为了防范近亲性爱，是对无序性行为的约束，与群婚、血缘婚等相比，是一种历史的进步，但是到了封建社会后期，变成了摧残和压迫人性的东西。

近代以来，对男尊女卑、男主女从以及女性"三从四德"展开了尖锐的批评。五四新文化运动时期，鲁迅、陈独秀、吴虞等

[1] 张允熠：《阴阳聚裂论》，长春：北方妇女儿童出版社，1988年版，第160页。

人均对女子片面的贞操观、节烈观展开了猛烈的批评，并演变为一场妇女解放的运动。鲁迅在《我之节烈观》中指出，所谓节烈，从前也算是男女共有的"美德"，但是后来却变成专指女子的了。在鲁迅看来，专门针对妇女的贞操观、节烈观，用二十世纪的眼光来看，一不道德，二不平等，是压迫女子的精神枷锁，必须予以废除。1919 年 11 月，长沙青年女子赵五贞被父母强迫出嫁，反抗无效，在迎亲花轿中用剃头刀割破喉管自杀。此事引起巨大社会反响，长沙《大公报》为此先后发表了 20 多篇文章，毛泽东在 12 天中连续发表 9 篇文章，指出婚姻问题是个社会问题，赵五贞的死根源于社会，并号召人们向吃人的旧社会发动进攻。妇女解放要从社会入手，从教育入手，但最重要的是求经济上的自立。1927 年毛泽东发表《湖南农民运动考察报告》，在对中国农民运动的系统考察中阐述了中国的妇女问题，指出夫权压迫是妇女较男子更多承受的一重束缚，"男子支配"是妇女所受压迫的特殊性之所在。妇女解放是自己的事情，也是全体农民的事情。妇女解放必须走组织起来的道路。新中国成立后，制定并通过了新的婚姻法，男女平等、夫妻平等、性别平等被当作基本的原则确立下来，妇女解放获得了全面的实现。

第二节　孝道、孝德的倡行与孝子风范

　　家庭伦理，除夫妇一伦外，最重要的当属父子（包含母女）。父慈子孝是先秦时期人们公认的处理父子关系的伦理规范。正如"夫义妇顺"最后往往变为对妇女单方面要求一样，在父子一伦人们往往强调的是子女对父母的孝道。这其中的原因主

要可归结为宗法等级制度及其尊卑贵贱秩序的确立。萌生于先秦时期的孝，被儒家视为"为人之本"，《孝经·圣治章》指出："天地之性，人为贵。人之行，莫大于孝。"正因为孝是为人之本，所以它在家庭伦理中占有十分突出的地位。由于中国古代是一个以家族为本位的社会，为了维系家族的秩序和稳定，人们十分看重孝道的价值，使孝成为中国伦理文化的重要原则和规范，获得了显赫而尊贵的道德意义。

一、孝的形成与发展

孝指子女对父母应尽的义务，包括尊敬、抚养、送终等等，是传统社会的基本道德。根据古人的定义，亲爱、善待父母谓之"孝"。孝，是个会意字，上部是省略了笔画的"老"字，下部是"子"字，意味着子女善事父母的内容。善事父母既包括善事在世父母，也包括善事亡故的父母。

在中国，孝的观念源远流长，甲骨文中就出现了"孝"字，在公元前 11 世纪以前，华夏先民就已经有了孝的观念。孝应是在古时普遍的社会性尊老、尚齿观念和祖先崇拜的基础上产生出来的观念。[1]据研究，孝最初的对象并非健在的父母，而是神祖考妣，其内容为尊祖。所以孝一开始并非是伦理的，而是宗教的，是祖先崇拜宗教观念的产物，而崇拜、祭祀祖先的目的，是为了祈求祖先神灵的庇护，同时也是对祖先功德的歌颂和赞美。金文和《诗》《书》中常见"享孝""用享用孝"的用法，正是这种观

---

[1] 参阅张锡勤、柴文华主编：《中国伦理道德变迁史稿》上卷，北京：人民出版社，2008 年版，第 57 页。

念的反映。

在先秦文献记载中，传说中的舜帝时代已经产生孝悌伦理，舜帝本人即以孝悌闻名，《尚书·舜典》记载了他的孝行事迹；舜还任命商人的祖先——契为司徒，"敬敷五教"，五教之中就包括有"子孝"一项。商代已经有了孝的观念和制度。史称商汤制"刑三百，罪莫重于不孝"。商人祭祀祖先的传统，在西周得到了发扬光大。西周不仅在商代的基础上形成了更为繁复的祖先祭祀礼典，而且创设了系统的宗庙制度，强调祖先宗庙祭祀的主要目的是为了"追孝"，是为了"报本返始"。这种由祖先祭祀设计出来的孝礼，不仅直接体现于隆重的宗庙祭祀，而且逐步推展到丧葬、婚冠、生育，以及对在世尊长的爱敬与服事之中。在西周时代，"孝"被视为血缘宗法政治理念的核心，奉行孝礼和"孝（教）化天下"是天子和各级统治者实施血缘宗法统治的基本手段之一。随着历史的发展，周人孝的观念有所变化，增加了善事父母等伦理性内容。如"肇牵车牛，远服贾，用孝养厥父母"[1]；"元恶大憝，矧惟不孝不友。子弗祇服厥父事，大伤厥考心。"[2]此外，臣事君长亦被看作是孝。周人孝的对象十分广泛，除了祖考、父母外，还包括兄弟、婚媾、朋友、诸老、大宗、族人、君长等，孝几乎涵盖了当时所有的社会关系，具有"泛孝论"的特点。周人之所以如此，是因为当时的社会基本单位是宗族，而不是个体家庭，周人的孝是建立在宗族组织的基础之上，是服务于宗族组织需要的。

---

[1]《尚书·酒诰》。

[2]《周书·康诰》。

春秋时孔子认为为人子女，孝顺父母，是天经地义的法则，是人们应该身体力行的基本伦理。孝包含了事亲、事君、立身等多方面的内容。

"夫孝，始于事亲，中于事君，终于立身"。[1]"事亲"是孝道的最基本层次的要求，包括养亲、敬亲、顺亲、谏亲、继亲、丧亲、祭亲方面的具体内容，《孝经》将其归纳为"孝子之事亲也，居则致其敬，养则致其乐，病则致其忧，丧则致其哀，祭则致其严"。"养亲"是从物质上回报和奉养父母，是孝亲的基础，但仅仅能养亲却不一定就能算孝。比较而言，儒家更看重"敬亲"的要求，认为敬亲比养亲更有道德意义。在《论语·为政》里有几位弟子向孔子问孝。子游问孝。子曰："今之孝者，是谓能养。至于犬马，皆能有养。不敬，何以别乎？"对子游的发问，孔子突出了一个"敬"字，认为孝是同尊重与敬爱父母分不开的。子夏问孝。子曰："色难。有事弟子服其劳，有酒食，先生馔。曾是以为孝乎？""色难"是指态度不容易做好。并不是有事子女来做，有好吃的拿给父母吃就尽了孝道。孔子再明确提出在孝顺父母时，还要做得和颜悦色。孟武伯问孝。子曰："父母唯其疾之忧。"孔子论孝，多侧重于内在的真实情感。孟子说："孝之至，莫大于尊亲。"[2]尊重父母是孝敬父母的内在涵义。

《礼记》将"孝"分为三个层次："大孝尊亲，其次弗辱，其下能养。"[3]对父母尽孝"生则养"，"养观其顺"；"没则丧"，"丧观其哀"；"丧毕则祭"，"祭观其敬与时"等等。孔子还提出

---

[1]《孝经·开宗明义章》。

[2]《孟子·万章上》。

[3]《礼记·祭义》。

了对父母的错误要尽力谏净，而不是盲目服从，这就是"谏亲"的要求。《论语·里仁》提出"事父母几谏"。"继亲"，既指传宗接代，延续祖宗香火，也指要继承父祖的遗志和事业，光大门楣，光宗耀祖。儒家认为，丧亲是人生中特别重大的事情，"养生者不足以当大事，惟送死可以当大事。"葬亲祭亲是一个人非常庄严神圣的责任和任务。儒家特重对逝去父祖的祭祀，认为祭祀既是子女对另一世界的亲人的继续供养和尽孝，更是表达对亲人的尊敬和寄托哀伤之情的形式，是所谓"事死如事生，事亡如事存"。除了这种感情上的意义，祭祀还被当成重要的教化和统治手段。

在儒家看来，孝道是体现在许许多多方面的，而不仅仅局限于对父母的赡养，爱护自己的身体、谨言慎行、不给父母留下恶名、父母有错婉言劝谏、生养儿子传宗接代等等，都是孝行。总体来说，儒家最为强调的还是对父母要从心中敬爱，努力使父母物质生活与精神生活得到必要的尊重与满足。

孝具有调节父母子女关系的功能，并能使仁德得到具体而生动的体现。《论语·学而》说："孝悌也者，其为仁之本与！"曾子对孔子的思想作了进一步发挥和推演，将"孝"视为充塞于天地、四海、古今的普遍道德。

孝是家庭道德的核心，孝的感情最能体现人的本性。儿子善事父母，是人伦之常情，其根本乃在于那种永不能割断的血缘。从本质上说，孝是子女爱戴敬重父母的一种出于自然而又高于自然的伦理情感的集中表现，是人的自然性和社会性相统一的产物和结晶。血缘关系是萌发孝德的自然基础，血亲家庭是培养孝德的自然温床，而宗法制和家族制则又从社会伦理和制度伦理建构方面彰显了孝德的社会意义。

二、孝道、孝行与孝子风范

孝道不仅是观念的、原则的，更是实践的、行为的。它内在地包含了孝行或孝德的行为实践。

先秦时期，出现了大量的孝子，他们以自己对父母的爱敬抒写了中国孝道史的厚重篇章。早在唐虞时期，舜就以自己对父母的孝行闻名于世。西周的周文王、周武王都是典型的孝子。周文王很孝敬他的父亲，做到了"晨则省，昏则定"。他每早中晚都会去问候他的父亲，看父亲睡得好不好，吃得好不好，假如父亲的胃口不太好，他内心就会很着急，等父亲身体舒适了，吃得正常他才觉得心理安慰。周武王侍奉周文王也特别的孝敬。有一次周文王生病了，周武王服侍在侧12天都通通没有宽衣解带，帽子也没有取下来。无时不刻都在照顾他的父亲，由于这一份孝心，所以周文王的病很快好转了。文王之子周公也是有名的孝子。《史记·鲁周公世家》开篇就言周公旦"为子孝，笃仁，异于群子"。

周人重孝，除了强调它在家族关系中的作用外，还有一个很重要的目的就是要把它推广为整个社会的道德伦理基础，让它在维护整个社会秩序中发挥巨大作用。周代贵族把孝当作最基本的伦理道德，《孝经》说："夫孝，天之经也，地之义也，民之行也。"有子曰："其为人也孝弟，而好犯上者，鲜矣；不好犯上而好作乱者，未之有也。"[1]《吕氏春秋·孝行览》有言："凡为

---

[1]《论语·学而》。

天下、治国家，必务本而后末……务本莫贵于孝。人主孝，则名章荣，下服听，天下誉。人臣孝，则事君忠，处官廉，临难死。士民孝，则耕耘疾，守战固，不罢北。夫孝，三皇五帝之本务，而万事之纪也。"孝是治理国家、平定天下的根本，是人间万事的纲纪。抓纲治本，就应当以孝为贵。只有以孝为贵，才能平章天下。

孝子深情反映在感念父母恩情、及时报答父母的日常行为中。刘向《说苑·建本》载，子路早年家庭生活贫困，常吃野菜为生，有时为了给父母弄点粮食，甚至到百里之外去借米。后来名显诸侯，列鼎而食，父母却已去世，这种"子欲养而亲不待"的憾疚紧紧地抓住了他的心，所以他说出了"家贫亲老不择禄而仕"的名言。

三、汉以后对孝道的强化及"二十四孝"的出现

两汉是孝道的昌盛时期，其开国皇帝汉高祖认为"父子之道，人道之极"，大力提倡孝道，"以孝治天下"。汉朝从汉惠帝开始，所有皇帝的谥号都冠以"孝"字，号召天下人行孝，这样"孝"就被纳入了封建道德体系中，从家庭伦理范畴扩展为社会道德范畴，实现了完全的政治化。统治者大力宣扬孝道，促使"孝"作为"民风"臻于大盛，同时，作为治国之策的孝道，具有至高无上的"权位"。因而，孝文化在汉朝的受众及影响是非常广泛的。魏晋南北朝继承了汉朝的"以孝治天下"的传统，"孝"的影响就着两汉发展的大势继续得到扩大。

宋元时期，父子关系的维系特别强调孝道，在整个社会出现了劝孝和表彰孝道的风习，著名的"二十四孝"即产生于这一时

期。元代郭居敬编录的《二十四孝》，是对儒家孝伦理孝精神的集中呈现，是对历史上民间广泛流传的孝子典范的全面展示，体现了中华民族孝父尊亲的伦理美德和人伦风范。概括而言，它体现了如下四种基本伦理精神[1]：

其一，主张"大孝尊亲"，即从思想感情上尊敬父母的精神。"尊亲"是对父母尽孝的最重要的表现和要求，是一切孝行的基础。换句话说，一切孝行都是在"尊亲"思想萌动下发生的。《大戴礼记·曾子大孝》记载："孝有三，大孝尊亲，其次不辱，其下能养。"称"尊亲"为"大孝"。《二十四孝》推举的孝行有一个共同点，即在各自孝行中充分体现了"大孝尊亲"的孝道精神。

其二，"今之孝者是谓能养"，即从经济上奉养父母的精神。《二十四孝》在彰明"大孝尊亲"的同时，也把对父母物质生活的关爱视为孝道。如果说《二十四孝》以"尊亲"为孝子们的共同思想基础，是儿女尽"孝"之动力之源，那么它也把"能养"看作是所有儿女对父母应尽的义务和责任。

其三，对待"父母，唯其疾之忧"，即从身体上关心父母健康的精神。"二十四孝"人物故事中有大量关心父母健康的孝子孝行事迹。他们要么想方设法避免父母身体受到伤害，要么积极主动医治父母疾病。

其四，强调"葬之以礼，祭之以礼"，即对已故父母追思与感恩的精神。《论语·为政篇》讲："孟懿子问孝。子曰：'无违。'樊迟御，子告之曰：'孟孙问孝于我，我对曰，无违。'樊

---

[1] 参阅陈谷嘉、吴增礼：《论〈二十四孝〉的人伦道德价值》，《伦理学研究》2008年第4期。

迟曰：'何谓也？'子曰：'生，事之以礼；死，葬之以礼，祭之以礼。'"可见，孔子认为孝敬父母应该包括身前和身后，身前要以礼侍奉父母，死后要按照礼节安葬、祭祀父母。

"二十四孝"人物故事中，既有一定的教育意义和对家庭伦理的建设意义，也不乏对愚昧孝行的渲染。其中最骇人听闻的是郭巨"埋儿奉母"的故事。郭巨为了奉养母亲，竟然要将自己的亲生儿子活埋，其做法非常之残忍。

近代以来，人们对封建孝道作出了严厉的批判，主张冲决纲常名教的网络，并在父母子女关系中植入自由、平等的因素，开启了个性自由、人格平等的道德生活转型。吴虞《说孝》反对片面地讲子女对父母的封建孝道，主张"父子母子不必有尊卑的观念，却当有互相扶助的责任。同为人类，同做人事，没有什么恩，也没有什么德。要承认子女自有人格，大家都向'人'的路上走"。[1]1919年毛泽东写的《祭母文》记述了母亲的养育深恩和盛德高风，字里行间凝结着母慈子孝的真诚情义，由衷地表达了对母亲的孝敬之情。马克思主义对"孝"用唯物辩证法予以分析，主张继承其精华，抛弃其糟粕，并使其精华与家庭伦理道德建设有机结合起来，为培育新型健康合理的家庭美德服务。

第三节　悌道与兄弟之道德生活

在家庭伦理中，紧随父子伦理而来的则是兄弟伦理。兄弟包括姊妹是平辈之间最亲密的伦常关系。《尔雅·释亲》曰："男

---

　[1]　吴虞：《说孝》，《吴虞集》，成都：四川人民出版社，1985年版，第172页。

子：先生为兄，后生为弟；谓女子：先生为姊，后生为妹。"《说文解字》释兄曰："兄，长也。从儿，从口。"释弟曰："弟，韦束之次第也。从古文之象。"段玉裁注："以韦束物，如辀五束、衡三束之类。束之不一，则有次第也。引申之为凡次弟之弟，为兄弟之弟。"《说文解字》释姊曰："姊，女兄也。从女，姊声。"释妹曰："妹，女弟也。从女，未声。"兄弟姊妹生有先后，故无疑应该友爱恭敬，长幼有序。

一、兄友弟恭，长幼有序

兄弟姊妹之间的关系是一种"天伦关系"。《穀梁传·隐公元年》说："兄弟，天伦也。"范宁《注》云："兄先弟后，天然伦次。""天伦"的本义是天然伦次，最初专指兄先弟后的天然次序，后来才引申为父子、兄弟等天然的亲属关系。

《颜氏家训·兄弟》指出，自从有了人类就有夫妇，有了夫妇而后才有父母子女，有了父母子女而后才有兄弟姐妹，一个家庭中的亲人，仅这三种关系而已。由此推广，直到九族，都是源自这种"三亲"关系，所以"三亲"是人伦关系中最重要的，不能不重视。兄弟（姐妹）是从娘胎出来体形不同而气息相通的人。小的时候，父母左手拉着一个，右手扯着另一个，这个牵着父母衣服的前襟，那个抓着父母衣服的后摆；吃饭时共用一个案几，穿衣服则是哥哥穿了再传给弟弟，学习上也是弟弟使用哥哥用过的书，游玩兄弟也同在一个地方。即使兄弟间有胡闹不讲理之人，也不能不相互爱护。等兄弟长大了，各自娶了妻子，各自抚养孩子，即使忠诚厚道的兄弟，感情上是会疏远淡薄很多的。妯娌间与兄弟相比，感情上是疏远淡薄很多。如今用感情疏远淡薄的妯娌关系来节制度量亲密深厚的兄弟感情，就好像方形的底座配上圆形的盖子，必定不适合。惟有兄弟间互相爱护，感情深厚，才不会受别人影响而疏远关系。

兄弟一伦，其道德要求则是兄友弟恭，长幼有序。《左传·文公十八年》记载了鲁大夫季孙行父的话，将兄友弟恭视为"五教"之二义，其所谓"五教"是指"父义，母慈，兄友，弟恭，子孝"。《左传·隐公三年》石碏将"兄爱、弟敬"谓之为"六顺"，所谓"六顺"是指"君义，臣行，父慈，子孝，兄爱，弟敬"。这两处提到的兄弟关系，均强调为兄的对弟应当友爱关心，为弟的对兄长应当恭敬尊重。《荀子·君道》谈到为人兄和为人弟应当遵循的伦理规范："请问为人兄？曰：慈爱而见友。请问为人弟？曰：敬诎而不苟。"兄长应以友爱的态度对待弟弟，弟弟应以恭敬的态度对待兄长。兄弟如同手足，血肉相连，痛痒相关，理应和睦友爱，互帮互助。质言之，"兄弟姊妹之间，既是互相亲爱、友好和互相尊重的完全对等的关系，又略带有平辈之间长者爱护幼者和幼者敬顺长者的长幼关系"。[1]

兄友之友，最原初的含义是亲爱、友好。《尔雅·释训》曰："善父母为孝，善兄弟为友。"西周器物铭文中有一些涉及兄弟关系的文字，这些文字有一些是关于兄弟共同参加祭祀的，更多的则是关于兄弟聚会宴飨的；同族兄弟以彝器、美食、旨酒、雅乐共祭祖先，体现的是一种同宗共祖的血缘亲情；在饮食宴会之中，同族兄弟称觞同饮，兄劝其弟，弟让其兄，其乐也融融，手

---

[1] 徐儒宗：《人和论——儒家人伦思想研究》，北京：人民出版社，2006年版，第260页。

足相亲的"友"的伦理自然更尽显其中。

兄友弟恭是传统家庭道德生活的重要内容，反映了兄弟关系的道德要求，是兄弟姊妹之间处理相互关系的行为准则。

二、悌道的本质内涵及其价值

善事父母曰孝，善事兄长曰悌。悌，从心，从弟，本义作"善兄弟"解。悌是会意字，一个"心"字，跟一个弟弟的"弟"，心在弟旁，表示哥哥对弟弟妹妹的关心；心中有弟，就是兄弟间彼此诚心友爱。而弟又有"次第"的意思，即弟弟对哥哥要尊敬顺从。而哥哥对弟弟要爱护，顺其正而加以诱掖之。兄弟之间如能各尽其道，自然和睦友爱。

悌的含义主要有：其一，敬重兄长、善事兄长曰悌。如孝悌。又如《孟子·滕文公下》"入则孝，出则悌"。其二，悌友，兄弟笃爱和睦。如《韩愈元和圣德诗》"皇帝大孝，慈祥悌友"。其三，悌睦，友顺和睦。如《高士传》的"阖门悌睦，隐身修学"之说。一般地讲，悌主要指敬爱和顺从兄长，其目的在于维护封建的宗法关系。兄弟（包括姐妹）同辈，有骨肉之亲，但在中国古代的宗法制中，兄长在家中的发言权上仅次于父，故常父兄并称，在道德上则孝悌并称。

《论语·学而》云："其为人也孝悌，而好犯上者鲜矣。不好犯上，而好作乱者，未之有也。君子务本，本立而道生。孝弟也者，其为人之本与！"儒家非常重视"孝悌"，把它看作是为人的根本和实现仁德的核心。只有对父母兄长怀有孝悌之心，然后才可以将此孝悌之心扩展而推广到其他人际关系上去，因为"贵老，为其近于亲也。敬长，为其近于兄也。慈

幼，为其近于子也"。[1]孔子说："教民亲爱，莫善于孝；教民
礼顺，莫善于悌。"[2]有了孝亲敬长之心，才会教人民和睦
相亲。

扩展事兄之悌道于社会，则是四海之内皆兄弟，建构一种
"宜兄宜弟"的人际关系。《论语·颜渊》载，司马牛看到他人皆
有兄弟之情而自己没有，故非常难过。子夏则告知他："君子敬
而无失，与人恭而有礼。四海之内皆兄弟也，君子何患乎无兄
弟也！"

《诗经》中的《大雅》和《小雅》有若干成于西周时期的篇
章，肯定兄弟关系在人伦关系中的重要地位，将兄弟关系视为不
可分割的花萼关系，彰显出兄弟情深义重的伦理价值。《小雅·
棠棣》歌颂了兄弟在一致对外、平定丧乱之后相聚宴会的情形，
兄弟犹如棠棣树上的花朵，其萼其蒂是有机联系在一起的，友则
两美，离则两伤。"兄弟既具，和乐且孺。""兄弟既翕，和乐且
湛。"人间最难得者兄弟，兄弟情堪比手足，需要好好珍爱、珍
惜、护卫。

周之太王古公亶父见文王生有圣德，颇有传位于文王之意。
太伯知父之意，乃避季历而适吴不反，虞仲亦继而避之。及太王
没，传位于季历，季历没，传位于姬昌。孔子说："泰伯其可谓至
德也已矣。三以天下让，民无得而称焉。"[3]泰伯是孔子十分推
崇的圣人，泰伯知道了父亲的意思后，既不想背弃自己的原则，
又不愿父亲为难，于是南逃，到了现在江苏一带，在那里归隐。

---

[1]《礼记·祭义》。

[2]《孝经·广要道章》。

[3]《论语·泰伯》。

直到周武王统一天下以后，才把泰伯这一支宗族找到，封为吴国。春秋战国时期的吴国就是泰伯的后代，所以泰伯又叫吴伯。在孔子看来，太伯把道德放在第一位，既孝且悌，在公私两方面的道德修养都到了最高点，可谓至德的代表。

第四节　注重家教与耕读传家之伦理追求

家庭道德教育对子女健康成长起着十分重要的作用。中国先贤不仅重视家庭德育，教子立志成才、做好人，教子节俭戒奢、诚实守信、去恶从善，而且讲究家庭德育的方法与艺术，如及早进行道德教育，言传与身教结合，寓道德教育于家庭生活之中，重视反面教员的作用等。

一、注重胎儿的道德教育

中国古代有重视胎教的传统。所谓胎教，就是从怀孕早期，尽可能控制孕妇体内外的各种条件，有意识地给予胎儿良好的刺激，防止不良因素对胎儿的影响，以期使孩子具有更好的先天素质，为孩子出生后的健康成长打下一个良好的基础。古人认为，胎儿在母体中能够感受孕妇情绪、言行的感化，所以孕妇必须谨守礼仪，给胎儿以良好的影响。汉代王充谈到胎教时说："性命在本，故礼有胎教之法，子在身时，席不正不坐，割不正不食，非正色目不视，非正声耳不听……受气时母不谨慎，心妄虑邪，则子长大，狂悖不善，形体丑恶。"[1]王充认为，人性由元气聚

[1]《论衡·命义篇》。

247

合而成，它有善有恶，命分为正命、随命、遭命三种，无论是性还是命，均是在父母合气之时偶尔禀得的，为此，必须重视胎教。

相传孟子之母曾说过："吾怀妊是子，席不正不坐，割不正不食，胎教之也。"[1]《源经训诂》云："目不视恶色，耳不听淫声，口不出乱言，不食邪味，常行忠孝友爱、兹良之事，则生子聪明，才智德贤过人也。"传说中的后稷母亲姜源氏怀孕后，十分注重胎教，在整个怀孕期间保持着"性情恬静，为人和善，喜好稼穑，常涉足郊野，观赏植物，细听虫鸟，迩云遐思，背风而倚"。古人认为，胎儿在母体内就应该接受母亲言行的感化，因此要求妇女在怀胎时就应该清心养性，守礼仪、循规蹈矩、品行端正，给胎儿以良好的影响。据《礼记·保傅》篇记载，周文王的母亲太任在怀孕时，眼睛不看邪恶的东西，耳朵不听不健康的音乐，嘴里不说恶语脏话，她认识到，母亲所接触的外界事物都会感应给胎儿，并对其产生一定的影响，形象、声音尤为重要。她晚上就命乐官朗诵诗歌，演奏高雅的音乐给她听。太任怀周文王时讲究胎教事例，一直被奉为胎教典范。

贾谊认为古代胎教的目的在于"正礼"，即孕妇生活中的一切内容都应符合"礼"的规范。因此，凡孕妇"所求声音者非礼乐""所求滋味者非正味"，均不能迁就这类非礼之求。贾谊强调"慎始敬终"，指出："《易》曰：正其本，万物理，失之毫厘，差之千里，故君子慎始也。"[2]"慎始"，即把胎教看成人生教

---

[1]《韩诗外传》卷九。

248　　[2]《大戴礼记·保傅》。

育的基础，是很有道理的。刘向认为古代胎教的目的是"生子形容端正，才德必过人矣"。这一追求更为切合实际。刘向指出实施胎教的宗旨在于"慎所感"，即重视胎儿通过母体对外界事物的感应。他说："故妊子之时，必慎所感。感于善则善，感于恶则恶。人生而肖万物者，皆其母感于物，故形音肖之。"[1]这种观点具有唯物主义的思想倾向，与现代生育学颇相接近。贾谊、刘向等人总结的是前人胎教的经验，主要指西周宫廷胎教的经验，但却对后世发生了重要影响。

二、教育子女学会做人

传统的家庭教育十分注重子女健康的人生观和价值观的教育，鼓励子女奋发向学、自强不息，教导子女为人谦虚谨慎一直是中国古代家庭道德教育的重要内容。

周公之子伯禽在去鲁国封地之前，周公对其进行教育，谆谆告诫伯禽要时刻讲求谦德，保持谦虚谨慎的精神操守。周公说："去矣，子其无以鲁国骄士矣！我，文王之子也，武王之弟也，今王之叔父也，又相天子，吾于天下亦不轻矣。然尝一沐而三握发，一食而三吐哺，尤恐失天下之士。吾闻之曰：'德行广大而守以恭者荣，土地博裕而守以俭者安，禄位尊盛而守以卑者贵，人众兵强而守以畏者胜，聪明睿智而守以愚者益，博闻多记而守以浅者广。'此六守者，皆谦德也。夫贵为天子，富有四海，不谦者，失天下，亡其身，桀纣是也，可不慎乎？故《易》曰：'有一道，大足以守天下，中足以守国家，小足以守其身，谦之谓也。

[1]《列女传》卷一。

夫天道毁满而益谦，地道变满而流谦，鬼神害满而福谦，人道恶满而好谦。"[1]周公对其子进行的家庭社会道德教诲，情理并茂，在中国家庭教育史上影响深远。

孟子的母亲很重视对子女的教育，韩婴编纂的《韩诗外传》以及刘向编纂的《列女传》中都保存有孟母教子的故事，而历史上广为流传的"孟母三迁"和"孟母断机杼"的故事更是家喻户晓。孟子的母亲以断织的方式来教育孟子勤学修德，可谓用心良苦，深得家庭道德教育之要法。正是因为如此，才使得孟子从小就得到了良好的人格塑造。

教育子女以国家利益为重，勤于政事，廉洁奉公也是中国古代家庭道德教育的重要内容。田稷的母亲在教育田稷时也非常得体。春秋时，齐国的田子当了三年国相，休假回家。他把得到的两千两金子，交给了母亲。母亲问他说："你怎么得到这些金子的？"田子回答说："这是我当国相的报酬。"母亲又问："你当国相三年，就不吃饭啦？你这样当官，不是我希望的。孝顺的儿子，侍奉父母，应该做到十分诚实。不义的财物，是不能拿进家门的。当臣子不忠，也就是当儿子不孝。你赶快把金子拿走。"田子惭愧地离开了家，上朝后，不但退还了金子，而且还请求入狱。田子母亲的贤慧，使国君十分感动，而且田子也能改过自新，所以就赦免了田子的罪，仍旧让他当国相，还把退还的金子都赏赐给了田子的母亲。[2]注重环境对子女道德品质形成的影响，也是中国古代家庭道德教育的重要内容。

---

［1］ 《说苑·敬慎》。

［2］ 参阅《韩诗外传》卷九。

父母亲在子女教育问题上应该做到言行一致，率先垂范。曾子杀猪以教育孩子讲求信用的故事广为传诵。在曾子看来，教育儿女必须以诚实信用为本，子女年幼无知，往往最相信父母的教导，如果父母自欺欺人，就会使教育失去应有的价值，只会使子女误信误学，最后是误人子弟。因此，必须说话算数，言而有信，取信于人，这样才能给子女留下学习的榜样。

宋元涌现出大量的仕宦家训，如名臣司马光、范仲淹、贾昌朝、包拯、苏轼、赵鼎、陆游、叶梦得等都有家训传世。司马光的《居家杂仪》就是一部家庭礼仪的汇编，其中对居家日常礼节和家庭不同成员的相应行为准则规定得非常具体。朱熹在《训学斋规》中规定："凡为人子弟，须是常低声下气，语言详缓，不可高言喧哄，浮言戏笑。父兄长上有所教督，但当低首听受。"诸如此类的家规在今天看来非常烦琐，但在当时对于协调家庭关系却起到了很大的作用。

三、勤劳俭朴与耕读传家之风尚

中国古代家庭教育以教人做人、光宗耀祖和耕读传家为目的，传家二字"耕与读"，守家二字"勤与俭"。耕读是华夏子孙的传家之本，耕田可以事稼穑，丰五谷，养家糊口，以立性命；读书可以知诗书，达礼义，修身养性，以立高德。所以，耕读传家既学做人，又学谋生，把书本知识与生产劳动相结合。中国古代社会的基本结构是以农养天下，以士治天下。养天下必须重视农耕，治天下必须重视读书。重视农耕不仅可以解决社会的吃饭穿衣问题，而且有助于敦风化俗，保持民风的纯朴和社会的稳定。读书最大的好处是使人懂得诗书礼仪，明白善恶是非。

中国自古以勤俭作为修身治家治国的美德，《尚书》说："惟日孜孜，无敢逸豫。"《左传》引古语说："民生在勤，勤则不匮。"强调"克勤于邦，克俭于家"。克勤克俭，是中国人民的传统美德。传说中的古代圣贤都是这样做的，他们对于国家大事尽心尽力。大禹勤劳于治水大业，数过家门而不入。尧特别关心群众，认为别人挨饿受冻，是自己的工作没有做到位，是自己的过错。古代圣贤的生活十分节俭，经常穿着粗布衣裳，吃粗米饭，喝野菜汤。由于尧、舜、禹在事业和生活上克勤克俭，所以赢得了百姓的拥戴。

司马光的《训俭示康》谆谆教导子孙："夫俭则寡欲。君子寡欲则不役于物，可以直道而行；小人寡欲则能谨身节用，远罪丰家。故曰：'俭，德之共也。'侈则多欲。君子多欲则贪慕富贵，枉道速祸。小人多欲，则多求妄用、败家丧身。是以居官必贿，居乡必盗。故曰：'侈，恶之大也。'"[1]叶梦得在家训中要求子孙要做到勤和俭，"每日起早，凡生理所当为者，须及时为之。如机之发，鹰之搏，顷刻不可迟也"，"夫俭者，守家第一法也"[2]，把节俭看成是固守家业的第一条原则。

中国古代伦理道德的根基是家族本位，因此十分重视家庭伦理道德生活。中国人最重视的是家庭和家族，中国文化的一大特色就是家族文化。在中国传统农业社会中，家庭在维持生存和生计上的重要性超过个人，家庭成为维持个人生存的主要工具，成

---

[1] 司马光：《训子孙文》，《戒子通录》卷五，《四库全书》第703册，第62页。

[2] 叶梦得：《石林家训》。

为个人各方面生活的活动范围。中国人一出生就降落在家庭关系的网络中，个人是血缘链条上的一个环节，上以继宗庙，下以续万世，个人受着层层义务的约束，立身行事，以至言谈举止，都必须遵循固定的行为准则，把家族利益置于个人利益之上。家族至上的意识成为传统家庭伦理的核心精神，这种整体价值观使人们把平衡与和谐视为最理想的家庭关系状态，并以此为行动宗旨。中国传统家庭伦理价值目标以"齐家"为本，每个家庭成员都要修身、诚意、格物、致知，即按照孝悌的伦理规范了解自己在家庭中的地位和长幼关系，遵循一定的家规、家训，按照此修身养性，以达"齐家"之目标。

近代以来，伴随着古今中西之争以及中国伦理文化向何处去的深入展开，反思和批判传统家庭伦理文化的呼声日益高涨，主张"家庭革命"的思潮此起彼伏。一批激进的民族主义者认为，封建礼教以家族伦理为始基，以尊卑长幼为规范，将人们束缚于纲常名教的网罗中，极大地压抑了子女、晚辈和妇女的个性和创造性。现代意义上的家庭革命就是要把人们特别是子、弟、妻、女从封建礼教的束缚中解放出来，使他们能享受人的平等的权利。中国共产党领导的民族民主革命其中一个很重要的任务就是彻底否定封建礼教和纲常伦理，建设新型平等互助的家庭伦理关系和人际伦理关系。改革开放以来，适应社会主义精神文明建设的要求，中共中央颁布了《公民道德建设实施纲要》，主张加强家庭美德建设，认为家庭美德是每个公民在家庭生活中应该遵循的行为准则，涵盖了父母子女、兄弟姐妹、夫妻、长幼以及邻里之间的关系，"要大力倡导以尊老爱幼、男女平等、夫妻和睦、勤俭持家、邻里团结为主要内容的家庭美德"，"共同培养和发展夫妻爱情、长幼亲情、邻里友情","鼓励人们在家庭里做一个好成员"。[1]十八大以来，以习近平同志为核心的党中央十分重视家庭美德建设，主张弘扬优良的家风，指出："中华民族历来重视家庭。正所谓'天下之本在家'。尊老爱幼、妻贤夫安、母慈子孝、兄友弟恭、耕读传家、勤俭持家、知书达礼、遵纪守法、家和万事兴等中华民族传统家庭美德，铭记在中国人的心灵中，融入中国人的血脉中，是支撑中华民族生生不息、薪火相传的重要精神力量，是家庭文明建设的宝贵精神财富。"[2]我们要在新的历史时期建设高度文明的家庭伦理道德，就是要在弘扬中华民族优秀传统家庭美德的基础上建设健康向上、平等互助的新型家庭伦理关系，引导家庭成员积极培育和践行社会主义核心价值观，"倡导忠诚、责任、亲情、学习、公益的理念，推动人们在为家庭谋幸福、为他人送温暖、为社会作贡献的过程中提高精神境界、培育文明风尚"。[3]

[1] 《公民道德建设实施纲要》，北京：人民出版社，2001年版，第9页。
[2] 习近平：《在会见第一届全国文明家庭代表时的讲话》，《习近平关于社会主义文化建设论述摘编》，北京：中央文献出版社，2017年版，第147—148页。
[3] 习近平：《在会见第一届全国文明家庭代表时的讲话》，《习近平关于社会主义文化建设论述摘编》，北京：中央文献出版社，2017年版，第148页。

第八章　职业道德生活的价值追求及其实践

职业道德生活是人们在家庭生活和社会公共生活之外主要以职业活动呈现出来的道德生活，是每一个成年人社会生活的重要组成部分和活动方式。中华民族职业道德生活在远古时代是同自然分工联系在一起的，后来随着社会分工的发展，职业道德生活日趋独立且获得了较为完善的发展。"市农工商"的"职业分途"标志着中国古代职业道德生活的正常化和理性化。与此同时，春秋战国时期还产生了专门授徒传播知识的教师和治病救人的医生。专事打仗、保家卫国的军人也得以产生。这些职业的产生也催生了职业道德准则的制定和执行，使人们的职业道德生活成为人们社会生活的重要方式和活动载体。自先秦至现当代的职业道德生活贯穿着敬业乐业、精业勤业的精神要义，并形成了"三百六十行，行行出状元"的职业生活理想，所谓"业精于勤荒于嬉，行成于思毁于随"，所谓"敬业者，专心致志，以事其业也"，都在强调一种职业精神和职业伦理。传统的职业伦理与近现代职业伦理的一个重要区别在于"从身份到契约"的转型，从某种意义上说，传统的职业伦理总是与传统的宗法制、等级制密切相关，大规模的职业分工并未成为主潮，而在近现代职业伦理则同自由、平等、互助与人性解放联系在一起，职业内部的分工与等级制并无必然联系。尤其是社会主义社会的职业道德生活直接建立在社会化大生产、公有制和人民成为职业生活的主人的基础之上，故此是一种全新意义上的职业道德生活，"为人民服务"以及"我为人人，人人为我"成为职业道德生活的基本原则和价值共识。

第一节　"师出以义"之武德

武德是关于军队、军人的道德，是用来调整军民、将士及将帅、士卒之间的行为规范。武德萌芽于原始社会末期的氏族部落之间的冲突和战争，形成于奴隶社会。在原始社会，没有专门的军队，军民一体，战争具有全民性质，英勇善战、保家卫国等武德成分还只是作为氏族部落成员的集体道德而潜存着。到了奴隶社会，有了专门的军队，才有了专门以习武打仗为职业的军人。在原始社会末期，传说中的三皇五帝事迹中就已经有了武德因素的存在。春秋之际，人们又明确地提出了"武德"概念，认为军队的性质是行仁义、求平政的工具，强调军队的道德属性，主张"义兵""义战"。至战国后期已形成了以"师出以义"为核心，以"治军以德"为原则和仁、义、礼、智、信、忠、勇、毅、刚、果、敏、威、慎、约等规范构成的武德体系。

一、贵仁尚义的战争伦理

先秦兵家认为，兴师用兵、治军作战要以仁为本、以仁为胜，伐恶除暴要示之以仁义。另外，兴师用兵还要尚义，以义为重，以义制利。兴正义之师，匡扶天下正义。先秦兵家贵仁尚义的战争观，是忠国保民军人价值观在战争观层面上的直接理论表达。

先秦明君贤臣良将士民普遍反对杀伐、暴乱的非正义战争，而同意以有道伐无道，止逆安民，匡扶正义，平定天下，保卫国家的正义战争，提出了"师出以义"，"治兵以德"等主张，强调"义兵""义战""王道"，坚持战争的正义的道德属性。战争的目的性服从于战争的正义性，战争目的或动机的正义性是战争正义性的前提，而战争的正义性又取决于战争的过程是否保民、恤民，保民恤民的仁义思想则源自儒家厚生利用、无伤为仁的深厚生命精神。坚持保民恤民、厚生利用的原则就必须反对战争，即使"止戈为武""以战止战"是必要的，也必须最大限度地不伤及无辜，不破坏民生。孙武说兵有五经"道""天""地""将""法"，吴起说兵有四德"道""义""礼""仁"。"道"就是顺应民意，是发动战争的根本依据，位于五经四德之首。吴起在继承先前兵家战争观的基础上，提出了"举顺天人"的义战思想。他认为，义兵是正义之举，"强""刚""暴""逆"是不正义之举。吴起还为"义兵"确立了一条根本的行为指导原则，即"举顺天人"，意指顺乎天理，合乎民意。孙膑虽然崇尚"举兵绳之""必攻不守"，但同时又反对"乐兵"好战，主张慎战，强调攻者必有"义"。在他看来，非正义的好战者必然要灭亡，而正义战争，即使"卒寡"却能使之"兵强"。

"师出以义"。"义兵""义战"的"义"的实现也体现在君王将士的道德行为上，要求军队的最高统帅——君主要有道德，发动正义战争，不以个人喜怒好恶随意发动战争，应遵循百姓意愿，保护百姓利益，不穷兵黩武。崇仁尚义是对战争性质、目的、手段等问题理性认识的总结，是中华武德的基点，是中国仁义文化传统渗透到军事生活领域的重要体现。"醉卧沙场君莫笑，古来征战几人回。"[1] "新鬼烦冤旧鬼哭，天阴雨湿声啾啾。"[2] "可怜无定河边骨，犹是春闺梦里人。"[3] "浊酒一杯家万里，燕然未勒归无计。羌管悠悠霜满地，人不寐，将军白发征夫泪。"[4] 人们认识到，只有那些以有道伐无道且在其过程中保民恤民的战争才是"义战"，才能得到百姓的拥护，才能取得根本胜利。《司马法》首篇即是"仁本第一"，其云："杀人安人，杀之可也；攻其国，爱其民，攻之可也；以战止战，虽战可也。""战道：不违时，不历民病，所以爱吾民也。不加丧，不因凶，所以爱夫其民也。冬夏不兴师，所以兼爱民也。"这就强调了兴战的理由——安民以及战时的原则——爱民，安民爱民的军队才是"义师"，安民爱民的战争才是"义战"。

二、"智、信、仁、勇、严"之治军德性

克敌制胜是兵战的基本要求，历代兵法都强调将士智勇兼备，英勇善战。英勇善战的首要要求是智，先秦大多数军事家、思想家都强调以智取胜，反对强攻硬拼而逞匹夫之勇。如《周语·吴语》云："夫战，智为始，仁次之，勇次之。"智慧善战是

---

[1] 王翰：《凉州词》。

[2] 杜甫：《兵车行》。

[3] 陈陶：《陇西行》。

[4] 范仲淹：《渔家傲·秋思》。

对将帅士卒的首要要求。又如孙武说："将者，智、信、仁、勇、严也。"[1]将智列为将帅武德的首位，特别重视将帅武德中智的要求。"信"，即"言必信，行必果"，亦如荀子所说"庆赏刑罚，欲必以信"，[2]或如孙膑提出的"将者不可以不信，不信则令不行，令不行则军不抟，军不抟则无名，故信者，兵之足也"。[3]吴起提出"进有重赏，退有重刑，行之以信，审能达此，胜之主也"。[4]若"赏罚不信"则"金之不止，鼓之不进，虽有百万，何济于用"。《孙膑兵法·篡卒》指出："德行者，兵之厚积也。信者，兵之明赏也。恶战者，兵之王器也。"贯彻"义兵义战"思想，要求在战争中不伤无辜，少杀慎诛，兵战的矛头只指向代表"无道"的敌国君王，及其负隅顽抗的将帅吏卒。孙武强调将帅爱惜士兵生命，反对将帅从个人情感爱恶出发，驱士卒入死地，提出爱兵如子的武德要求，认为将帅爱兵恤卒是上下同欲，将帅一心，是取得兵战胜利的重要保证。"勇"，即要求将帅士卒在兵战中英勇杀敌，不畏生死，克敌制戎。先秦的军事家们认为勇敢与智慧一样是将帅士卒最基本的武德规范，两者相互作用，相互影响。有智无勇则怯，不足以怖敌决疑，有勇无智则暴，不足以知时化虚实胜衰之变、远近纵横之数。军法严正，纪律严明，令行禁止是军队战斗力的重要保证，也是仁义之师、正义之师的体现。军法严正不仅仅是对将帅武德的基本要求，也是对士卒武德的基本要求。《左传·襄公三年》记载："师

---

[1]《孙子·计篇》。

[2]《荀子·议兵》。

[3]《孙膑兵法·将义》。

[4]《吴子·治兵》。

众以顺为武，军事有死无犯为敬。"军队服从纪律叫作武，参军者宁死不违军纪叫作敬，服从纪律是军队的本质要求所在，严守军纪是军人道德的基本要求。

此外，团结协作也是军人道德的重要规范。武王伐纣时曰："同力度德，同德度义，受有臣亿万，惟亿万心；予有臣三千，惟一心。"[1]万众一心，同仇敌忾是拥有三千士卒的武王战胜有亿万之众的商纣的关键。相对天时、地利而言，人是战争的主体，是更具决定作用的因素。所以，军队内部协同一致，将帅士卒上下团结一心、同仇敌忾对取得兵战胜利具有决定性的意义。

三、恤民爱国与爱兵恤卒之武德风范

"恤民爱国"是义战义兵的基本前提，它要求君王统帅从百姓利益出发，把战争建立在正义的基础上，反对君主统帅纵欲贪念、穷兵黩武，从个人好恶私欲出发轻率发动战争，给百姓生命财产带来不必要的损失。恤民，即要求将士爱民，惜民，不伤民财，不害民力，安民不扰。爱国，即要求将士以义为先，以国为重，忠于百姓利益，忠于国家利益，心系国家百姓安危，舍身报国。《史记·司马穰苴列传》记载穰苴之语："将受命之日则忘其家，临军约束则忘其亲，援枹鼓之急则忘其身。""君羮不忘增其名，将死不忘卫社稷，可不谓忠乎。"[2]由此可见，在有着爱国主义传统的中国，对于军人而言，爱国不仅仅是道德的要求，更是一种责任和义务。

---

[1]《尚书·泰誓下》。

[2]《左传·襄公十四年》。

"安国保民"是军人的最高价值目标，是决定和统帅其他一切军事行为的最高、最根本的伦理原则。爱兵恤卒是将帅武德的基本规范。司马穰苴"士卒次舍，井灶饭食，问疾医药，身自拊循之。悉取将军之资粮享士卒，身与士卒平分粮食，最比其羸弱者，三日而后勒兵，病者皆求行，争奋出为之赴战"[1]。吴起在魏国为将的时候，不但善于用兵，而且处处身先士卒，深得人心。吴起"与士卒最下者同衣食。卧不设席，行不骑乘，亲裹赢粮，与士卒分劳苦。卒有病疽者，起为吮之"[2]。恤卒爱兵的思想包含着丰富的人文关怀，是将帅之德的集中表现。

军人与国家、与民众的关系是军人所要处理的最基本的道德关系，因而，忠国利民理当成为军人最基本的价值取向。民是国之本，军队的一个主要任务就是"保境安民"，倘若因兴兵强军而耽误农事、骚扰百姓，这就背离了军队保民安民利民的价值目标。

"天下虽安，忘战必危。"强调要经常对军人进行军事教育、军事训练，在这个过程中，切实培育军人的勇敢、智慧、团结、严格等美德。"养兵千日，用在一时"，一旦战事兴起，"正义之师"同时也要成为"威武之师""胜利之师"。李渊训练军队，为的就是畅兵威、战必胜。正是凭借着一支强有力的军队的保障，大唐在开国不久便显现了盛世局面。初期的满洲八旗军也是一支威风凛凛、攻无不克的军队，但入关后八旗军人便骄纵懈怠，沉迷于享乐之中，将祖上用生命铸就的军魂军德抛却得干干

[1]《史记·司马穰苴列传》。
[2]《史记·孙子吴起列传》。

净净。没有军魂军德提携起来的军队根本承担不了保家卫国的职责。八旗军的兴衰史警醒我们，要很好地继承中华优良武德传统，居安思危，兴军强国。

第二节　诚信无欺之商德

商业道德是商人在商业活动中必须遵循的行为规范及所形成的品德素质的总和，它是商业的社会价值及商业活动规律在商人思想和行为中的反映，伴随着商业的产生、发展而逐步形成。一般来说，商业活动萌芽于原始社会末期的产品交换。在西周，商业已经发展成为一个专门的社会生产部门，商业活动也受到统治阶级的鼓励、支持。春秋之际"工商食官"的局面被打破，出现私营商业，商人获得了独立于官府的地位。随着商业的发展，人们对商业的社会价值及规律的认识进一步深化，形成"良商不与人争买卖之价""乐观时变"，以及"以义取利"等伦理价值观，利用由季节变换与年景丰歉所造成的商品供求变化，"人弃我取，人取我与"而致富，初步形成了中国历史上的商业道德与商人道德。

一、以义取利，义利双行

中国商德一方面认识到商业的社会价值，承认商业逐利的本性及必然性，另一方面又强调商业活动及商人的道德属性，主张以义取利，以义治商。春秋战国时，人们以"义利统一论"为标准将商贾划分为良贾、义贾、奸商，赞成良贾、义贾，反对奸商，强调商业的道德属性。《礼记·王制》有言："布帛精粗不中数，幅广狭不中量，不粥于市；奸色乱正色，不粥于市。"强调诚实行商，反对欺骗无信。《管子·乘马》说："是故非诚贾不得食于贾，非诚工不得食于工，非诚农不得食于农，非信士不得立朝。"将商人的道德表现作为可否行商的决定因素，可见对商德的强调。"以义治商""以义取利"既是对商人行商取利正当性的要求，也是商业社会价值的必然体现。而守法则是"以义取利""以义治商"的最基本要求，大多数思想家、政治家及良商义贾都强调商业活动应遵守法律。《荀子》说："关市几而不征，质律禁止而不偏。"孟子说："古之为市……有司者治耳。"等等。先秦出现了许多受人赞颂的良贾义商，如与国君分庭抗礼，使老师名扬于天下的孔子的学生子贡，"善治生，能择人任时"，富好行其统一的陶朱公，强调行商贾"智、勇、仁、强"的白圭及爱国商人弦商等等，都是"以义取利""以义治商"的典范。

大量商业实践活动证明，那些讲究道义的良商义贾，在市场上经营越久，口碑也传得越远，最终必会财源滚滚。柳宗元笔下的宋清，一个在长安城卖药的商人，经常救助困难的求药之人，有时甚至无偿为他们提供上好药材，那些受宋清救助的人感谢并传颂他的美德，如此一来，到宋清处买药的人越来越多，宋清也因之获利丰厚。柳宗元说："清之取利远，远故大，岂若小市人哉？一不得直，则怫然怒，再则骂而仇耳。彼之为利，不亦龊龊乎？吾见蚩之有在也。清诚以是得大利，又不为妄，执其道不废，卒以富。"[1]宋清"得大利、卒以富"的原因就在其"不为

---

[1] 柳宗元：《宋清传》，见《唐宋八大家散文鉴赏》（第1卷），罗斌主编，长春：吉林出版集团，2015年版，第262页。

妄，执其道"。像宋清一样，中国历史上很多商人都懂得以义取利、利以生义的道理。

二、诚信无欺，买卖公平

诚信无欺、买卖公平是商业和商人道德的基本准则和要求。诚实不欺是商业发挥积极作用的内在要求，《荀子·王霸》中强调"商贾敦悫无诈，则商旅安，货通财，而国求给矣"。货真量足，这是市不豫贾、诚实守信在出售商品的质、量上的表现。司马迁在《史记·货殖列传》中写道："贩脂，辱处也，而雍伯千金。卖浆，小业也，而张氏千万。洒削，薄技也，而郅氏鼎食。胃脯，简微耳，浊氏连骑。马医，浅方，张里击钟。此皆诚壹之所致。"司马迁所提到的这些古代商人认识到诚实无欺的积极作用，所以能够"聚小利为大富"。

"诚贾"的内涵十分丰富：一是在商品的质量上，要提高识别商品质量的能力，严把进货关，确保给顾客提供质量上乘的商品，不能以次充好、以劣充优；二是在商品的价格上，讲求公允，要根据"货之精粗美恶"合理定价，不以贱充贵、虚抬价格，也不依人定价、欺瞒老小；三是在商品的数量上，要分量充足，不玩弄花样、缺斤少两，相反，对老弱病残者还尽量照顾一点。

做到诚实、公平买卖，生意自然兴隆，否则的话，就难逃破产的命运。明代文学家刘基在其《郁离子》一书中记载这样一个故事：春秋时期，有一个叫作虞孚的商人，以卖漆为业，有一次他到吴国去卖漆，原本已和买家验视好了货物，可他利欲熏心，想起妻兄曾经说的"金点子"，在漆中掺加一些漆叶膏以图多利，第二天买家拿钱取货的时候，看见漆的封签是新的，怀疑有诈，便要求延长交货时间，二十天后，那些漆果然发霉变质了，虞孚亏损严重，连回家的钱也没有，只得在吴国行乞，最后客死异乡。与此相反，据《清稗类钞·农商类》记载，清代乾隆年间，京师里有一家绸缎铺子，其中的一个老板姓王，人称"缎子王"，他诚信经商，大名远扬。有一次，乾隆皇帝问来自高丽、日本的使臣："汝观我国风俗何如？"那些使臣说："中华沐大皇帝教化，不仅士大夫读书明理，虽市贾亦知信义。如某缎肆王某者，陪臣与交易，海外遐荒，坦然赊与。且约观剧，馈食物，厚意深情，有加无已，实大皇帝时雍之化所致，非海国所敢望其万一也。"听罢此言，乾隆皇帝非常高兴，第二天就召见"缎子王"，并指令内务府拨银五十万两给他，要他独立经营，于是"缎子王"独自开店，并且将生意越做越大。

三、爱国崇道，勤俭致富

　　爱国是商人"行商以义"的最高体现，为商人的最高道德境界。先秦时涌现大量爱国义商的典型。鲁僖公三十三年（前627），秦穆公派兵进攻郑国。军队经过滑国时，被正准备到周做生意的郑国商人弦高发现了，他看到郑国情况危急，急中生智，假托奉郑穆公之命，来犒劳秦军，以稳住敌人。弦高从自己的货物中，拿出了四张熟牛皮和十二头牛，送给秦军，并对秦军主帅说："寡君闻吾子将步师出于敝邑，敢犒从者，不腆敝邑，为从者之淹，居则具一日之积，行则备一夕之卫。"[1]与此同时，弦高暗中派人回国告急。听了弦高的话，秦军以为郑国早已有了防

---

[1]《左传·僖公三十三年》。

备，就在灭掉了滑国之后返回秦国。

明清时期的晋商也多有爱国壮举。清朝光绪年间，腐朽的清政府将山西的矿产开采权卖与了英国福公司，这激起了山西人民的愤怒，包括晋商在内的山西各界人士纷纷举行游行示威，抗议清政府出卖矿权的行径。迫于压力，英国福公司同意废止买卖合同但又坚持向山西政府索要三百七十万两白银的"损失费"并限定一个月之内先缴纳一百五十万两银子。其时山西政府财政拮据，哪里拿得出这一笔钱。面对英国福公司咄咄逼人的态势，山西祁县富商渠本翘积极筹措赎矿银，其他的票号也纷纷解囊相助，最终，山西人终于从英商手中赎回了采矿权。

勤俭是守法经商者发财致富的一个重要条件。《史记·货殖列传》记载："白圭，周人也。当魏文侯时，李克务尽地力，而白圭乐观时变，故人弃我取，人取我与。夫岁孰取谷，予之丝漆；茧出取帛絮，与之食。太阴在卯，穰；明岁衰恶。至午，旱；明岁美。至酉，穰；明岁衰恶。至子，大旱；明岁美，有水。至卯，积著率岁倍。欲长钱，取下谷；长石斗，取上种。能薄饮食，忍嗜欲，节衣服，与用事僮仆同苦乐，趋时若猛兽挚鸟之发。"勤俭不仅仅表现在辛勤经营、生活节俭，还表现在爱物、惜物，能充分发挥物的作用。春秋名商范蠡说："知斗则修备，时用则知物，二者形则万货之情可得而观已……积著之理，务完物，无息币。以物相贸易，腐败而食之货勿留，无敢居贵。论其有余不足，则知贵贱。贵上极则反贱，贱下极则反贵。贵出如粪土，贱取如珠玉，财币欲其行如流水。"[1]物皆有用，因时可贵贱，故

---

[1]《史记·货殖列传》。

行商应爱物、惜物，因时之变，因地之异，通四方财货，以使物尽其极。勤劳经营，节俭生活。大凡正直的商贾，不论是肩挑手提的小商贩，还是拥资百万的富商巨贾，无不勤进货、勤销货，精于工计。《史记·货殖列传》在谈到"廉吏归富"的原因时指出"贪贾三之，廉贾五之"。廉贾是指货卖得便宜，因而卖得快、资金周转快的商人；相反，贪贾是指货卖得昂贵，因而卖得慢、资金周转慢的商人。所以，廉贾做五趟生意，贪贾只能做三趟。商事勤能生财，家事勤能节财。正所谓"历览前贤国与家，成由勤俭破由奢"[1]，勤为开源，俭为节流。两者必须结合，才能肥家守业。《史记·货殖列传》记载的经商致富的祖师爷白圭"能薄饮食，忍嗜欲，节衣服"，可谓勤俭的榜样。

四、乐善好施，扶危救困

中国古代商人经常在自己的店铺店堂内悬挂八个大字：陶朱事业、端木生涯。这八个字体现了中国古代商人的追求。"陶朱"即范蠡，以其"富好行其德"为后世商人称道。《史记·货殖列传》记载：范蠡在助越王勾践灭吴之复国后，"变名易姓，适齐为鸱夷子皮，之陶为朱公。朱公以为陶天下之中，诸侯四通，货物所交易也。乃治产积居，与时逐而不责于人。故善治生者，能择人而任时。十九年之中三致千金，再分散与贫交疏昆弟。此所谓富好行其德者也。后年衰老而听子孙，子孙修业而息之，遂至巨万。故言富者毕称陶朱公"。范蠡出身"衰贱"，曾拜计然为师，研习治国治军方略，博学多才，有"圣贤之明"。后离楚入

---

[1] 李商隐：《咏史》。

越，受到越王允常重用，为大夫。公元前 496 年，越王允常亡，其子勾践即位。勾践不听范蠡劝谏，出兵伐吴，结果大败于会稽山。后越王勾践听从范蠡之计，入吴为奴，卧薪尝胆，励精图治，"内亲群臣，下养百姓"，尊贤厚士，广揽人才，"不乱民功，不逆天时"，扩充军队，修筑城郭。经过二十年努力，终使越国大治。越国富强后，范蠡以上将军之职辅佐勾践组织和指挥灭吴之战，并乘势北进，会盟诸侯，称霸中原。在举国欢庆胜利之时，范蠡却急流勇退。"乘舟浮以行"，来到齐国，改姓名鸱夷子皮，开荒种田，"引海水煮盐，治产数千万。齐人闻知其贤，任为相。范蠡则弃官，尽散其家财，隐居陶地（今山东定陶西北）"，自号陶朱公，"专事经商，致资累巨万"。在中国经济思想史上，范蠡是商人心中崇拜的偶像，谓之"商圣"。他的言论成为商人们尊奉的信条，人们把经商事业称为"陶朱事业"，把世代经商为业或买卖公道称为"陶朱遗风"。在他们看来，范蠡的事业，既在"致富"，亦在"行德"，同时做到广聚天下之财产和广济天下之人，这才是一个成功商人的体现。

"端木"是孔子的学生子贡的姓氏。《史记·货殖列传》中描述子贡："既学于仲尼，退而仕于卫，废著鬻财于曹、鲁之间，七十子之徒，赐最为饶益……子贡结驷连骑，束帛之币以聘享诸侯，所至，国君无不分庭与之抗礼。夫使孔子名布扬于天下者，子贡先后之也。此所谓得势而益彰者乎？"子贡善于经商，可谓富甲天下，但他不满意于此，从他向孔子求教"如有博施于民而能济众何如？可谓仁乎？"的问题来看，他的人生理想是博施济众。所谓"端木生涯"其实就是既"饶益自己"又"博施于民"的生涯。

源远流长的商业道德传统，见证着中国文化中蕴涵着的深厚的商业道德精神，也拓展和深化着中华民族的职业道德生活。商业道德成就中华商业文明，儒商精神对于中华商业文明乃至整个中华文明都有深刻的影响，是中华道德生活的重要组成部分。当然，历史上也有一些"为富不仁"的奸商，他们唯利是图，重利轻义，对他人利益乃至国家利益造成了损害，对此必须予以批判。

第三节　"传道、授业、解惑"之师德

教育是衡量社会文明的重要指标。中国较早地进入了文明社会，逐渐形成了比较发达的教育体系及比较深厚的尊师重教传统。在中华民族道德生活史中，师德是最显光彩夺目的一页。

一、"师也者，教之以事而喻诸德者也"

教师作为一种职业源于教育活动的发展，最早出现在春秋时期。东周末年，周室衰微，"官失其守"，政治和学术中心下移，使得原来一些"在官"并懂得礼乐知识的巫、史一类人物破落而散落到民间，失去了原有的生活依靠，只能靠自己原来熟悉奴隶制典章文物制度，具有文化知识，收徒讲学，兴办私学，以相礼、教书为生。时人称这类职业者为"儒"，即是教师的前身。随着教师的职业化，师德从官德中分离出来，而成为独立的职业道德，并为当时及后来的思想家、教育家所研究、发展，形成以传道明德为核心，内容极为丰富的师德思想体系。

教师何为？这是理解师德的关键问题。《周礼·地官司传序》

云："师者，教人以道者之称也。"而《礼记·文王世子》亦明确"师也者，教之以事，而喻诸德者也"[1]。由此看来，"师者"就是教学生事理、知识而使其在德智方面都获得发展的人。传道明德，教书育人成为师德的核心和主要内容。师的价值在于崇德明道，故"德成而教尊"。

纳兰性德说："夫师者，以学术为吾师也，以文章为吾师也，以道德为吾师也。"[2]在纳兰性德看来，道德文章才是支撑师之为师的台柱，当然，给学生"传道"首先得教师自身"得道"，因而，崇德明道是对教师的必然要求。具体说来，教师首先要能修德进学，要有良好的教养、渊博的学识，处处起到模范和表率作用。"教之始也，身必备之"[3]，孔子亦云"其身正，不令而行；其身不正，虽令不从"[4]。这都说明，教开始于教师自身学识、修养的完备、周正。只有这样，教师才可以安身立命、教化他人并且得到受教者的尊敬。教师之尊，尊在"胜理行义"，倘若教师遗弃了"理义"，他就难以被尊敬了。故而教师要不断地加强自身的修养和学习，确保能够立于"道德和能力的制高点"。

孔子经常忧虑自己不能"身正"，他说："德之不修，学之不讲，闻义不能徙，不善不能改，是吾忧也。"[5]因为如此，学生才崇敬孔子，颜渊说老师"仰之弥高，钻之弥坚，瞻之在前，忽

---

［1］《礼记·文王世子》。

［2］ 纳兰性德：《上座主徐健庵先生书》，见《纳兰性德全集》（卷4），北京：新世界出版社，2014年版，第135—136页。

［3］《管子·侈靡》。

［4］《论语·子路》。

［5］《论语·述而》。

焉在后"[1]；也因为如此，在他人诋毁老师时，子贡才主动出来说："无以为也！仲尼不可毁也。他人之贤者，丘陵也，犹可逾也；仲尼，日月也，无得而逾焉。人虽欲自绝，其何伤于日月乎？多见其不知量也。"[2]中华民族有尊师重教的传统。当然，师之所以"尊"，教之所以"重"，皆是因为"道"。老师得道、传道，学生才对老师表示尊重。

二、"传道、授业、解惑"的敬业精神

唐代韩愈在《师说》中提出师者"传道、授业、解惑"的价值目标，对教师的职责和道德生活要求作出了比较明确的规范。

南宋的朱熹是继孔子之后中国封建社会最著名的教育家。他献身教育、大办学校，武夷精舍、同安县学、紫阳书院、考亭书院、白鹿洞书院、岳麓书院等即经他创办或翻修。或延请名师、或置办学田、或充实图书、或奏请敕赐等，朱熹竭力为这些学校及就读学子创设一流的环境。他还亲自订立学规，如著名的《白鹿洞书院教规》对教育目的、训练纲目、学习程序等，一一作出明确的阐述和详细的规定，影响深远。朱熹长期从事讲学活动，精心编撰了《四书集注》等多种教材，培养了众多人才。值得一提的是，基于对人的生理和心理特征的认识，朱熹把一个人的教育分成"小学"和"大学"两个既有区别又有联系的阶段，并提出了两者不同的教育任务、内容和方法，给后人留下了许多启迪。朱熹"重视教育，悉心教导，献身教业的精神，以及循循善

---

[1]《论语·子罕》。
[2]《论语·子张》。

诱，谆谆诲人，奖掖后生的师德与教学态度，为后世人师树立了典范"[1]。

邓元昌是清代雍正、乾隆年间的著名学者，他住在赣州城内，"有田在城南，先生尝以秋熟视获，挟朱子《小学》书坐城隅，见贫人子累累拾秉穗甚众。先生招之曰：'来，汝毋然，吾教汝读书，吾自量谷与汝归。'群儿欢，争昵就先生。先生始则使识字，即使讽《章句》，以俚语晓譬之"[2]。邓元昌痛惜穷苦人家的孩子无学可上，无道可闻，作为深得"圣人之道"教益的读书人，他认为自己有责任、有义务向这些懵懂孩童"传道"，他倒贴自家的谷物，教孩子们识字、读书，在"传道"过程中，他亦十分注重"解惑"的方法，如循序渐进、深入浅出等，学习中，孩子们感到十分的快乐并且对他表示特别的亲近。不求名利、传道为任、授业有乐、解惑有方，邓元昌可谓一位令人感动的好教师。

三、有教无类与教书育人的师者风范

师德要求教师在教书中实现育人的教育目标，并把乐道、乐教以及善教放在重要位置。其中，"乐教"要求教师热爱教育事业，关心、体贴、爱护学生，有教无类，育人不厌，诲人不倦。孔子可谓是乐教的典型。不管是何种出身、何种职业，只要虚心向学，孔子来者不拒、皆收门下。哭颜渊之死、问伯牛之疾，显

---

[1] 《安徽文化史》编纂工作委员会编：《安徽文化史》（上），南京：南京大学出版社，2000年版，第728—729页。

[2] 罗有高：《邓先生墓表》，见《续古文观止》，（民国）王文濡选编，杭州：浙江古籍出版社，2012年版，第98页。

示了孔子对学生的关心。不仅如此，在平时的教学中，孔子对学生真可谓是"爱生如子"，以至孔鲤对陈亢说，自己并未从作为老师的父亲那里得到什么与其他学生不一样的传授。对于学生给自己的赞誉以及自己所从事的事业，孔子有较为清醒的认识，他说："若圣与仁，则吾岂敢？抑为之不厌，诲人不倦，则可谓云尔已矣。"[1] 学生子贡也说："学不厌，智也；教不倦，仁也。仁且智，夫子既圣矣。"[2] 在孔子眼里，在孔子的学生眼里，学而不厌、诲人不倦都是"好"老师应该具备的德行。对一位以教师为职业的人来说，有学生愿意跟随他学习，而他也将"传道、授业、解惑"视为神圣的事业并甘愿为之付出心血，还有比这更快乐的吗？故而孔子说："乐以忘忧，不知老之将至。"

除了"乐教"，好教师还要"善教"。因材施教、循循善诱、循序渐进、教学相长等都是善教的表现。孔子弟子众多，他了解每一个弟子的秉性并予以不同的教育。子路和冉有向孔子请教"闻斯行诸"的同一问题，孔子却作出了不同的回答。在孔子看来，子路性格勇猛但不免轻率，故而要教育他三思后行，冉有个性谦退但失之畏缩，故而要鼓励他勇敢而行。颜渊曾感叹道："夫子循循然善诱人，博我以文，约我以礼，欲罢不能，既竭吾才。"[3] 由此可见，除了因材施教外，孔子在教学上还特别注意循循善诱、循序渐进，这些教学方法让学生的学习充满着动力和收获。此外，孔子还有许多善教的良好品质，比如学思结合、转益多师、教学相长等。

---

[1]《论语·述而》。
[2]《孟子·公孙丑上》。
[3]《论语·子罕》。

北宋王安石专门作有《寄赠胡先生》的诗，对宋初"三先生"之一的胡瑗其教书育人的风范和人格予以高度肯定，认为他的文章事业可以与孔孟相望，受到他教化或感召的学生人数众多，以致"民之闻者滚滚来"，产生了一种理论和德行征服人心的力量。

中国古代将天、地、君、亲、师并提，由此可见，"师"是一个令人肃然起敬的名号。中国历史上有许多融学术、文章、道德于一身的好老师，如唐代韩愈，宋代胡瑗、周敦颐、张载、二程、朱熹、陆九渊等。尤其是孔子、朱熹两人更是受到后人高度称颂。因为学问精深、德行高尚、乐教善教，孔子被誉为"万世师表"，朱熹亦被誉为中国教育史上继孔子后的又一人。后世的教师，多以孔、朱为楷模，继承和弘扬中华传统师德师风，以"传道、授业、解惑"为己任，使中华文明代代相传、弦歌不绝。

第四节　医乃仁术之医德

《黄帝内经》认为，天地之间莫贵于人，人体有恙，医者要承担"宝命全形"的光荣责任，这自然要求他博学通达、医术精湛、细心谨慎、认真负责。因而，全面提升自己的业务素质，治病救人，是对一个医者的内在要求。在长期的医疗实践中形成并发展起来的"医乃仁术"的中华医德，在中华民族职业道德生活中占有重要的地位。

一、仁爱救人，赤诚济世

中华医德从其萌芽开始就表现出利济苍生，救民病痛的特色。传说中的黄帝、伏羲、神农冒着生命危险"尝百草""治九针"，视救民病为己任，而医道以立。儒家认为施民济众是仁人之德，解民痛苦，施仁于众的医术是圣人之术。"圣人之术，为万民式，论裁志意，必有法则，循经守数，按循医事，为万民副。"[1]医行仁术，利济苍生作为医德即是要求医家应从同情百姓痛苦的人道主义出发行医治病，利济天下。春秋时期著名医学家扁鹊周游各国，遍施医术。《史记·扁鹊仓公列传》记载："扁鹊名闻天下，过邯郸，闻贵妇人，即为带下医；过洛阳，闻周人爱老人，即为耳目痹医；来入咸阳，闻秦爱小儿，即为小儿医，随俗为变。"

中国古代把"医道"称为"活人仙道"，由此可见医者责任之重。"宝命全形"的重担，非"仁爱之士"不可托付，只有视病人之苦为自身之苦，不计名利，甚至舍身相救的"仁爱之士"，才值得与付。金代名医刘完素游走四方，以寻访、救治病人为己任。一次，他见一人家出殡，死者是一难产的孕妇，在察看了棺木中流出的鲜血后他断定棺中妇人未死，于是，他恳求家属开棺救人，在他的仔细医治下，棺木中的妇人果然起死回生并且还产下胎儿。像刘完素这样不辞辛劳、不计酬劳、甚多功劳的名医自是颇受百姓欢迎的。

龚信之子、明代著名医家龚廷贤，在其所提"医家十要"中说："一存仁心，乃是良箴，博施济众，惠泽斯深。"[2]在"十要"的开始处，龚廷贤就提到医者的仁爱之心及博施济众的责

---

[1] 《黄帝内经·疏五过论》。
[2] 龚廷贤：《万病回春·云林暇笔》，见徐少锦、温克勤编，《中国伦理文化宝库》，北京：中国广播电视出版社，1995年版，第952页。

任，由此可见，"仁"对于医者的重要性。可以说，"仁"是中国医学医德的核心。

二、深研医理，提升医技

中国古代医学理论以阴阳、五行、天人合一理论为基础，强调万物一类，金石草木皆可治病，声色气息皆可决死生。在治病方法上强调别异比类，循法守度，即强调间接经验的学习，又讲究援引实例。

医术是仁爱救人的圣人之术，医术不精，行医不慎，不仅不能解人痛苦，救人性命，还会加重病患者病情，甚至夺人性命。先秦时，人们对此已有深刻认识，非常强调医生行医要细心谨慎，精神专一，心无旁骛。"经气已至，慎守勿失，深浅在志，远近如一，如临深渊，手如握虎，神无营于众物。"[1]而精神不专，粗心大意往往是事故发生的主要原因，"所以不十全者，精神不专，志意不理，外内相失，故时疑殆"。[2]故《黄帝内经》强调"用针无义，反为气贼，夺人正气"，"绝人长命，予人天殃"，提出"凡刺之真，必先治神"。要求医工诊治病患时，要排除精神干扰，细心谨慎，精神专注，辩证施治，对症下药。唐代著名医家孙思邈提出了成为"大医"的标准——"大医精诚"。所谓"精"，即是精于业务，具体说来，就是要做到用心精细、严辨脉象、对症下药、谦虚勤奋、深入钻研、不一知半解、不道听途说之类；所谓"诚"，即是要诚待患者，具体说来，凡是来求

---

[1] 《黄帝内经·素问·宝命全形论》。
[2] 《黄帝内经·素问·征四失论》。

医问药之人，应该不问长幼贫贱一视同仁，要视其痛为己痛、全心救赴。[1]孙思邈本人就是一位有名的"精诚大医"，他不但医术高明，而且医德高尚，为历代医家所推崇。

在伤寒病大为流行、死伤率高而人们又无良策时，一些医者停留在家传的经验里不思进学，反以"祖传秘方"欺世盗名，张仲景对此尤为愤恨，他急病人之所急，博采众方，深入钻研，给病痛中的百姓贡献了上百个良方，受到百姓的交口称赞。张仲景不囿经验、立志克艰、精益求精的精神鼓舞了后世的许多医家。元代著名医家朱丹溪，对古人的药方有疑问，为了勘误订正，他"渡浙江，走吴，又走宛陵，走建业，皆不能得"，后来，他听说钱塘名医罗知悌博采众家，便往而求教，"然（知悌）性倨甚。先生谒焉，十往返不能通。先生志益坚，日拱立于其门，大风雨不易"[2]。正是凭借此谦虚好学的精神，朱丹溪打动了罗知悌，罗知悌"修容见之"并倾心相授"学医之要"，朱丹溪最终"学成而归"。医术是"悬壶济世"之术。中国医学史上的那些有名的医家，不仅自己崇学进取，同时，对那些"敏而好学，不耻下问"的同道或者后学，亦不秘其术倾心相授。如上文中的罗知悌，其医道便学自刘完素、李杲、张从正诸家，同时，他又尽传与朱丹溪。因而，在勤于业务、提升自己的同时，如果能够著书立说、收徒讲学，使精湛医术大化流行、广救众生，这也是一件喜事。

---

[1] 孙思邈：《千金方》，刘更生等点校，北京：华夏出版社，1993 年版，第 1 页。

[2] 宋濂：《丹溪先生墓志铭》，见《历代名医论医德》，周一谋编著，长沙：湖南科学技术出版社，1983 年版，第 161 页。

三、辩证施治，精诚负责

医者事关人的生命健康，行医必须细心谨慎，认真负责，治病救人。"天覆地载，万物悉备，莫贵于人。人以天地之气生，四时之法成，君王众庶，尽欲全形。"[1]

细心谨慎，认真负责还要求医工诊治病患时要详细询问病人，全面了解病情及与病患相关的因素。《黄帝内经·素问·移情辨治论》强调"闭户塞牖，系之病者，数问其情，以从其意"。医工行医应解除病人顾虑，取得病人信任，详细询问病人，全面了解病情。《黄帝内经·素问·疏五过论》中更是强调医工对病人病患因素的全面了解，"故曰圣人治病也，必知天地阴阳，四时经纪，五脏六腑，雌雄表里，刺灸砭石，毒药所主，从容人事，以明经道，贵贱贫富，各异品理，问年少长，勇怯之理，审于分部，知病本始，八正九候，诊必副矣"，而粗工治病往往是"诊病不问其始，忧患饮食之失节，起居之过度，或伤于毒，不先言此，卒持寸口，何病能中，妄言作名，为粗为穷"。良医与庸医的区别在于良医能细心谨慎，认真负责，精通医术，诊治病患时全面了解病情，作出准确判断，应病施治，而庸医则不问病情，不明病因，妄宣病名，滥施针药。为医者应博学通达，精通医道，才能做到十全，否则会出现过失，招致世人怨恨。"十全"是《国礼》中提出的上工（良医）标准，后来演化为医德评价的泛称。古人在重视人的生命价值的基础上，对医生的执业能力提出严格要求，如《礼记·曲礼》云："医不三世，不服其药。"《周礼》《黄帝内经》则把"十全"作为评价医生的基本

---

[1] 《黄帝内经·素问·宝命全形论》。

标准。

　　唐初著名诗人卢照邻身患重病，久未治好，他向"药王"孙思邈求教："高医愈疾奈何？"孙思邈答曰："胆欲大而心欲小，智欲圆而行欲方。"[1]在孙思邈看来，行医就好比"为君为将"，要集"胆大心细"于一身。君主身处高位，如《诗经》中说"如临深渊，如履薄冰"，要谦卑恭敬、处事谨慎；将军掌握战事，如《诗经》中说"赳赳武夫，公侯干城"，要果断勇敢，处事大胆。患者病痛日久甚或奄奄一息，作为医者，要有把病人从伤痛之中或死亡线上拉救回来的胆量与勇气，不能瞻前顾后、犹豫不决。确定了医治方案，在具体的实施过程中，又应该谨慎方正，不能因为自己的马虎，加重患者病情，让病人承受更多的痛苦。中国医学史上许多"起死回生"的病例，无一不是医家不畏风险、胆大心细积极救助患者的结果。

四、不贪钱财，清廉正直

　　清廉正直与仁爱之心是紧密相关的。一个具备仁爱精神的医者，势必会把治病救人放在首位，不会用尽心思去追名逐利，正所谓"我所见者，惟此病之苦而已。我所忧者，惟去此病之苦而已。将救病之未遑，奚暇为苟容之计"[2]。反之，一个被名利蒙蔽了双眼的医者，哪里还能见到病人的痛苦呢？正或是看到名利对医者仁心的戕害，龚廷贤在"十要"的结尾处写道："十勿重

---

[1]　《旧唐书·孙思邈传》。
[2]　怀抱奇：《古今医彻》，见王新华编《中医历代医话选》，北京：中国中医药
　　　出版社，2014年版，第310页。

利，当存仁义，贫富虽殊，药施无二。"[1] "十要"首尾说"仁"且在结尾处强调清廉公正的美德，这其实是对"医者仁心"的守护。

明代医学家万全在《育婴秘诀》中说："如使救人之疾而有所得，此一时之利也；苟能活人之多，则一世之功也。"历史上那些有名的"大医"往往将"一时之利"与"一世之功"分得清楚。

近代以来，随着社会的发展，职业分途日趋加快，除了传统的职业之外，还出现了许多新的职业，与此相关，职业道德生活也日趋丰富而多元。特别是新中国建立以来，职业道德生活朝着自由平等、互助互利的方向发展，爱岗敬业、公道正直、诚信友善、服务群众、奉献社会成为人们职业道德生活的基本规范。各种不同职业的人们以自己特有的职业精神和从业品质书写着社会主义职业道德生活的篇章，为中华民族职业道德生活增添着自己特有的精神财富并做出了独特性的贡献。

---

[1] 龚廷贤：《万病回春·云林暇笔》，见徐少锦、温克勤编《中国伦理文化宝库》，北京：中国广播电视出版社，1995年版，第952页。

第九章　公共道德生活的伦理规范与行为实践

公共道德生活既与"平天下"的价值追求密切相关，反映着一般公共生活的性质和内在要求，也与人们于家庭生活、职业生活之外的公共场所、公共交往和公共秩序的行为实践密切相关，有着超越"在家""在职""在国"之具体要求的"在社会"或"在天下"的生活意蕴。整体而言，中华民族在公共道德生活中形成了以仁民爱物为基础的既重视义道又看重信道的伦理传统。其他如尊老爱幼、慈善友好、助人为乐等，也是公共道德生活的基本价值理念。

第一节　仁民爱物的公共生活理念与规训

"仁民而爱物"是中国古代公共生活的基本价值理念，它要求对庶民或万民有一种同情、关心和爱护的心态和行为，对天地万物亦有一种热爱、珍爱的情感和伦理行为。它是在"亲亲"基础上发展而来的对待众民和万物的伦理价值理念，涉及人际交往道德和生态环境道德，彰显出中华民族待人接物的公共生活品质和做人风范。

一、"泛爱众，而亲仁"的公共道德生活规训

"仁"是孔子学说的核心。"仁"的基本含义是"爱人"。孔子主张爱人能近取譬，由近而远，故而主张仁以孝为本。但是孔子所主张的仁，又并不仅仅限于爱父母，所谓爱有差等，施由亲始。孔子的理想是要爱天下的人。子曰："弟子入则孝，出则悌，谨而信，泛爱众，而亲仁，行有余力，则以学文。"[1]用孟子的话来说就是："老吾老以及人之老，幼吾幼以及人之幼。"这是以孝为本的仁爱之心的扩充。

"仁者爱人"要求尊重人的价值和尊严，珍惜人的生命和权益，要求人彼此之间建立一种互相尊重、互相关心和互相帮助的关系。殷商时期，先民们拜天为神，相信"天命"，人只是神的奴仆。公元前11世纪之后，进入西周时期，逐渐由迷信"天命"转为"敬德保民"的思想。这就动摇了神的权威，开始重视人的作用，出现了"重人"思想的萌芽。到春秋战国时期，兴起了一股"以人为本"的思潮，并迅速向社会生活延伸。管子担任齐国相国，深刻认识到"人"在社会生产中的重要作用和巨大价值，提出"终身之计，莫如树人"的观点，并从争霸天下的视角出发提出"夫争天下者，必先争人"[2]的主张，理直气壮地认为"夫霸王之所始也，以人为本。本理则国固，本乱则国危"[3]。管仲相齐，十分注重以人为本，把利民富民视为治国安邦的重要内

---

[1]《论语·学而》。
[2]《管子·霸言》。
[3] 同上。

容。他说："政之所兴，在顺民心。政之所废，在逆民心。民恶忧劳，我佚乐之；民恶贫贱，我富贵之；民恶危坠，我存安之；民恶灭绝，我生育之。"[1]管子认为，"以人为本"就要重视百姓的休养生息，重视"人"的地位，就要关心他们实际的生活境况，尽量满足他们的合法权益。要予而后取，取民有度。国家征取赋税徭役时，要做到度量民力，全面了解农民的生产和负担情况。国家如果不考虑人民的经济负担和收入的限制，而不断加重赋税和徭役，就会引起百姓的反抗。"轻用众，使民劳，则民力竭矣，赋敛厚，则下怨上矣；民力竭则令不行矣。下怨上，令不行，而求敌之勿谋己，不可得也。"[2]管仲的名言是"地之生财有时，民之用力有倦"，"取于民有度，用之有止，国虽小必安。取于民无度，用之不止，国虽大必危"[3]。能否坚持取民有度，用之有止，关系到社会的治乱存亡。所以，管子对于君主、官员"舟车饰，台榭广"，正常赋税不能满足统治需要而"赋敛厚矣"的现状，明确提出"度爵而制服，量禄而用财，饮食有量，衣服有制，宫室有度，六畜人徒有数，舟车陈器有禁修"，以减少对人民的掠夺。这种取民有度、用之有止的主张，具有反对统治者奢侈腐化、铺张浪费的积极意义，同时也具有化解社会矛盾，促使社会和谐发展的功能效用。管子正是在实际生活中推行"以人为本"的治国方略，才使得齐国迅速崛起，进而成就了"九合诸侯，一匡天下"的春秋霸业。

孔子的思想，崇尚以人为本，反对以神为本。他主张"敬鬼

---

[1]《管子·牧民》。
[2]《管子·权修》。
[3] 同上。

神而远之"，重视人的生命价值和尊严，提出仁者爱人的理论。《论语·乡党》载，厩焚，子退朝，曰："伤人乎？"不问马。马在春秋时代是重要的交通工具，马厩失火，孔子对此第一反应是"伤人乎？"而不问马。这就是仁者情怀。孔子对"仁"的诉求，不仅仅是一种理性，也是一种自身体悟的感觉经验。孔子之所以在马厩失火时只问"伤人乎"而"不问马"，是因为人所具有的价值为马所不能比较。"不问马"并非不爱马，而是因为"爱人"与"爱马"有着内在价值与工具价值的不同，孔子"恐伤人之意多"，故对于马"未暇问"。

二、慈幼养老恤贫穷

"仁者爱人"从家庭伦理以外的公共生活立论，则要求泛爱一切人，形成尊老爱幼的社会风尚。"凡养老，五帝宪，三王有乞言。五帝宪，养气体而不乞言，有善，则记之为惇史。三王亦宪，既养老而后乞言，亦微其礼，皆有惇史"。[1]五帝时代注重尊崇老人的德行，三王时代在其中又增有向老人乞求善言的环节。《礼记·王制》有言："一道德以同俗，养耆老以致孝，恤孤独以逮不足。"养老和恤孤独是安民安天下的两项重要措施。

夏商至周代，尊老爱幼已成社会风气，特别是尊老，每年都举行养老会宴请老者，对老者极尽尊敬。《周礼·地官司徒》大司徒职曰："以保息六养万民：一曰慈幼，二曰养老，三曰振穷，四曰恤贫，五曰宽疾，六曰安富。"六种养民措施里也有养老一项。对养老不仅是供吃养活，还有特殊看重与伦理关怀，据

[1]《礼记·内则》。

《管子·入国篇》记载："年七十以上，一子无征，三月有馈肉；八十以上，二子无征，月有馈肉；九十以上，尽家无征，日有酒肉，死，上供棺椁。"凡是家有七十岁以上的老人，这家就有一个儿子免除兵役，并且每三个月供给一次肉吃。八十岁以上者两个儿子可以免兵役，一个月吃次肉；九十岁以上者全家皆免兵役，并天天有酒肉，死了，公家还供给棺材。那时平民不得食肉，这种规定是对老者的尊重，尤其是可以免除兵役，可见对老者尊敬备至。《左传·襄公三十年》记载，晋国宴请修城的役人，其中有个特别老的人被当时的执政大臣赵武看见了，赵武立刻上前说道："武不才，任君之大事，以晋国之多虞，不能由吾子，使吾子辱在泥涂久矣，武之罪也。敢谢不才。"老者辞让，赵武仍坚持给他封官，于是这个老者获得了一个管理一个县的县师之职。

幼童需要特别关爱，慈幼即是养护幼小。这主要是从繁殖人口上考虑保证婴幼儿的成长。再有在救济穷人、照顾孤寡残疾方面也有具体的政策。《礼记·王制》说："少而无父者谓之孤，老而无子者谓之独，老而无妻者谓之矜，老而无夫者谓之寡，此四者天民之穷而无告者也，皆有常饩。"这里给鳏寡孤独下了定义，对他们的政策是"皆有常饩"，就是都有饭吃。对老幼孤寡等人的安顿体现了一种人道主义的关怀。

儒家特别强调尊老爱幼，孔子的理想是建立一个"老安少怀"的和谐社会，孟子认为只要在整个社会真正实现"老吾老以及人之老，幼吾幼以及人之幼"，那么"天下可以运于掌上"[1]。《论

---

[1]《孟子·梁惠王上》。

语·乡党》中描述孔子："乡人饮酒，杖者出，斯出矣。"[1]意思是说，与同乡饮酒后，孔子一定要等老年人先出去，然后自己才离席。孔子除了尊敬老人之外，对残疾人等也非常体贴、关怀，《论语·卫灵公》中云："师冕见，及阶，子曰：'阶也。'及席，子曰：'席也。'皆坐，子告之曰：'某在斯，某在斯。'师冕出，子张问曰：'与师言之道与？'子曰：'然，固相师之道也。'"[2]从这里我们可以看出孔子的宅心仁厚和对人的尊重。

尊老爱幼在张载的《西铭》里有深刻的论述。"民吾同胞，物吾与也……尊高年，所以长其长；慈孤弱，所以幼吾幼。圣其合德，贤其秀也。凡天下疲癃、残疾、惸独、鳏寡，皆吾兄弟之颠连而无告者也。""尊高年"要求我们"长其长"，"慈孤弱"要求我们"幼吾幼"，天下那些鳏寡孤独、老弱病残都是我们的兄弟，都需要我们去加以必要的关心与帮助，这同时也是"民胞物与"的大爱之德，是每一个有良知和道德心的人应有的伦理情怀和道德情操。

三、爱物惜物的环境伦理美德

中华先民在很早的时候就认识到人是大自然的一部分，是自然秩序中的一个存在，自然本身是一个生命体，所有的存在相互依存而成为一个整体，形成了"天人合一"的思想观念，注重生态环境的保护，主张与自然界建立友好、和谐的关系，并有了合理利用资源和保护自然资源的意识，以此指导自己的生产与

---

[1]《论语·乡党》。

[2]《论语·卫灵公》。

生活。

　　据《逸周书·大聚解》记载，大禹具有良好的生态保护意识："禹之禁，春三月，山林不登斧，以成草木之长；夏三月，川泽不入网罟，以成鱼鳖之长。"周文王在临终前嘱咐武王要加强山林川泽的管理，他说："山林非时，不升斤斧，以成草木之长；川泽非时，不升网罟，以成鱼鳖之长；……是以鱼鳖归其渊，鸟兽归其林，孤寡辛苦，咸赖其生。"[1]儒家认为，"天地之道，可一言而尽也，其为物不贰，则其生物不测"。[2]主张人应节制欲望，以便合理地开发利用自然资源，使自然资源的生产和消费进入良性循环状态。孔子提出："唯天为大，唯尧则之。"[3]既肯定了"天"的伟大作用，又主张像尧那样，法天而行，把"天"作为人类行为的准则。孔子重视自然之天的客观存在，盛赞山水之"美"，有"智者乐水，仁者乐山"[4]之说，表明了他对自然环境的喜爱之情。《论语·先进》记载孔子与弟子曾皙、子路、冉有、公西华等人在一起"各言其志"，当时孔子对其他人所言之"志"，均未给予明确肯定，唯独对曾皙之"志"，表示认同。曾皙曰："莫（暮）春者，春服既成，冠者五六人，童子六七人，浴乎沂，风乎舞雩，咏而归。"指出到大自然中去游览，或沐浴于沂水，或迎风而舞蹈，在快乐中歌咏而归，作为自己的志向，表达了对大自然的陶醉之情。孔子听了后，"喟然叹曰：'吾与点也'"。从这一评价中可以看出孔子将人生之志提到热爱

---

[1]《逸周书·文解传》。

[2]《中庸》。

[3]《论语·泰伯》。

[4]《论语·雍也》。

生活、钟情大自然的高度。

　　儒家自孔子起就坚决反对滥用资源，明确提出"节用而爱人，使民以时"。[1]《论语·述而》所载孔子"钓而不纲，弋不射宿"，以及曾子所说的"树木以时伐焉，禽兽以时杀焉"，[2]都表达了取物有节，节制利用资源的思想。孟子对这一思想作了进一步的发展，要求统治者节制物欲，合理利用资源，注意发展生产。他说："易其田畴，薄其税敛，民可使富也。食之以时，用之以礼，财不可胜用也。""不违农时，谷不可胜食也；数罟不入洿池，鱼鳖不可胜食也；斧斤以时入山林，材木不可胜用也。"[3]主张对捕鱼、砍柴等索取自然物的行为，采取必要的限制。孟子认识到其他物类对人类的重要性，天地万物是人类赖以生存的物质基础，所以人们对待万物应采取友善爱护的态度，保护环境，保护自然，就是保护人类。只有重物节物才能使万物各按其规律正常地生生息息，人类才有取之不尽、用之不竭的生活资源。荀子继承了儒家以"和谐"为最高原则的生态伦理思想，希望人与自然达到"万物皆得其宜，六畜皆得其长，群生皆得其命"的最高和谐境界。他不仅提出了"万物各得其和以生，各得其养以成"[4]的生物协调论，而且提出了"草木荣华滋硕之时，则斧斤不入山林，不夭其生，不绝其长也"[5]的资源节约论。荀子认为，自然资源是有限的，只有厉行节俭，才能在满足人类需要的同时而不造成生态环境的破坏和资源的枯竭，才能实现持续

---

[1]　《论语·学而》。

[2]　《礼记·祭义》。

[3]　《孟子·梁惠王上》。

[4]　《荀子·天论》。

　　[5]　同上。

发展。

在人与自然的关系问题上，道家崇尚"道法自然"，主张"尊道贵德"，"知和""知常"，"知足""知止"，认为只有尊重自然，认识自然，不违背自然规律做事，才是明智的行为。道家坚持人属自然、人性自然，主张人应当遵循自然规律，"人法地，地法天，天法道，道法自然"[1]。"道"作为万物的本原和基础，又内在于天地万物之中，成为制约万物盛衰消长的规律。人应效法天地之道，按天地本来的状态生存。老子说："道生之，德畜之，物形之，势成之，是以万物莫不尊道而贵德。道之尊，德之贵，夫莫之命而常自然。故，道生之，德畜之，长之育之，亭之毒之，养之覆之。生而不有，为而不恃，长而不宰，是谓玄德。"[2]如此"以道观之，物无贵贱"。大至展翅万里的鲲鹏，小到蝼蚁，形体虽有大小，生命虽有长短，都有其存在的价值。"物固有所然，物固有所可；无物不然，无物不可"[3]。这种尊重万物，包容万物的情怀，应是"德"的极致。道家认为，天地是一大宇宙，人身是一小宇宙，地球也是一个有生机的大生命，不可轻易毁伤它。同时自然界也存在着自身的极限，因而人类在开发和利用自然资源时不能超越自然界的固有限度，必须遵循适度发展原则，防止人类因超越自然极限给自己带来威胁。

宋代张载发展了孔孟儒家仁民爱物的思想，在《西铭》中将天地视为人类的父母，将社会上的所有人都看成同出于天地父母的同胞，指出人应当按照孝悌仁爱的原则，处理社会上的一切关

---

[1]《老子·二十五章》。
[2]《老子·五十一章》。
[3]《庄子·齐物论》。

系，建构一个天人合一、人我和谐的理想社会。

第二节　义道当先的公共生活
价值目标与追求

"义道"本身含有公益性、公共性和先公后私的伦理特质，自古以来一直是公共生活的伦理原则和价值追求。在社会公共生活中，有许多需要人们去见义勇为的事情，也有许多是完全公益性的工作，需要人们在义道当先精神的启迪下去承载与完成。

一、扶危济困是义道的集中表现

扶危济困是在他人深陷困境的时候主动伸出援手帮扶一把的善举。在中国文化传统里，有没有同情心、愿不愿意帮助别人，成为衡量一个人人品及德行的重要依据，而是否形成互相帮扶的社会风气，也是衡量一个社会是否和谐的重要标准。《晏子春秋·内篇·问》中云："积多不能分人，而厚自养，谓之吝；不能分人，又不能自养，谓之爱……吝爱者，小人之行也。"与不愿"分人"的"小人"相对立而存在的是愿意"助人"的"义士"。墨子提倡"兼爱"，他把愿不愿意帮助别人看成是一个人是否值得相交的前提，所谓"据财不能以分人者，不足与友"[1]。《墨子·尚贤下》有言："为贤之道将奈何？曰：有力者疾以助人，有财者勉以分人，有道者劝以教人。若此，则饥者得食，寒者得衣，乱者得治。若饥则得食，寒则得衣，乱则得治，此安生

---

　　[１]　《墨子·修身》。

生。"也就是说，只有让那些无衣无食的困难之人各得其所，社会才能安定、发展，而要做到这一点，就需要那些力、财较多的人发扬助人精神，如此即是践行了"为贤之道"。

中华民族对扶危济困的重视，不仅仅停留在一些思想家的认识及对其意义的强调上，也表现在行动上。春秋时期，扶危济困为诸多义士所认可，受到人们的高度推崇。《吕氏春秋·报更》记载，一次，晋国大臣赵宣孟外出，看到桑树下躺着个饿得奄奄一息的人，便喂他干肉救活了他，并且在听说他家里还有老母亲需要赡养时，还给了些干肉让他带回家孝敬老母亲。后来，晋灵公追杀赵宣孟，是这位受惠于他的"桑下饿人"替他死战才让他得以逃脱。《左传·僖公十三年》载，晋国连年饥荒，只能派人到秦国购买粮食，要不要把粮食卖给竞争对手，秦国大臣为此相争不下。大臣百里奚认为："天灾流行，国家代有，救灾恤邻，道也。行道有福。"秦穆公接受百里奚的建议，决定借粮给晋国，于是，下令将粮食源源不断运往晋国。桑下饿人和晋国百姓都处于困境之中，作为"陌生者"的赵宣孟和作为"竞争者"的秦穆公都没有置之不理，相反，他们都及时地伸出援手、救急救难。

两汉三国时期，出现了许多救助孤儿寡母的善举。据《后汉书·范式传》载，长沙人陈平子在太学读书时患病而亡，其时，陈平子尚有妻儿在京城，作为未谋面只闻名的同学，范式亲自护送陈平子的灵柩及其妻儿回长沙。《三国志·卷四十一》载，蜀国有个大臣张裔，他儿时结交的朋友杨恭早死，留下孤儿老母，生活清苦，张裔知道后，将他们接到家中居住，侍奉杨恭的母亲如同自己的母亲，抚育杨恭的孩子如同自己的孩子，直到杨恭的孩子成家立业，张裔还经常加以探望并予以补贴。对一个家庭而言，曾经的顶梁柱轰然坍塌，千金的重担一下子压在了高龄的老母、无着的妇人、年幼的孩子身上，这是何其的不幸。对这样的不幸，范式与张裔能够及时地予以救助，令人感动。

北宋时期，名臣范仲淹幼年丧父。对像他家这样的孤儿寡母家庭，乡邻不忘救助。后来，范仲淹显贵了，为了感激更为了弘扬乡邻的"施与之恩"，购置近城保收的良田一千亩，他把这些田称作"义田"，用来养育救济本家族的人们，使他们天天有饭吃，年年有衣穿，嫁女、娶妻、生病、丧葬等都得到资助。对于救助身边的苦难人群，范仲淹不遗余力甚至是倾其所有，"公虽位充禄厚，而贫终其身。殁之日，身无以为敛，子无以为丧，惟以施贫活族之义，遗其子而已"[1]。可以说，范仲淹很好地继承、弘扬了中华民族扶危济困、乐善好施的优良美德。苏轼曾打算在阳羡安家，在经济条件并不宽裕的情况下，托学生替自己购置了一栋房子，后来，他听房主老太太痛哭说，那所房子是百年老宅，只因为儿子没有出息才卖了出去，如今自己老了还要搬到别处住，很是伤心，苏轼听了也很伤心，派人把老妇人的儿子找来，当着他的面烧掉了房契，让他把老母亲送回老宅安置。[2]

《清稗类钞·义侠类》中记载了许多清人扶危济困的事例。顺治年间，浙江海宁连年灾荒，灾民流离失所，官府救灾不力，平民百姓许季觉对此深感忧虑，他先是到本县大户人家那里募捐，然后又一一精确统计本县哪些村哪些人受灾严重，定好日期

---

[1] 钱公辅：《义田记》，见《古文观止注评》，王志英等注评，南京：凤凰出版社，2015年版，第404页。
[2] 贾煜虎等编：《中华民族传统美德事典》，沈阳：辽宁教育出版社出版，1992年版，第345—346页。

通知他们去县里城隍庙领取救济粮，这样使得很多人得到及时救济从而活了下来。康熙年间，山东大饥，饿死的人白骨累累，沾化县富户吴璟不仅向灾民低价售粮，而且还只留下自家口粮，把多余的粮食熬粥救济那些奄奄一息的灾民。[1]天灾无情人有情，正是有了许季觉、吴璟这样的热心人，灾民才能渡过难关。

从上面的例子中，我们看到，那些受助者与施助者之间的关系，有乡邻关系，有朋友关系，有陌生者关系，有敌对者关系。在救助之时，他们并不带有任何功利性的目的，相反，有时候还会损害到自己的利益——比如苏轼退屋、吴璟赈灾等。之所以能够倾力相助，只是源于一种秦国大臣百里奚所谓的"道义之心"。换句话说，看到别人身陷困境而哀告求助，作为人，他也会感同身受、难过不已，内涌仁义之情并外作仁义之举，从而对那些危困之人予以力所能及的救助。

二、见义勇为、崇尚志节的义道风范

中国人很早就看到了"义"字对人的重要性，凡是合于事宜的行为，能够给人带来利益好处的适当之举都可以称之为义。所以，那些道德情操高尚的人往往被称为"义士"，正义的军队为"义兵"，合乎正道的事情为"义务"，刚正之气为"义气"，出于正义的愤怒为"义愤"，等等。

《左传·隐公六年》记载："京师来告饥，公为之请籴于宋、齐、卫、郑，礼也。"周朝国都洛邑遇到饥荒，鲁君为此请求四

---

[1] 贾煜虎等编：《中华民族传统美德事典》，沈阳：辽宁教育出版社出版，1992年版，第350—352页。

国一起出粮救济，这被认为是合乎礼的道义之举，具有扶危济困和一方有难，八方支援的伦理意义。程婴见义勇为、舍生救孤的事迹可谓先秦崇尚义道的典范。对此，《史记·赵世家》有专门记载。元代时人们根据春秋史实改编成一部撼人心魄的历史剧——《赵氏孤儿》(《赵氏孤儿大报仇》)。

当然，义举有大小之分，但不管大小，都要勇而为之，所谓"勿以善小而不为"。路遇饥饿晕倒之人，上前扶起并给点吃的；邻有孤儿寡母，不时予以照应；逢见灾荒之年，能对那些上门乞讨者给口水喝给碗粥吃……行这样的义举，对一般人而言，并不是什么难事。在中华民族扶危济困的优良传统影响下，绝大部分中国人也能够自觉地做出上述善行善举。不过，更难能可贵的是，对那些"大义"之事，中国人也毫不含糊，甚至不惜生命以为之。

在中华民族道德生活史上，很多思想家、士大夫和勇毅之士都十分崇尚志节，认为人生世上，最有意义和最有价值之事就在于有高尚的志向和气节。孟子说："富贵不能淫，贫贱不能移，威武不能屈，此之谓大丈夫。"[1]荀子说："权利不能倾也，群众不能移也，天下不能荡也，生乎由是，死乎由是，夫是之谓德操。"[2]

中国历史上产生了很多大义凛然、义薄云天的义士。一些义士往往能够深明大义，重义讲信，信义为上。如历史上著名的"割股奉君"的故事。介子推身处春秋乱世，是晋国公子重耳的家臣。重耳贤良忠厚、极具才干，却遭到其父王宠妃骊姬的嫉

---

[1]《孟子·滕文公下》。

　[2]《荀子·劝学篇》。

炉，以致很快发展成为一场血腥的宫廷政变。公元前 655 年，重耳被迫带着一帮家臣仓皇出逃，踏上了流亡之路，介子推也在随从之列。一路上风餐露宿，重耳饥病交加、气息奄奄。介子推见状，毅然挥刀从自己大腿上割下一块肉，熬成汤给重耳充饥，从而保全了重耳的性命。后来，重耳返回国内，登上王位，是为晋文公，对昔日流亡途中功臣论功行赏。然而介子推却偕母隐入绵山。晋文公求而不获，只好命人放火焚山，逼迫介子推出山。谁知名士宁肯葬身火海，也不愿出而为仕。消息传来晋文公悲痛欲绝，取绵山之木以制屐，步履之间常言："足下！足下！"介子推轻生死、重名节，轻功利、重义节，轻物欲、重气节，受到屈原、庄子、司马迁等人的高度评价。《楚辞·九章·惜往》曰："介子忠而立枯兮，文公寤而追求。封介山而为之禁兮，报大德之优游。思久故之亲身兮，因缟素而哭之。"《庄子》则曰："介子推至忠也，自割其股以食文公。文公后背之，子推怒而去，抱木而燔死。"于是瑰奇之行彰而廉靖之心没矣。

在中华民族道德生活史上涌现了许多讲求气节、大义凛然的人物，他们的气节和操守，彪炳史册，砥砺后人。

三、慷慨赴难与侠义之风

侠士是一批生活在民间、不图富贵、崇尚节义、身怀勇力或武艺的武士。他们与某些权贵倾心相交，为报知遇之恩而出生入死，虽殒身而不恤。如春秋时期著名的刺客——晋国的豫让，吴国的专诸、要离等。战国时代，重名好义的风尚在武侠阶层表现得尤为强烈。为了"名"这种抽象的精神价值被社会与历史所认可，武侠们不惜抛家弃业，甚至献出生命。他们用自己的特立独行，彰显了乱世中的道德价值，他们"大义凛然的行为，开创了中国古代侠义之士不畏死、重义气的传统，成为以后历代侠义之士的榜样，对中华民族高尚的献身精神产生了深远的影响"[1]。对于聂政、荆轲等侠士的事迹，司马迁在《史记·刺客列传》中叹曰："自曹沫至荆轲五人，此其义或成或不成，然其立意较然，不欺其志，名垂后世。岂妄也哉！"

侠士们以对抗世俗人生的姿态、果敢勇毅的行为引起世人的瞩目，以图造成心灵的振动，挽狂澜以既倒。侠士所负载的是一个古老而淳朴的文化传统，它的素朴和犷悍的特质使得这种文化在时代的大转换中显得凝重而又执着。中国历史上的侠士是一批幼稚而又执着的道德理想主义者。为了抵御随着社会文明的进展而急剧转变的社会风气，他们坚守固有的行为规范和道德准则，并通过结党连群的方式，在熙熙攘攘的社会中创造出一个特定的空间，使他们可以较自由地按照自身的意愿生存。"义非侠不立，侠非义不成"，"义"这一种人格意气，这一种理想和梦幻，借助侠士的果敢急难而得以发扬光大。

第三节　诚信为本的公共生活准则与风尚

诚实守信是社会公共生活的基本准则和要求。中国自先秦开始就形成了崇尚诚信并以诚信为本的伦理传统，从而使诚信或信德支配和引导着人们的道德生活。

---

　[1]　顾德融、朱顺龙著：《春秋史》，上海人民出版社，2004年版，第522页。

一、诚信为本重承诺

诚实守信，说话算数历来是中华民族所推崇的伦理美德。与朋友交，言而有信，是中国人所最为看重的行为准则。人而无信不知其可。季札是春秋时吴国公子，后封于延陵，称延陵季子。鲁襄公二十九年（前542），季札被邀请访问晋国，路过徐国，佩带宝剑拜访了他的友人徐国国君。徐国国君观赏季子的宝剑，嘴上没有说什么，但脸色透露出想要宝剑的意思。延陵季子因为有出使上国的任务，就没有把宝剑献给徐国国君，但是他心里已经答应给他了。可是等到季子从晋国返回徐国时，徐君却在楚国去世了。季札痛悼徐君之后，解下宝剑送给继位的徐国国君。随从人员阻止季札说，这是吴国的宝物，不是用来作赠礼的。季子回答这不是作为礼品赠给徐国国君的。只因为前些日子自己已经在心里准备送给去世的国君。虽然他死了，但若不把宝剑进献给他，就是欺骗自己的良心。而因为爱惜宝剑而违背自己的良心，正直的人是不会这样做的。于是解下宝剑送给了继位的徐国国君。继位的徐国国君说先君没有留下遗命，自己不敢接受宝剑。季札没有办法，只得把宝剑挂在了徐国国君坟墓边的树上就离开了。徐国人赞美延陵季子，"延陵季子兮不忘故，脱千金之剑兮带丘墓"[1]。

东汉时期，范式年轻时与汝南张劭同在太学求学，两人同时离开太学返乡。离别时范式对张劭说，两年后自己将到他家拜见尊堂，看看他的孩子。于是约好了日期。当约好的日期快到的时候，张劭把这件事告诉他母亲，请他母亲准备酒菜招待范式。母

[1]《新序·节士第七》。

亲问：你们分别已经两年了，相隔千里，你就那么认真地相信他吗？张劭回答：范式是一个讲信用的人，他一定不会违约的。母亲说，如果真的是这样，那我就为你酿酒。到了约定的日子，范式果然来到张家，登上厅堂，拜见老人，并与张家亲人同桌共饮，尽欢而别。

北宋时期的晏殊14岁被地方官作为"神童"推荐给朝廷。他本来可以不参加科举考试便能得到官职，但他没有这样做，而是毅然参加了考试。事情十分凑巧，那次的考试题目是他曾经做过的，得到过好几位名师的指点。这样，他不费力气就从数千名考生中脱颖而出，并得到了皇帝的赞赏。但晏殊并没有因此而洋洋自得，相反他在接受皇帝的复试时，把情况如实地告诉了皇帝，并要求另出题目，当堂考他。皇帝与大臣们商议后出了一道难度更大的题目，让晏殊当堂作文。结果，他的文章又得到了皇帝的夸奖。

二、言而有信方为上

古代中国不仅朋友之间讲求"言而有信"，而且在整个社会生活中也非常注重诚信为本。《管子·枢言》记载："先王贵诚信，诚信者，天下之结也。"在管子看来，历代先王都是贵诚信的，诚信是天下稳定巩固的基础。做官为政的人必须诚信，必须为人民群众所信任，所以"临事不信于民者，不可使任大官"[1]，"大德不至仁，不可授以国柄"。《管子·乘马》中还指出："非信士，不得立于朝。"诚信是一个国家的立国之本。春秋时代的齐国，齐桓

---

[1] 《管子·权修》。

公在管仲的辅佐下，九合诸侯、一匡天下，尊王攘夷、救邢迁卫，无不是示天下以诚信，因而才成就了春秋五霸之首的大业。《论语·为政》记载子贡问政。子曰："足食，足兵，民信之矣。"子贡曰："必不得已而去，于斯三者何先？"曰："去兵。"子贡曰："必不得已而去，于斯二者何先？"曰："去食。自古皆有死，民无信不立。"在这里，孔子的价值观和立场非常鲜明而坚定，强调治理一个国家，应当具备三个起码条件：足够的粮食、足够的兵力、老百姓的信任。这三者当中，老百姓的信任具有优先和至上的价值。足够的粮食其次，足够的兵力再其次。这种价值次第彰显了诚信德性的无比崇高和伟大，它值得人们终生为之奋斗。

鲁僖公二十五年（前635），晋文公攻打原国，只携带着可供三天食用的粮食，于是和士大夫黄越约定三天作期限，要攻下原国。可是在三天内却没有攻下原国。晋文公便下令撤军，准备收兵回晋国。这时，派往原国的间谍回来报告说原国快要投降了。军队官员请求等原国投降后再撤。晋文公坚定地说，信用是立国的根本，百姓靠它来生存。如果为得到原国而失去信用，百姓失去依靠，我们会得不偿失的，于是下令撤兵回晋国去了。原国的百姓听说这件事，都说有君王像文公这样讲信义的，怎可不归附他呢？于是原国的百姓纷纷归顺了晋国。卫国的人也听到这个消息，说有君主像文公这样讲信义的，怎可不跟随他呢？于是向文公投降。孔子听说了，就把这件事记载下来，并且评价说晋文公攻打原国竟获得了卫国，是因为他能守信啊！

商鞅变法前，为让百姓相信他，做了一桩"立木为信"的事情。一天，商鞅命人在京城南门立了一根三米长的木棍，还说谁能将这根木棍扛到北门去，赏他十两黄金！百姓对此感到奇怪，不敢去搬。商鞅见状，就把赏金增加到 50 两。后来有一个人抱着试试看的心态将木头从南门搬到了北门，商鞅按照承诺果然给了他 50 两银子。这事在老百姓中慢慢传开，人们竞相认为商鞅说话是算数的。正是取信于百姓，商鞅变法获得了极大的成功，使秦国由此走向富强之路。宋代王安石作有《商鞅》诗云："自古驱民在信诚，一言为重百金轻。今人未可非商鞅，商鞅能令政必行。"表达了对商鞅有诺必践、言必信行必果的高度评价。

三、诚信是做人之本

诚信是交友之道和做人之本。东汉桓帝时有个叫荀巨伯的人到远方去探望朋友的病情，刚好遇到匈奴人攻打郡城。朋友对荀巨伯说自己注定要死去，劝他赶快离开。巨伯说自己从远方来探望他，而他却让自己离开，毁弃朋友之间的信义来求得生存，这并非是自己所应该做的！匈奴人攻占郡城后，问荀巨伯：大军到了，整个郡城的人都跑光了，你是什么人，竟敢一个人留下？荀巨伯回答：朋友身患重病，自己不忍心舍弃他，宁愿用身体来取代朋友的性命。匈奴人听后亦深为之感动，认为自己这些没有信义的人，却侵入了这有信义之地。于是就把军队撤了回去，整个郡城也因此获救。

明代宋濂自幼守信好学，一生勤学不辍，"自少至老，未尝一日去书卷，于学无所不通"。他在《送东阳马生序》中描述自己：我小的时候非常好学，可是家里很穷，买不起书。所以只能向有丰富藏书的人家借来看，借来以后，就赶快抄录下来，每天拼命地赶时间，计算着到了时间好还给人家，不敢稍稍超过约定的期限。因为诚实守信，人们大多肯将书借给我，我因而得以看遍许多书籍。一次，他借到一本书，越读越爱不释手，便决定把它抄下来。可是还书的期限快到了。时值隆冬腊月，北风狂呼，以至于砚台里的墨都冻成了冰，家里穷，哪有火来取暖？宋濂手指都冻得无法屈伸，仍然坚持连夜抄书。抄完了书，一路跑着去还书给人家，决不超过约定的还书日期。一次，宋濂要去远方向一位前辈请教，并约好见面日期，谁知出发那天下起鹅毛大雪。当宋濂准备上路时，他的母亲惊讶地说：这样的天气怎能出远门呀？再说，老师那里早已大雪封山了。你这一件旧棉袄，也抵御不住深山的严寒啊！宋濂回答：今天不出发就会误了拜师的日子，这就失约了；失约就是对老师不尊重啊。风雪再大，我都得上路。他穿上草鞋，背上行李，踏着几尺深的积雪，一个人走在深山之中。当他到达老师家里时，四肢都冻僵了，老师赞叹道：年轻人，守信好学，将来必有出息！

　　在中华民族道德生活史上，注重诚信为本、信用为上的人还有很多。他们用自己言而有信、有诺必践的实际行动，构筑起讲诚信、重承诺的公共道德生活大厦，书写着中华民族知行合一、表里如一、信用诚实的德行史诗。

第四节　文明礼貌的公共生活规范和要求

　　在长达数千年的伦理文化发展史上，中华民族始终心仪文明礼貌的公共生活精神和态度，并在实践中孜孜以求，产生了一大批与人为善、成人之美、谦恭礼让、移风易俗和见贤思齐的人物，他们以自己的德行嘉仪不断陶铸着公共生活的风范，促进着中华民族道德生活史的不断发展。

一、谦恭礼让重文明

"谦恭礼让"是古代社会公德的重要内容，它要求每个社会成员在与他人交往中自尊而尊人，为人谦虚谨慎，恭敬严肃，待人以礼，做到举止端庄，仪表整洁，语言文明。这既是尊重他人的表现，也是自尊的需要。儒家先哲重视礼仪教育，在人际交往和公共生活中倡导文明礼貌。孔子提出"非礼勿视，非礼勿听，非礼勿言，非礼勿动"[1]，要求人们"视""听""言""动"都要符合"礼"的要求。孔子还说，"恭而无礼则劳，慎而无礼则葸，勇而无礼则乱，直而无礼则绞"。[2]"恭""慎""勇""直"等，本属于好的德行，但它们如果违背了"礼"，则都走向反面。这表明孔子高度肯定文明礼貌在立德中的重要价值。孔子的学生子贡曾说："君子敬而无失，与人恭而有礼，四海之内皆兄弟也。"[3]认为君子若能对他人"敬而无失""恭而有礼"，则可以收到"四海之内皆兄弟"的良好效果。

孔子不仅教导学生待人以礼，自己也身体力行。有一个名为互乡的地方，此地之人不善，难与言。互乡一童子求见孔子而孔子接受了，门人非常疑惑，孔子解释说："与其进也，不与其退也。唯何甚，人洁己以进，与其洁也，不保其往也。"[4]这就是说，只要人愿意进步，我们就应该接受它，不管其曾经怎样，现

---

[1]《论语·颜渊》。
[2]《论语·泰伯》。
[3]《论语·颜渊》。
[4]《论语·述而》。

在把自己收拾得整整齐齐，以求获得受教育的机会，我们就不应该放弃他。《孟子·离娄下》有言："西子蒙不洁，则人皆掩鼻而过之，虽有恶人，斋戒沐浴，则可以祀上帝。"西施虽然美丽，一旦被污秽的东西给玷污，浑身发出臭味，则人人看见都会掩着鼻子赶紧离开，反过来说，假使有恶人，一旦诚心戒掉缺点，洗清自己，则可以祭祀天上的神仙。

二、移风易俗尚文明

社会在不断地发展变化，没有也不应该有一成不变的风俗。革故鼎新、移风易俗是公共道德生活建设的必然要求。孔子云："圣人之举事也，可以移风易俗，而教导可施于百姓，非独饰其身之行也。"[1]荀子指出："移风易俗，天下皆宁，美善相乐。"[2]儒家注意德行的教化作用，提倡移风易俗，要求"去其邪避，除其恶俗"。

春秋时期，许多人都相信风向与火灾的必然联系。但是，郑国大夫子产却不相信。一次，郑国大夫裨灶根据天象宣称：郑国将要发生大火灾，如果想免灾的话，国家应把玉瓒等宝物交给我，让我去祭神。郑国许多人听信了他的话，请求子产答应裨灶的要求，子产曰："天道远，人道迩。"天上的事悠远，人间的事切近，天上人间两不相关。又说："灶焉知天道？是亦多言矣，岂不或信？"子产最终也没有把宝器交给裨灶，郑国也没有发生火灾。[3]彗星本是一种天体现象，但在春秋时，却被人们当成不祥

---

[1]《说苑·政理》。

[2]《荀子·乐论》。

[3]《左传·昭公十八年》。

之物，认为它会给人类带来灾难。鲁昭公二十六年（前516），齐国出现了彗星。齐国国君派人去祭祀。相国晏婴阻止道："无益也，只取诬焉。天道不谄，不贰其命，若之何禳之？且天之有彗也，以除秽也。君无秽德，又何禳焉？若德之秽，禳之何损？……若德回乱，民将流亡，祝史之为，无能补也。"[1]认为乞求彗星是没有用处的，这样做只能是欺骗人。"天命"是不容怀疑、不可改变的，祈祷有什么用处？况且天上的扫帚星是用来清除污秽的。如果你没有污秽的品德，又有什么可祈祷的？如果你有肮脏的心灵，祭祀又能给你减轻罪过吗？君王没有不好的品行，各诸侯国就会拥戴，对彗星又有什么害怕的？齐国国君觉得很有道理，于是就停止了对彗星的祭祀。

在春秋战国变法浪潮中，移风易俗、革故鼎新成为一种发展大势。春秋人郭偃辅佐晋文公变法，著有法书，其云："论至德者不和于俗，成大功者不谋于众。"[2]战国时吴起辅助魏文侯变法革新，"治四境之内，成训教，变习俗，使君臣有义，父子有序"[3]。后来吴起到楚国辅佐楚悼王变法图强，针对楚国原有"大臣太重，封君太重"等旧俗，"为楚悼罢无能，废无用，损不急之官，塞私门之请，一楚国之俗"[4]。所谓"一楚国之俗"即是要统一楚国的风俗，消除积弊和"逼主"的社会危机。商鞅在秦国变法，大量涉及移风易俗的内容。商鞅针对秦民僻处雍西且与西戎错处"素习蛮风，旷野蠢蒙"等症状，以"圣人苟可以强

---

[1] 《左传·昭公二十六年》。

[2] 《商君书·更法》。

[3] 《吕氏春秋·审分览第五执一》。

[4] 《战国策·秦策三》。

国，不法其故；苟可以利民，不循其礼"的勇气，驳斥了那种"因民而教者，不劳而功成。据法而治者，吏习而民安"的谬论，大胆地改革旧俗，推行新法。诚如商鞅对赵良所说的，"始秦戎翟之教，父子无别，同室而居。今我更制其教，而为其男女之别。大筑冀阙，营如鲁卫矣"[1]。李斯在《谏逐客书》中指出："孝公用商鞅之法，移风易俗，民以殷盛，国以富强。"[2]

春秋战国时期，在移风易俗方面作出突出成绩、后世影响较大的当为西门豹治邺。西门豹是战国时魏国人，魏文侯任用他为邺令。西门豹治理邺地很有政绩，可谓"名闻天下，泽流后世"。他刚到邺地，就召集长老询问百姓的疾苦，长老曰："苦为河伯娶妇，以故贫。"西门豹细问缘由，长老对曰："邺三老、廷掾常岁赋敛百姓，收取其钱得数百万，用其二三十万为河伯娶妇，与祝巫共分其余钱持归。"于是西门豹就在给河神娶亲那天，命吏卒们抱起大巫婆、巫妪将其扔到河里。从此以后，谁也不敢再提为河神娶亲的事了。[3]

两宋时期也是中国古代"再使风俗淳"的重要时期。对宋代的风俗之美，孟元老有如下记载："人情高谊，若见外方之人为都人凌欺，众必救护之。或见军铺收领到斗争公事，横身劝救，有陪酒食檐官方救之者，亦无惮也。或有从外新来邻左居住，则相借措动使，献遗汤茶，指引买卖之类。更有提茶瓶之人，每日邻里互相支茶，相问动静。凡百吉凶之家，人皆盈门。其正酒店户，见脚店三两次打酒，便敢借与三五百两银器，以至贫下人家

---

[1]　《史记·商君列传》。
[2]　《史记·李斯列传》。
[3]　参阅《史记·滑稽列传》。

就店呼酒，亦用银器供送。"[1]文中或有过于溢美之词，但也不乏客观描述。马可·波罗曾在游记中这样赞美中国人："他们忠厚、善良，以自己的诚信经营着各种产业。他们彼此和睦相处，街坊邻居亲如一家人。在每个家庭中，丈夫非常爱护、尊敬自己的妻子，没有任何猜忌。如果一个男人对已婚的妇人说了一些不恰当的话，就会被看成一个有失身份的人。对外地来的商旅，他们都热情相待，对于其商业上的事务，也给予善意的忠告和帮助。"[2]

三、乡规里约贵友善

"乡规里约"是邻里乡人互相劝勉共同遵守，以相互协助救济为目的的一种制度。乡约组织最早出现于北宋熙宁九年（1076），由京兆府蓝田儒士吕大钧在本乡首先推行，并进而在蓝田一带付诸实行。

《吕氏乡约》是中国历史上第一部成文的乡约，其规定："凡同约者，德业相劝，过失相规，礼俗相交，患难相恤。有善则书于籍，有过及违约者亦书之，三犯而行罚，不悛者绝之。"[3]意思是，凡是同意乡约规定的，大家应该在道德上相互监督、在职业上共同提高。对于过失，人们应该相互劝勉、批评；按照礼仪风俗相互来往，如果遇到困难应该相互扶助。无论做了好事，还

---

[1] 孟元老：《东京梦华录》，郑州：中州古籍出版社，2010年版，第87页。

[2] ［意］马可·波罗：《马可·波罗游记》，西安：陕西人民出版社，2012年版，第239页。

[3] 吕大钧：《蓝田吕氏乡约》，见黄宗羲、全祖望《宋元学案》卷三十一《吕范诸儒学案》，北京：中华书局，1986年版。

是做了坏事，都会被记录下来。有三次违犯《乡约》的规定，就会受到处罚。其中"德"是有关风俗教化的各种事务，有"见善必行，闻过必改，能治其身，能治其家"等20余条细目。"业"指在家能事父兄，能教子弟，待妻妾；在外能事长上，接朋友，教后生，御童仆；至于读书治田，营家济物，畏法令，谨租赋等都是"可行之事"。《吕氏乡约》将"过失"分为"犯义""犯约""不修"三个等级或方面，指出"过失，谓犯义之过六，犯约之过四，不修之过五。犯义之过，一曰酗博斗讼，二曰行止逾违，三曰行不恭逊，四曰言不忠信，五曰造言诬毁，六曰营私太甚。犯约之过，一曰德业不相励，二曰过失不相规，三曰礼俗不相成，四曰患难不相恤。不修之过，一曰交非其人，二曰游戏怠惰，三曰动作无仪，四曰临事不恪，五曰用度不节。右件过失，同约之人各自省察，互相规戒，小则密规之，大则众戒之。不听，则会集之日，值月以告于约正，约正以义理诲谕之。谢过请改，则书于籍以俟。其争辩不服与终不能改者，皆听其出约"[1]。《吕氏乡约》对礼俗之交规定得十分具体，主要包括"一曰尊幼辈行，二曰造请拜揖，三曰请召送迎，四曰庆吊赠遗"。并把"尊幼辈行"分为"五等"，即"曰尊者（谓长于己二十岁以上，在父行者），曰长者（谓长于己十岁以上，在兄行者），曰敌者（谓年上下不满十岁者，长者为稍长，少者为稍少），曰少者（谓少于己十岁以下者），曰幼者（谓少于己二十岁

---

[1] 吕大钧：《蓝田吕氏乡约》，见黄宗羲、全祖望：《宋元学案》卷三十一《吕范诸儒学案》，北京：中华书局，1986年版。

以下者）"[1]。"患难相恤"这条约定说明公共利益是个人利益的保障，它所倡导的互助精神体现了对弱势群体的高度关注和救助。"患难之事七，一曰水火，二曰盗贼，三曰疾病，四曰死丧，五曰孤弱，六曰诬枉，七曰贫乏"[2]。要求大家患难相助，扶贫济困，关爱孤弱，有安贫守分而生计大不足者，众以财济之，或为之假贷置产，以岁月偿之。《吕氏乡约》对乡风净化起着十分巨大的作用。

迨及南宋，朱熹根据《吕氏乡约》编写了《增损吕氏乡约》，使吕氏乡约再度声名鹊起。之后，朱熹的弟子如阳枋、胡泳、程永奇、潘柄等都成为乡约制度的积极推行者。如淳祐三年（1243），阳枋就曾"与友人宋寿卿、陈希舜、罗东父、向从道、黄叔高，弟全父、侄存子、王南运讲明《吕氏乡约》书，行之于乡，从约之士八十余人"，意在"正齿位，劝德行，录善规过""维持孝弟忠信之风"[3]，整合社会秩序。

此外，中国历史上的社会公共生活，还大量地表现在对义士、义田、义学、义仓、义道、义举等行为的践履中。透过一个义字，可以发现中华民族公共道德生活的风骨、神韵和价值影响力。中华民族道德生活之所以能够代代相传、历久弥新，与其在公共生活中尚义的精神传统是密切联系在一起的。

---

［1］　吕大钧:《蓝田吕氏乡约》，见黄宗羲、全祖望:《宋元学案》卷三十一《吕范诸儒学案》，北京:中华书局，1986年版。

［2］　同上。

［3］　阳枋:《字溪集》卷十二《附录》。

结束语　推进中华民族道德生活史的新发展

文天祥《正气歌》有言："天地有正气，杂然赋流形。下则为河岳，上则为日星。于人曰浩然，沛乎塞苍冥。皇路当清夷，含和吐明庭。时穷节乃见，一一垂丹青。在齐太史简，在晋董狐笔。在秦张良椎，在汉苏武节。为严将军头，为嵇侍中血。为张睢阳齿，为颜常山舌。或为辽东帽，清操厉冰雪。或为出师表，鬼神泣壮烈。或为渡江楫，慷慨吞胡羯。或为击贼笏，逆竖头破裂。是气所磅礴，凛烈万古存。"文天祥用诗的语言描绘了一幅中华民族道德生活史的雄浑画卷，揭示出中华民族正气的磅礴力量。在中华民族道德生活发展史上，产生了数以万计尊道贵德、体道据德的仁人志士，诚如鲁迅先生所说："我们从古以来，就有埋头苦干的人，有拼命硬干的人，有为民请命的人，有舍身求法的人，虽是等于为帝王将相作家谱的所谓'正史'，也往往掩不住他们的光耀，这就是中国的脊梁。"[1]绵延不绝而又不断与时

---

[1]　鲁迅：《中国人失掉了自信心吗？》，《鲁迅全集》第六卷《且介亭杂文》，北京：人民文学出版社，2005年版，第122页。

俱进的道德文化是中华文化的突出特征和重要组成部分，以爱国主义为核心的民族精神是中华民族之所以能够跨越无数沟沟坎坎、屹立于世界民族之林的内在血脉和文化基因。冯友兰在《中国哲学史·自序》中指出："在世界上，中国是文明古国之一。其他古国，现在大部分都衰微了，中国还继续存在，不但继续存在，而且还进入了社会主义社会。中国是古而又新的国家。《诗经》上有句诗说：'周虽旧邦，其命维新。'旧邦新命，是现代中国的特点。"[1]中华文明作为世界主要文明体系之一，数千年连续发展、博大精深，支撑了中华民族在广大的地域上的众多人口，以高度成熟的文明发育，可持续地在亚洲大地发展壮大，并深刻影响了整个东亚地区。它的文明积累与智慧不仅在过去为世界人类文明发展作出了重大贡献，也必能为当今世界作出自己的贡献。

习近平2014年3月27日在联合国教科文组织总部发表演讲时指出："中华文明经历了5 000多年的历史变迁，但始终一脉相承，积淀着中华民族最深沉的价值追求，代表着中华民族独特的精神标识，为中华民族生生不息、发展壮大提供了丰厚滋养。"[2]中华文明延续着中国国家和民族的精神血脉，既需要薪火相传、代代守护，也需要与时俱进、勇于创新。我们要按照时代的要求，推动中华文明创造性转化和创新性发展，激活其生命力，把跨越时空、超越国度、富有永恒魅力、具有当代价值的文化精神弘扬起来，让收藏在博物馆里的文物、陈列在广阔大地上

［1］ 冯友兰：《中国哲学史新编》，北京：人民出版社，1998年版，第1页。

［2］ 习近平：《文明因交流而多彩，文明因互鉴而丰富》，《习近平谈治国理政》，北京：外文出版社，2014年版，第260页。

的遗产、书写在古籍里的文字都活起来。中华文明的伟大复兴，不是复古，也不是重回汉唐时代，而是现代化的伟大创新和重新崛起，是经过否定之否定的历史变化后的民族整体精神和文化素质的全面提升，熔铸了对优秀传统文化的继承、对近代以来形成的革命文化之精华的合理吸收和对改革开放以来社会主义现代化建设所形成的先进文化的全面总结与光大等因素。

一、弘扬并光大中华传统美德

开创中华民族道德生活史发展的新局面本质上是一项承前启后、继往开来的伟大志业，要求我们在"不忘初心"的基础上砥砺前行。中华民族5 000多年道德生活史积淀了丰厚的资源，形成了许多规律性的认识并凝结成民族的道德智慧，其中一个极其重要而又宝贵的伦理文明成果即是中华传统美德的形成、传承和拱立。习近平指出："中华传统美德是中华文化精髓，蕴含着丰富的思想道德资源。"[1]中华传统美德源远流长，内容博大精深，尤以习近平所概括的中华六大基本美德即讲仁爱、重民本、守诚信、崇正义、尚和合、求大同为最[2]。

"讲仁爱"是中华民族最核心的价值理念，也是最重要的伦理美德。"仁"的根本意义是承认别人与自己是同类，因此要把他人视为与自己一样的道德主体同等对待。积极意义上的仁是能

---

[1]　习近平：《培育和弘扬社会主义核心价值观》，《习近平谈治国理政》，北京：外文出版社，2014年版，第164页。

[2]　习近平在《培育和弘扬社会主义核心价值观》中指出："深入挖掘和阐发中华优秀传统文化讲仁爱、重民本、守诚信、崇正义、尚和合、求大同的时代价值，使中华优秀传统文化成为涵养社会主义核心价值观的重要源泉。"《习近平谈治国理政》，北京：外文出版社，2014年版，第164页。

对别人有所助益和关怀，此即"己欲立而立人，己欲达而达人"。消极意义上的仁是要以将心比心的态度对待别人，不能把自己不喜欢的东西强加于人，此即"己所不欲勿施于人"。儒家的仁爱美德包含了修身成己的个体之仁、推己及人的类性之仁、推人及物的成物之仁和生生不息的本体之仁四个内在贯通并不断扩展的层面。讲仁爱不仅是人们进行自我德性修养的始基，也是建构良好人际关系和社会秩序的内在要求。

"重民本"是中华文明的重要美德和政治伦理品质。在几千年的中国政治思想传统中，"民为邦本，本固邦宁"始终是核心的价值理念和伦理美德。民众是国家的根本，只有坚持民为邦本的核心价值理念和伦理原则才能使国家政权得以稳定。"天视自我民视，天听自我民听"，"民之所欲，天必从之"。最终决定国家体系、政治稳定的基础和根本命脉的只能是人民，也只有人民的拥护和支持才能使一个国家长治久安。

"守诚信"自远古以来一直受到人们的推崇和肯定。孔子从多个方面阐述"信"的丰富内涵和重要价值，并将"信"作为教育学生的四大科目之一（文行忠信）。"信"被列入为人最基本的"五德"："恭、宽、信、敏、惠"。以子思、孟子为代表的思孟学派，对诚信这一伦理美德的内在精神作出了深度的开掘并对其价值予以高度肯定。中华文化不仅视诚信为立人之本，而且也视诚信为立业之本和立国之本。《管子·枢言》指出："先王贵诚信。诚信者，天下之结也"，把诚信视为治国平天下的枢纽或纽结。

"崇正义"是中华伦理文明的基本精神和价值取向。正义是公道正直、公平公正、正当合理的集中体现，它既是社会生活的伦理原则，也是个人应该讲求和培育的伦理美德。孔孟儒家追求"天下为公"，崇尚公平正义，主张"不独亲其亲"，"不独子其子"，"公则不为私所惑，正则不为邪所媚"，"唯公然后可正天下"。

"尚和合"亦即崇尚和推崇和合精神，以和为贵。《管子·幼官》指出："畜之以道则民和，养之以德则民合。和合故能习习，故能偕偕，习以悉，莫之能伤也。"意即养兵以道则人民和睦，养兵以德则人民团结，和睦团结就能使力量聚合，聚合就能协调，普遍地协调一致，那就会产生一种战无不胜的力量。《管子·兵法》又说："蓄之以道则民和，养之以德则民合。和合故能谐。"这里明确提出和合就能形成和谐的局面，而这种局面恰恰是理想的人际关系和社会关系所向往和追求的。

"求大同"是中华民族自古以来就崇尚和向往的伦理美德，也是其社会理想的集中体现。《尚书·洪范》最早提到了"大同"一词，用来描述王、卿士、庶民和天地鬼神同心同德的状态。《礼记·礼运篇》对大同社会作出了较为明确的界定，指出："大道之行也，天下为公。选贤与能，讲信修睦。故人不独亲其亲，不独子其子。使老有所终，壮有所用，幼有所长。矜寡孤独废疾者，皆有所养。男有分，女有归。货恶其弃于地也，不必藏于己。力恶其不出于身也，不必为己。是故谋闭而不兴，盗窃乱贼而不作。故外户而不闭。是谓大同。"大同社会具有天下为公、选贤与能、讲信修睦、各得其所和世界太平的本质特征。

中华传统美德不仅体现在上述六大核心美德方面，也集中体现在"仁义礼智信""五常德"和"礼义廉耻""四维"以及孙中山所总结的"忠孝仁爱信义和平""八德"方面。孙中山曾经指出："因为我们民族的道德高尚，故国家虽亡，民族还能够存在，不但是自己的民族能够存在，并且有力量能够同化外来的民族。所以穷本极源，我们现在要恢复民族的地位，除了大家联合起来做成一个国家团体以外，就是要把固有的旧道德先恢复起来。有了固有的道德，然后固有的民族地位才可以图恢复。"[1]中华伦理文化把立德视为"三不朽"之首，有"太上立德，其次立功，其次立言，虽久不废，此之谓不朽"的价值设定和目的性追求。重"德"是中华文化源远流长的传统和中华民族一以贯之的精神追求。中华传统美德肯定人的主体价值和内在尊严，主张把人当人看，形成并发展起了一种源远流长的人文主义和人本主义精神。儒家高扬人的主体意识，讲究"以德配天"，崇尚自强不息和厚德载物的伦理美德，强调道德人格的养成，关注人的自觉、自立，人格的成长与发展，赞扬"不降其志，不辱其身"的志士仁人，这对形成中华民族精神、促进中国社会和历史的进步起到了巨大的积极作用。

中华传统美德是中华文化精髓和中华民族古代道德生活的价值结晶，也受到国际社会的推崇和称赞。英国哲学家罗素认为中华传统美德"是中国人至高无上的伦理品质，现代世界极需要它们"。[2]汤因比在与池田大作的对话中盛赞中华传统美德，认为它支撑了一个古老文明的历久弥新，即使在那屈辱的世纪里也仍在继续发挥作用。

---

[1] 孙中山：《三民主义·民族主义》，《孙中山选集》下卷，北京：人民出版社，1956年版，第648—649页。

[2] 何兆武，柳卸林主编：《中国印象：外国名人论中国文化》，北京：中国人民大学出版社，2011年版，第374页。

二、总结并继承近代以来形成的革命道德传统

传承中华民族道德生活史的优秀成果，还应该好好地总结并继承近代以来形成的革命道德传统。中国革命道德是中国共产党人将马克思主义伦理思想基本原理与中国革命具体实践相结合的产物，同时也是在继承中国传统道德文化和近代以来中国人民反帝反封建的革命文化基础上形成和发展起来的，并为共产党人和革命战士所崇奉，对于中国革命胜利产生了极其重要的作用。中国革命道德萌芽于五四新文化运动前后，发端于中国共产党成立以后所开展的工人运动和农民运动，经过土地革命、抗日战争和解放战争而不断发展成熟。第一次国内革命战争时期，中国共产党人根据当时的革命实践提出了革命救国、共产主义的理想与信仰、为民众的解放而奋斗、革命牺牲精神等初步的共产主义道德内容，为中国革命道德的形成奠定了基础。土地革命战争时期，中国革命道德初步形成。1927 年大革命失败以后，全国处于一片血雨腥风之中。在这种激烈的斗争环境中，除了坚持已形成的革命道德要求外，一些新的道德规范应运而生，并被明确地提了出来。党的"八七会议"，特别强调"只有严厉地执行党的纪律才能挽救党的危机"。井冈山时期，为了使红军真正成为人民的军队，真正得到人民群众的拥护，毛泽东提出了三大纪律、六项注意。根据斗争的需要，后发展为三大纪律、八项注意。自力更生、艰苦奋斗本是中华民族的传统美德，中国共产党人继承了这一优秀传统并使之同革命的目标、人民的利益结合起来。抗日战争时期，中国革命道德的核心和原则被明确地提出来，它表明中国革命道德作为一个完整的道德体系的成熟。毛泽东的《纪念白求恩》《为人民服务》以及《中国共产党在民族战争中的地位》，

刘少奇的《论共产党员的修养》，周恩来的《我的修养要则》，陈云的《怎样做一个共产党员》等，以及中国共产党这一时期的重要文件和政策、措施都对中国共产党人应遵守的道德原则和道德规范作出了科学的论说和系统的阐释。中华人民共和国成立后，中国革命道德被不断完善、发展。它生长和传播的范围也由局部推向全国，由党员、干部、人民军队扩展到全体人民中间。

中国革命道德以实现社会主义和共产主义的崇高理想为最高目标，以全心全意为人民服务为宗旨和核心，以无产阶级集体主义为基本原则，以爱国主义、国际主义、革命人道主义、革命功利主义为主要规范，以顽强拼搏、艰苦奋斗、不怕牺牲、谦虚谨慎、不骄不躁为行为美德或个人品德，充满着将革命进行到底，为着中国的自由、独立、富强和人类的永久和平而不懈奋斗的精神。中国革命道德是中华民族道德生活史上重要的成果和宝贵的财富。毛泽东曾经指出，革命精神和共产党人的优秀品质是中国革命胜利的根本保证。邓小平强调指出，为什么我们过去能够在非常困难的情况下战胜千难万险而取得革命的胜利呢？一个重要原因就在于我们有共产主义的远大理想，有革命道德的气质和精神支撑。[1]

习近平在参观"英雄史诗　不朽丰碑——纪念中国工农红军长征胜利80周年主题展览"时强调，80年前，中国共产党领导中国工农红军战胜千难万险，胜利完成举世闻名的二万五千里长征。这个伟大壮举将永远铭刻在中国革命和中华民族的史册上。

---

[1]　参阅《邓小平文选》第2卷，北京：人民出版社，1994年版，第367—368页。

红军高举抗日救亡旗帜，粉碎国民党军队围追堵截，战胜无数艰难险阻，表现出坚定的共产主义理想、革命必胜的信念、艰苦奋斗的精神和一往无前、不怕牺牲的英雄气概。红军长征胜利，充分展现了革命理想的伟大精神力量。现在，时代变了，条件变了，我们共产党人为之奋斗的理想和事业没有变。我们要铭记红军丰功伟绩，弘扬伟大长征精神，深入进行爱国主义教育和革命传统教育，引导广大干部群众坚定中国特色社会主义道路自信、理论自信、制度自信、文化自信，继续在实现"两个一百年"奋斗目标、实现中华民族伟大复兴中国梦的新长征路上万众一心、顽强拼搏、奋勇前进。[1]

中国革命道德优秀成果，还包含继承井冈山精神、延安精神、西柏坡精神以及在社会主义革命和建设过程中形成并发展起来的铁人精神、雷锋精神、焦裕禄精神和两弹一星精神等，这些都是中华民族道德生活史的宝贵财富，是我们实现中华民族伟大复兴的宝贵资源和精神财富。

三、大力弘扬社会主义先进道德文化

社会主义先进道德文化是我们党和人民在改革开放和社会主义现代化建设过程中形成并发展起来的，它继承了中国传统美德和革命道德的精华，同时又吸收了世界各国道德文明优秀成果，代表着中华民族道德生活史发展的方向，也是马克思主义伦理思想中国化的最新成果。

---

[1] 参阅《习近平谈治国理政》第 2 卷，北京：外文出版社，2017 年版，第47—58 页。

构建中国特色社会主义道德体系是在市场经济基础上进行的，这就要求社会主义道德发挥市场经济的积极作用，着眼于为改革开放和社会主义现代化建设提供强大的思想保证和精神动力。针对市场经济的负面效应，要坚决反对唯利是图、金钱至上等错误倾向，反对以自我为中心的价值观，反对极端个人主义、享乐主义和拜金主义的思想，反对见利忘义、损人利己、尔虞我诈等做法。要把培育和践行社会主义核心价值观作为根本方向，不断增强人民群众对社会主义制度的认同感、归属感和自豪感，把智慧和力量凝聚到实现民族伟大复兴的中国梦上来。

建设具有中国特色的新型伦理文明，要求弘扬中华传统美德，学习和吸取中华民族传承下来的宝贵精神财富，激发人们形成善良的道德意愿、道德情感，培育正确的道德判断和道德责任，提高道德实践能力尤其是自觉践行能力，引导人们向往和追求讲道德、尊道德、守道德的生活，形成向上的力量、向善的力量。

开创中华民族道德生活史的新局面内含着再造中华伦理文明的辉煌。一个有着五千年悠久历史的文明的复兴，本质上是"不忘本来""吸收外来"和"面向未来"三者的有机结合和辩证统一，既需要总结传承和光大五千年文明史的成果，也需要吸收世界各国伦理文明的优秀成果，并对之作出创造性整合与转化，以不断拓新其精神气象。吸收世界各国包括西方资本主义国家创造的伦理文明成果，建构博采众长而又能够涵容诸多伦理文明成果的新型伦理文明，是中华民族伦理文明发展和复兴的内在要求。这就需要确立"为天地立心，为生民立命，为往圣继绝学，为万世开太平"的伦理文明抱负，有一种海纳百川的伦理文明气量。

当下应着力做的工作，是塑造中国国民的大国思维、大国胸怀、大国气量、大国格局，改变和消除狭隘民族主义与民族虚无主义的消极影响，弘扬"道并行而不相悖，万物并育而不相害"的伦理品质和精神，在交流互鉴、兼容并包中重新彰显中华伦理文明的独特神韵和魅力。理想的中华伦理文明应当有既能引领和凝聚中华民族全体成员的精气神，又能被全球化时代的人类社会广泛认同；既能促进本国国民的福祉和社会和谐，又能引领人类社会走向持久的和平繁荣。这是一种立足本国而又面向世界、立足传统而又面向未来的伦理文明，是一种既能保存并复兴中华传统文明，适合中国国情，又能兼收并蓄世界文明精华，与世界融为一体的伦理文明。这样的伦理文明无论对中国还是世界，都是一种福音、福惠和福泽！

主要参考文献

（一）

《马克思恩格斯文集》（1—10 卷），人民出版社 2009 年版。

《马克思恩格斯选集》（1—4 卷），人民出版社 1995 年版。

《列宁专题文集》（共 5 卷），人民出版社 2009 年版。

《毛泽东选集》（1—4 卷），人民出版社 1991 年版。

《毛泽东文集》（1—9 卷），人民出版社 1993—1999 年版。

《邓小平文选》（1—3 卷），人民出版社 1994 年版。

《江泽民文选》（1—3 卷），人民出版社 2006 年版。

《毛泽东、邓小平、江泽民论社会主义道德建设》，学习出版社 2001 年版。

《胡锦涛文选》（1—3 卷），人民出版社 2016 年版。

《习近平谈治国理政》，外文出版社 2014 年版。

《习近平谈治国理政》（第二卷），外文出版社 2017 年版。

（二）

《易传》，《十三经注疏》，中华书局 1979 年版。

《尚书》，《十三经注疏》，中华书局 1979 年版。

《诗经》,《十三经注疏》, 中华书局 1979 年版。

《左传》,《十三经注疏》, 中华书局 1979 年版。

《礼记》,《十三经注疏》, 中华书局 1979 年版。

《论语》,《十三经注疏》, 中华书局 1979 年版。

《孟子》,《十三经注疏》, 中华书局 1979 年版。

《孝经》,《十三经注疏》, 中华书局 1979 年版。

《晏子春秋》, 中华书局 2007 年版。

《国语》(上、下), 上海古籍出版社 1982 年版。

《战国策》, 中华书局 1990 年版。

朱谦之:《老子校释》,《新编诸子集成》, 中华书局 1984 年版。

高明:《帛书老子校注》,《新编诸子集成》, 中华书局 2004 年版。

王先谦:《庄子集解》,《新编诸子集成》, 中华书局 2006 年版。

王先谦:《荀子集解》,《新编诸子集成》, 中华书局 2006 年版。

吴毓江:《墨子校注》,《新编诸子集成》, 中华书局 2006 年版。

王先慎:《韩非子集解》,《新编诸子集成》, 中华书局 1998 年版。

贾谊:《贾谊集》, 上海人民出版社 1976 年版。

司马迁:《史记》, 中华书局 1982 年版。

董仲舒:《春秋繁露》, 中华书局 1975 年版。

刘向:《说苑》, 中华书局 1987 年版。

班固:《汉书》, 中华书局 1962 年版。

范晔:《后汉书》, 中华书局 1965 年版。

陈立:《白虎通疏证》, 中华书局 1994 年版。

黄晖:《论衡校释》, 中华书局 1990 年版。

刘文典:《淮南鸿烈集解》, 中华书局 1989 年版。

何宁:《淮南子集释》,《新编诸子集成》(上中下册), 中华书局
1998 年版。

周敦颐：《周敦颐集》，中华书局 1990 年版。

范仲淹：《范文正集》，四库全书（第 1089 册），上海古籍出版社 1987 年版。

李觏：《李觏集》，中华书局 1980 年版。

王安石：《临川文集》，四库全书（第 1105 册），上海古籍出版社 1987 年版。

胡瑗：《松滋儒学记》，四库全书（第 534 册），上海古籍出版社 1987 年版。

张载：《张载集》，中华书局 1978 年版。

程颢、程颐：《河南程氏遗书》，《二程集》，中华书局 2004 年版。

朱熹：《四书章句集注》，中华书局 1984 年版。

朱熹：《三朝名臣言行录》卷十二，商务印书馆编，四部丛刊初续三编，商务印书馆 1919 年影印。

黎靖德：《朱子语类》，中华书局 1986 年版。

吕大钧：《吕氏乡约》，上海书店 1994 年版。

真德秀：《谕俗文》，《丛书集成新编》（第三三册），上海古籍出版社 1987 年版。

袁采：《袁氏世范》，夏家善辑，天津古籍出版社 1995 年版。

陈亮：《陈亮集》，中华书局 1974 年版。

吕祖谦：《宋文鉴文渊阁四库全书本》，台湾商务印书馆 1982 年影印本。

文天祥：《文天祥全集》，江西人民出版社 1987 年版。

孟元老：《东京梦华录》，王永宽注，中州古籍出版社 2010 年版。

庄绰：《鸡肋编》，《宋元笔记小说大观》，上海古籍出版社 2001 年版。

洪迈：《容斋随笔》，中华书局 2005 年版。

欧阳修：《新五代史》，中华书局 1974 年版。

司马光：《涑水记闻》卷一，文津阁四库全书本，中华书局 1989 年版。

司马光：《家范》卷七，文渊阁四库全书（第四九六册），上海古籍出版社 1987 年版。

司马光：《资治通鉴》，中华书局 1956 年版。

李焘：《续资治通鉴长编》，中华书局 2004 年版。

李焘：《续资治通鉴长编附拾补》，上海古籍出版社 1985 年版。

脱脱等：《宋史》，中华书局 1985 年版。

脱脱等：《辽史》，中华书局 1974 年版。

脱脱等：《金史》，中华书局 2011 年版。

宋濂：《元史》，中华书局 1997 年版。

王阳明：《传习录》，上海古籍出版社 1992 年版。

王夫之：《读通鉴论》，中华书局 1975 年版。

王夫之：《宋论》，中华书局 1962 年版。

毕沅：《续资治通鉴》，中华书局 1999 年版。

徐松：《宋会要辑稿》，中华书局 1957 年版。

黄宗羲：《宋元学案》，中华书局 1985 年版。

顾炎武：《日知录》，文渊阁四库全书影印本。

赵翼：《廿二史札记》，中华书局 1984 年版。

（三）

梁启超：《中国史叙论》，《饮冰室合集·文集六》（影印版），中华书局 1989 年版。

梁启超：《中国道德之大原》，王德峰编选《梁启超文选》，上海远东出版社 2011 年版。

梁启超：《论民族竞争之大势》，《梁启超全集》第2卷，北京出版社1999年版。

梁启超：《先秦政治思想史》，东方出版社1996年版。

孙中山：《三民主义》，《孙中山全集》第9卷，中华书局1981年版。

翦伯赞主编：《中国史纲要》，人民出版社1979年版。

钱穆：《国史大纲》，商务印书馆1996年版。

钱穆：《中国历代政治得失》，生活·读书·新知三联书店2006年版。

黄仁宇：《中国大历史》，生活·读书·新知三联书店1997年版。

黄仁宇：《赫逊河畔谈中国历史》，生活·读书·新知三联书店1995年版。

费孝通：《中华民族多元一体格局》，中央民族学院出版社1989年版。

郭沫若：《中国古代社会研究》，人民出版社1964年版。

侯外庐：《中国古代社会史论》，河北教育出版社2003年版。

侯外庐，邱汉生，张岂之主编：《宋明理学史》，人民出版社1984年版。

柳诒徵：《中国文化史》，读书·生活·新知三联书店2007年版。

吕思勉：《中国通史》，华东师范大学出版社2008年版。

吕思勉：《中国民族史》，东方出版社1996年版。

吕思勉：《中国民族史两种》，上海古籍出版社2008年版。

吕思勉：《中国制度史》，上海世纪出版集团2005年版。

萧公权：《中国政治思想史》，新星出版社2010年版。

王国维：《观堂集林》，中华书局1984年版。

王国维：《王国维儒学论集》，彭华选编，四川大学出版社2010

年版。

陈寅恪：《金明馆丛稿初编》，读书·生活·新知三联书店2009年版。

陈寅恪：《金明馆丛稿二编》，读书·生活·新知三联书店2009年版。

葛兆光：《中国思想史》，复旦大学出版社2009年版。

漆侠主编：《辽宋西夏金代通史》（全七册），人民出版社2010年版。

余英时：《中国近世宗教伦理与商人精神》，安徽教育出版社2001年版。

陈戍国：《中国礼制史》，湖南教育出版社2003年版。

王处辉主编：《中国社会发展史》，中国人民大学出版社2002年版。

徐复观：《中国人性论史》，华东师范大学出版社2005年版。

冯友兰：《中国哲学史新编》，人民出版社1998年版。

蔡元培：《中国伦理学史》，商务印书馆1987年影印版。

张岱年：《中国伦理思想研究》，上海人民出版社1985年版。

罗国杰主编：《中国传统伦理道德》，中国人民大学出版社1995年版。

张锡勤：《中国传统道德举要》，黑龙江教育出版社1995年版。

张锡勤、柴文华主编：《中国伦理道德变迁史稿》（上下卷），人民出版社2008年版。

李承贵：《德性源流——中国传统道德转型研究》，江西教育出版社2004年版。

沈善洪、王凤贤著：《中国传统伦理思想史》，人民出版社2005年版。

张岂之、陈国庆：《近代伦理思想的变迁》，中华书局2000年版。

朱贻庭主编：《中国传统伦理思想史》，华东师范大学出版社 1989 年版。

樊浩：《中国伦理精神的历史构建》，江苏人民出版社 1997 年版。

肖群忠：《中国道德智慧十五讲》，北京大学出版社 2008 年版。

陈来：《古代宗教与伦理：儒家思想的根源》，生活·读书·新知三联书店 2009 年版。

唐凯麟主编：《中华民族道德生活史》（八卷），东方出版中心 2016 年版。

唐凯麟、王泽应：《20 世纪中国伦理思潮》，高等教育出版社 2002 年版。

周一某：《历代名医论医德》，湖南科学技术出版社 1983 年版。

（四）

（英）勒基著，陈德荣译：《西洋道德史》（6 卷），商务印书馆 1937 年版。

（英）奥克肖特：《巴比塔——论人类道德生活的形式》，张铭译，《世界哲学》2003 年第 4 期。

（英）塞缪尔·斯迈尔斯：《品格的力量》，宋景堂等译，北京图书馆出版社 1999 年版。

（法）伏尔泰：《风俗论》（上下册），梁守锵译，商务印书馆 1995 年版。

（法）孟德斯鸠：《论法的精神》，张雁深译，商务印书馆 1993 年版。

（法）孟德斯鸠：《罗马盛衰原因论》，婉玲译，商务印书馆 1995 年版。

（瑞士）布克哈特：《意大利文艺复兴时期的文化》，何新译，商务印书馆 1991 年版。

（德）鲁道夫·奥伊肯：《生活的意义与价值》，上海译文出版社
2005 年版。

（古希腊）亚里士多德：《尼各马可伦理学》，廖申白译，商务印书
馆 2003 年版。

（德）包尔生：《伦理学体系》，何怀宏等译，中国社会科学出版社
1988 年版。

（美）弗兰克·梯利：《伦理学概论》，何意译，中国人民大学出版
社 1987 年版。

（英）齐格蒙·鲍曼：《生活在碎片之中——论后现代道德》，郁建
兴译，学林出版社 2002 年版。

（英）齐格蒙特·鲍曼：《后现代伦理学》，张成岗译，江苏人民出
版社 2003 年版。

（美）威廉·詹姆斯：《道德哲学家与道德生活》，万俊人主编《20
世纪西方伦理学经典：伦理学主题——价值与人生》，中国人民大学出版
社 2004 年版。

（美）雅克·蒂洛：《伦理学与生活》，程立显等译，世界图书出版
公司 2008 年版。

（美）费正清：《美国与中国》，张理京译，商务印书馆 1987
年版。

（德）黑格尔：《历史哲学》，王造时译，上海书店出版社 2001
年版。

（德）黑格尔：《哲学史讲演录》，贺麟等译，商务印书馆 1959
年版。

（德）斯宾格勒：《西方的没落——世界历史的透视》，齐世荣等
译，商务印书馆 1993 年版。

（德）马克斯·韦伯：《儒教与道教》，王容芬译，商务印书馆 1997 年版。

（英）汤因比：《历史研究》，曹未风等译，上海人民出版社 1959 年版。

（美）伯恩斯、拉尔夫：《世界文明史》，罗经国译，商务印书馆 1990 年版。

（五）

William Edward Hartpole & Lecky, *History of European Morals*: *from Augustus to Charlemagne*, Longmans, Green, And Co, London, 1905.

Karl Jaspers, *The Origin and Goal of History*, New Haven and Yale University Press, 1953.

Benjamin Schwartz, *The Age of Transcendence*, Introduction to the Spring, 1975 issue of Daedalus Journal, dedicated to the axial age; Volume 104.

S. N. Eisenstadt, *The Political Systems of Empires*, *The Rise and Fall of the Historical Bureaucatic Societies*, The Free Press of Glencoe, 1963.

Lin Yusheng, *The Crisis of Chinese Consciousness*, Wisconsin University Press, 1979.

D. Bodde, *Essays in Chinese Civilization*, Princeton: Princeton University Press, 1981.

Joseph R. Levenson, *Confucian China and its Modern Fate*, Berkeley: University of California Press, 1965.

Franklin Houn, *Chinese Political Traditions*, Washington, D. C.: Public Affairs Press, 1965.

John King Fairbank ed., *Chinese Thought and Institutions*, Chicago:

University of Chicago Press, 1957.

Etienne Balazs, *Chinese Civilization and Bureaucracy*, New Haven: Yale University Press, 1964.

❖

主
要
参
考
文
献

后　记

　　本书作为原八卷本共计三百多万字的《中华民族道德生活史》的简明本，力图以较小的篇幅、简约的文字和浓缩的材料再现中华民族道德生活史的风骨和精义。鉴于中华民族道德生活史时间跨度大、空间涉及范围广以及史料纷繁复杂，简明本只能从整体状貌和内在精神要义上努力，期望能够粗线条地揭示中华民族道德生活史的发展线索、主要内容和基本特征，并从经济、政治、文化三个大的方面和婚姻家庭道德、职业道德、社会公德三大领域展开运思，从尽可能宏观与微观结合的意义上作出分析与论述。简明本不同于原八卷本的地方在于，不仅减少了很多铺垫式的论述或介绍，尽力从动态的角度开掘道德生活的情景与画面，兼顾了重要的人物事例和道德实践，而且力求整体呈现中华民族道德生活史的风骨、神韵和气象，增写了以爱国主义为核心的民族精神的形成和培育，核心价值与主流伦理文化的历史建构，并从道德生活的层面开掘了士大夫阶层醉心诗词歌赋、琴棋书画、品酒饮茶以及乐山乐水之情趣，最后从总结的角度探讨了中国传统道德、中国革命道德和中国社会主义先进道德的前后相续和创新发展问题，为道德中国和价值中国、品格中国建设提供历史和理论的支撑。因此，简明本不是简单地对原著进行删减或缩写，而是在原有的基础上进行再梳理、再加工、再创造，力求能够吸收原著精华而又实现新的学术跨越或理论建构。限于篇幅，简明本无法顾及各个时代的相关史料以及前后线索的接榫，其间的缺失、不足乃至偏弊之处是不言而喻的，真诚地恳望各位读者批评指正。

简明本由王泽应、陈丛兰、黄泰轲三人合作完成。其中王泽应写作了第一章和结束语，陈丛兰写作了第二章、第三章、第五章、第六章，黄泰轲写作了第四章、第七章、第八章、第九章，王泽应审读全书并作出了最后修改、定稿。

衷心感谢东方出版中心梁惠编审多年来的关心和对本书写作的鼎力扶持。衷心感谢原八卷本主编、项目主持人唐凯麟老师的信任和力荐，感谢原八卷本作者的创造性劳动和集体智慧，谨此致以崇高的敬意和真诚的祝福！

王泽应

2019 年 10 月 6 日

图书在版编目（CIP）数据

中华民族道德生活简史 / 王泽应，陈丛兰，黄泰轲
著. - 上海：东方出版中心, 2019.12
ISBN 978-7-5473-1569-9

Ⅰ.①中… Ⅱ.①王… ②陈… ③黄… Ⅲ.①伦理思
想 - 思想史 - 研究 - 中国 Ⅳ.①B82-092

中国版本图书馆CIP数据核字（2019）第243794号

中华民族道德生活简史

著　　者　王泽应　陈丛兰　黄泰轲
策划/编辑　梁　惠
封面设计　田　松

出版发行　东方出版中心
地　　址　上海市仙霞路345号
邮政编码　200336
电　　话　021- 62417400
印 刷 者　上海盛通时代印刷有限公司

开　　本　890mm×1240mm　1/32
印　　张　10.625
字　　数　237千字
版　　次　2019年12月第1版
印　　次　2019年12月第1次印刷
定　　价　48.00元